职业教育物联网应用技术

1+X职业技能等级证书（物联网工程实施

物联网系统部署与运维

组　编　北京新大陆时代科技有限公司

主　编　刘宝锺　高　辉　王艳春

副主编　孙　欢　郝永杰　吴和群

　　　　冉　明　王宝龙　叶大伟

参　编　罗兴宇　李春玲　邱　雷

　　　　兰　飞　杨军金　姜　鑫

　　　　张　杰　翟永君

机械工业出版社

本书为1+X职业技能等级证书（物联网工程实施与运维）书证融通系列教材，将典型工作任务分解成若干工作步骤，提炼每个工作步骤的知识点、技能点和职业核心能力点，以学习者为中心构建集"趣味性、案例性、引导性、递进性"为特色的教材体系。本书设计了认知物联网系统部署与运维、智慧物流——仓储管理系统部署与运维、智慧社区——社区安防监测系统部署与运维、智慧交通——停车场管理系统部署与运维、智慧农业——生态农业园监控系统优化与系统监测、物联网系统部署与运维挑战6个项目，覆盖了物联网系统部署与运维常见的技术。

本书可作为各职业院校物联网应用技术等相关专业的教材，也可作为从事物联网系统部署、物联网工程实施等岗位人员的自学参考书。

本书配有电子课件、微课视频（书中扫码观看）等课程资源，选用本书作为授课教材的教师可登录机械工业出版社教育服务网（www.cmpedu.com）免费注册后下载，或联系编辑（010-88379807）咨询。

图书在版编目（CIP）数据

物联网系统部署与运维/北京新大陆时代科技有限公司组编；刘宝锺，高辉，王艳春主编. —北京：机械工业出版社，2023.5（2025.2重印）

职业教育物联网应用技术专业系列教材　1+X职业技能等级证书（物联网工程实施与运维）书证融通系列教材

ISBN 978-7-111-72900-6

Ⅰ. ①物… Ⅱ. ①北… ②刘… ③高… ④王… Ⅲ. ①物联网—系统管理—职业技能—鉴定—教材 Ⅳ. ①TP393.4 ②TP18

中国国家版本馆CIP数据核字（2023）第053532号

机械工业出版社（北京市百万庄大街22号　邮政编码100037）
策划编辑：李绍坤　　　　　责任编辑：李绍坤　张星瑶
责任校对：龚思文　李　婷　封面设计：马若濛
责任印制：郜　敏
北京富资园科技发展有限公司印刷
2025年2月第1版第7次印刷
184mm×260mm・19印张・480千字
标准书号：ISBN 978-7-111-72900-6
定价：59.80元

电话服务　　　　　　　　　网络服务
客服电话：010-88361066　　机 工 官 网：www.cmpbook.com
　　　　　010-88379833　　机 工 官 博：weibo.com/cmp1952
　　　　　010-68326294　　金 书 网：www.golden-book.com
封底无防伪标均为盗版　　机工教育服务网：www.cmpedu.com

前言

PREFACE

本书是由首批国家级职业教育教师教学创新团队——重庆电子工程职业学院物联网团队联合"1+X职业技能等级证书（物联网工程实施与运维）"培训评价组织——北京新大陆时代科技有限公司共同打造的书证融通教材。本书充分发挥编写团队在物联网工程实施与运维领域专业培训和认证中的优势，联合海尔、中移物联网、重庆市物联网产业协会等行业龙头企业、行业协会，对标物联网工程实施与运维职业技能等级要求，以学生为中心，能力本位、工学一体为引领，立足推进教师、教材、教学方法"三教"同步改革，实践"平台+模块"人才培养模式中"课证融通"改革，从教学资源的数字化、教学过程的信息化两个维度构建适应项目化教学需要的、适应职业教育学生特征的新形态、立体化教材，培养具备社会主义核心价值观的高素质复合型、创新型技能人才。

★ 遵循"项目导向、任务驱动"

本书遵循"项目导向、任务驱动"，根据项目开发流程组织内容、引出技术知识与实验实训，并嵌入职业核心能力知识点，改变知识与实验实训相剥离的传统实训教材组织，使学生在完成任务的过程中总结学习物联网系统部署和运维的相关经验。本书以4个实际项目为主线，串联各个典型物联网系统部署和运维技能，便于教师采用项目教学法引导学生展开自主学习与探索。

★ 根据岗位职责和要求组织内容，突出"应用"特色

本书以企业真实项目为例，多名工程师参与编写，在内容的组织上打破传统教材的知识结构，充分体现了企业相关岗位的工作过程和工作要求，让教学情境充分还原岗位工作情境，让教学过程还原真实工作过程。

★ 注重职业素养，突出"双核"培养

本书将自主学习、与人交流、与人合作、信息处理、解决问题等职业核心能力全程贯穿到项目（任务）中，在应用知识向专业能力转化的同时，提升职业能力，全方位服务于学生职业发展。

★ 以学生为主体，提高学生学习的主动性

本书在内容设计上充分体现了"学生主体"思想，在"任务实施"等环节注重发挥学生的学习主体作用，同时注重发挥教师的引导、组织、督促作用。教与学过程中学生动手动脑学习操练，通过学生的充分参与提高学习效果。

★ 多元化的教学评估方式

为促进读者职业能力培养，本书内容采取了多元化的教学评估方式，例如通过部署与运维方案编制、方案实施考察学生的知识应用能力；通过查阅资料、团队合作等方式，综合考察学生的职业社会能力。

本书以物联网系统部署与运维的岗位要求为主线，以实际工作过程为导向，以真实项目案例为载体，具体任务为驱动，重点培养学生系统部署、系统运维方

面的知识、技能与素养。本书共有6个项目，参考学时为64学时，各项目的知识重点和学时建议见下表：

项目名称	项目任务名称	知识重点	建议学时数
项目1 认知物联网系统部署与运维	任务1 认识运维技术	1. 物联网运维行业现状 2. 物联网系统部署与运维典型岗位及能力要求	1
	任务2 物联网系统部署与运维岗位调研		1
项目2 智慧物流——仓储管理系统部署与运维	任务1 Windows Server 2019 安装与配置	1. Windows系统安装与配置方法 2. MySQL数据库系统部署与配置 3. IIS服务器的部署技术	4
	任务2 仓储管理系统数据库部署		4
	任务3 基于IIS的仓储管理系统网站部署		4
项目3 智慧社区——社区安防监测系统部署与运维	任务1 Ubuntu系统安装与配置	1. Ubuntu系统的安装与配置方法 2. Ubuntu系统下数据库的部署与配置 3. Nginx服务器的部署技术	4
	任务2 社区安防监测系统数据库部署		4
	任务3 基于Nginx的社区安防监测管理系统部署		4
项目4 智慧交通——停车场管理系统部署与运维	任务1 Ubuntu系统管理与网络服务搭建	1. Ubuntu系统管理与网络服务搭建方法 2. MySQL数据库SQL语句的运用 3. Docker服务的安装与配置	4
	任务2 停车场管理系统数据库操作与管理		6
	任务3 基于Docker的停车场管理系统部署		6
项目5 智慧农业——生态农业园监控系统优化与系统监测	任务1 Ubuntu系统安全管理	1. Ubuntu系统安全管理方法 2. MySQL数据库性能优化的方法 3. 服务器性能检测技术	4
	任务2 生态农业园监控系统数据库优化		6
	任务3 生态农业园监控系统服务器性能监测		6
项目6 物联网系统部署与运维挑战	任务1 MySQL主从数据库同步挑战	1. 主从数据库配置方法 2. Docker Compose搭建与配置方法	3
	任务2 基于Docker Compose应用服务部署挑战		3
合计（学时）			64

本书由北京新大陆时代科技有限公司组编，由刘宝锤、高辉、王艳春任主编，孙欢、郝永杰、吴和群、冉明、王宝龙、叶大伟任副主编，参与编写的还有罗兴宇、李春玲、邱雷、兰飞、杨军金、姜鑫、张杰、翟永君。

由于编者水平有限，书中难免有错误和疏漏之处，恳请广大读者批评指正。

编　者

二维码索引

序　号	视　频　名　称	二　维　码	页　码
1	服务器运维技术		2
2	认识Windows 2019网络系统		28
3	认识Ubuntu		100
4	基于Ubuntu操作系统 的MySQL服务搭建		115
5	基于Ubuntu操作系统 的Nginx服务搭建		151
6	Linux文件管理		160
7	Linux网络管理		172
8	使用SQL语句操作MySQL数据库		186

▶ CONTENTS

Project 1

项目 ① 认知物联网系统部署与运维

项 目引入

　　物联网作为新一代信息技术的重要组成部分，也是"信息化"时代的重要发展阶段。目前，物联网核心技术日趋成熟，标准体系正在构建，产业体系处于建立和完善过程中，全球物联网行业处于高速发展阶段。在我国，随着"物联网新型基础设施建设三年行动计划（2021—2023）""中国制造2025"等政策的提出，物联网发展为国家层面技术及产业创新的重点方向。2020年，物联网被明确定位为我国新型基础设施的重要组成部分，物联网从战略新兴产业定位下沉为新型基础设施，成为支撑数字经济发展的关键基础设施。随着物联网全球连接数持续上升，物联网正逐步向智慧交通、智慧旅游、智慧卫生、智慧建筑等领域扩大应用。全球移动通信系统协会（GSMA）预计，到2025年全球物联网设备联网数量将达到约246亿个。"万物互联"成为全球网络未来发展的重要方向。

　　随着物联网应用的普及，设备数量的增加，物联网系统部署与运维的市场需求明显增大。相对于传统的IT系统部署与运维，物联网系统的部署与运维所涉及的设备不仅数量大，还分布广，同时由于物联网系统本地部署与运维已无法满足用户的需求，需提供远程部署与运维技术实现。因此，对物联网系统部署与运维人员技能也提出了新的要求。

任务1　　　认识运维技术

职业能力目标

- 能根据系统生命周期，正确描述运维阶段的主要工作。
- 能根据运维管理内容类别，正确描述该类运维管理的具体内容。
- 能根据各类运维管理内容，正确列出所需的运维技术。

服务器运维技术

任务描述与要求

任务描述：小张同学是物联网专业大二的学生，在一次校企合作实训基地参观和交流活动中，他了解到运维工作岗位，并被企业工程师描述工作中解决问题的成就感、技能提升的满足感和客户感谢的幸福感所触动，于是决定对运维领域进行一个整体的认识。他想结合目前了解的运维知识，通过资料查阅或者现场咨询等方式，对运维相关的工作内容和技术要求进行收集、分析。同时，利用近期掌握的思维导图工具，绘制运维岗位职业技术能力思维导图。

任务要求：

- 根据运维工作的分类，分析、整理出运维的工作内容。
- 根据运维的工作内容，分析、整理出完成相关工作所需的技术。
- 绘制运维岗位需掌握的职业技术能力思维导图。

知识储备

1.1.1　认识运维

1. 运维的概念

随着企业信息化建设进程加快，企业大量业务和数据需要依靠企业IT（Internet Technology，互联网技术）系统来完成，稳定可用的IT系统是企业业务发展的基础条件。随着IT系统架构越来越复杂，软件更新迭代越来越快，运维管理也随之成为企业信息化建设的重要环节。

一个IT产品的生成一般经历的过程包括：产品计划、需求分析、研发部门设计开发、测试部门测试、运维部门部署以及长期的运维，如图1-1-1所示。

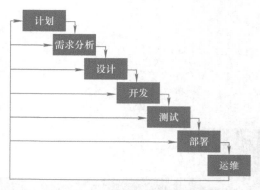

图1-1-1　产品生命周期示意图

简单来说，运维是指对企业IT系统的硬件和软件的运行和维护。在IT系统运行的过程中，可能会出现一些无法预知的错误。为了减少系统出错而造成损失，在利用运维手段预防的同时，对于突发情况也要及时进行修复。

运维，本质上就是通过网络监控、事件预警、故障排查处理、软硬件升级等专业技术手段，对企业IT系统的网络、服务器软硬件及其运行环境、服务项目生命周期各个阶段的运行及维护，保障企业IT系统的可用性、安全性、稳定性，使系统业务在稳定性、成本、效率上达成可接受的状态。

2. 运维的发展

运维作为各种技术的重要应用领域，其发展与技术更新的发展密不可分、相辅相成。根据人工干预程度维度将运维的发展划分为手工运维、自动化运维、智能运维阶段。

（1）手工运维

在该阶段，IT系统规模较小，遇到的问题也比较简单，其中大部分集中在硬件、网络和系统级别。此时可安排具有一定维护经验的人员手动完成维护工作。这种场景下的操作和维护人员通常被称为系统管理员（SA）。在当时的行业中，雇佣系统管理员来操作和维护复杂的计算机系统，并允许他们从事多种工作是一种常见的做法。但是随着系统越来越复杂，组件越来越多，用户流程不断增多，企业需要招聘更多的系统管理员来处理日益增多的维护工作，导致系统运维成本不断增加。

（2）自动化运维

在手工运维过程中，运维人员发现可以将大量重复烦琐的操作转换成脚本，而不是每次输入一堆类似的命令。因此，运维人员开始通过编写shell脚本自动批量处理运维问题。将一些重复、烦琐的操作封装成自动化脚本后，极大地提高了运维效率。

随着互联网的快速发展，IT系统的业务场景越来越复杂，用户数量急剧增加，仅依靠脚本执行无法满足运维的需求。运维人员的工作不仅包括解决硬件、网络、系统等层面的问题，还需要进行软件发布，并且服务器的数量可能达到上千台。进行一次业务部署可能需要完成服务器安装、系统变更配置、软件包安装、流程启动和关闭、负载均衡配置等一系列任务。这类流程任务可以将相关脚本功能与一个控制流程连接起来。与此同时，电信运营商、金融等行业对产品升级换代有严格的操作规范和流程，这就对运维流程和平台工具有更大的需求，推动运维朝流程和平台的方向发展。

一些大型IT公司进一步进行运维系统改造，提升运维系统自动化程度，并根据公司业务特点搭建大型运维平台，例如腾讯游戏的蓝鲸系统、阿里巴巴电子商务领域的鹰眼系统、华为云业务的CloudScope等。同时，由于软件系统复杂度提高，运维人员需要更加关注业务软件架构和应用服务。因此，出现了众所周知的DevOps、SRE、PE等概念。

总体而言，自动化运维平台有助于提高运维效率，减少人工和流程操作导致的运维故障。根据国际咨询公司Gartner Group在2001年的一项调查数据，在IT项目问题中，仅有20%是由技术或产品本身引发的，40%是由流程错误导致的，40%是由人员疏忽引起的。通过自动化运维平台、DevOps等协作理念，企业可以有效地解决这些问题。

近年来，由于技术业务的迅猛发展，运维服务的数量呈迅速增长趋势。自动化运维在提高效率、解决问题的同时，也产生了新的问题：如何快速定位故障？如何处理各种报警信息？

（3）智能运维

随着机器学习算法的突破、计算能力的提高和海量数据的积累，历史进入了人工智能时代。Gartner Group于2016年提出AIOps（Artificial Intelligence for IT Operations，智能运维）的概念，希望将物联网和人工智能应用于运维领域。简而言之，AIOps希望基于现有的运维数据（日志、监控信息、应用信息等），通过机器学习进一步解决自动化运维无法解决的问题，提高系统的预测能力和稳定性，降低系统成本，并提高企业的产品竞争力。

目前，只有国内外大型互联网公司通过一些算法解决了单点运维问题，智能运维之路还处于初级阶段。人工智能作为Ops的有力补充，可以进一步降低运维工作的强度和压力，但AIOps需要建立在高度自动化、完善运维系统的背景下。因此，AIOps的发展需经历一个长期的演进过程，无法实现跳跃性质的转变，更不用说用成熟的AIOps模式来取代现有的Ops系统。

智能运维的最终目标是无人值守。该系统具有故障自修复、无人值守变更、自动扩容减容、自动防御等功能。例如在电影《太空旅行者》中，一艘运送上万人到其他星球的宇宙飞船，仅靠一些机器人就能完成飞船的日常维护工作。

3. 运维行业前景

从行业的角度来看，随着我国信息技术的快速发展，IT系统的规模不断扩大，架构的复杂性不断增加，社会对专职运维工程师和网站架构师的需求将越来越迫切，特别是经验丰富的优秀运维人才。

从个人角度看，运维是一个集网络、系统、开发、安全、应用架构、存储等多学科为一体的综合性技术岗位。运维岗位所接触的知识非常广泛，更容易培养或发挥一些个人特长或爱好。运维工作的相关经验将变得非常重要，优秀的运维工程师具有解决各种问题的能力，具有全局思维等。

1.1.2 运维管理内容

IT运维管理内容复杂多样，概括起来可以分为以下7个方面：

1. 设备管理

对网络设备、服务器设备、操作系统运行状况等进行监控和管理。

2. 应用服务管理

对各种应用支持软件，如数据库、中间件以及邮件系统、DNS、Web等通用服务的监控管理，保障业务系统长期稳定运行。

3. 数据管理

对系统和业务数据进行统一存储、备份和恢复，保障数据安全可靠。

4. 业务管理

包含对企业自身核心业务系统运行情况的监控与管理。

5. 内容管理

对企业统一发布的公共信息或因人定制的内容进行管理。

6. 资源资产管理

对企业中各IT系统的资源资产进行管理，这些资源资产可以是物理存在的，也可以是逻辑存在的，并需要与企业的财务部门进行数据交互。

7. 信息安全管理

信息安全管理主要依据国际标准ISO 17799，涵盖企业安全组织方式、资产分类与控制、人员安全、物理与环境安全、通信与运营安全、访问控制、业务连续性管理等方面。

1.1.3　运维工作分类

IT运维管理内容复杂多样，因此运维的工作也可细分为多个方向。随着业务规模的不断发展，越成熟的公司，运维岗位划分越细。大多数互联网公司在初创时期只有系统运维，随着规模扩大、服务质量要求提高，也逐渐进行了工作细分。

图1-1-2　运维团队的工作分类

一般情况下运维团队的工作分类和职责如下（见图1-1-2）：

1. 系统运维

系统运维负责IDC、网络、CDN和基础服务的建设，负责资产管理，服务器选型、交付和维修。

2. 应用运维

应用运维负责线上服务的变更、服务状态监控、服务容灾和数据备份等工作，对服务进行例行排查、故障应急处理等工作。

3. 数据库运维

数据库运维负责数据存储方案设计、数据库表设计、索引设计和SQL优化，对数据库进行变更、监控、备份、高可用设计等工作。

4. 运维安全

运维安全负责网络、系统和业务等方面的安全加固工作，进行常规的安全扫描、渗透测试，进行安全工具和系统研发以及安全事件应急处理。

5. 运维研发

运维研发与普通的业务研发不同，主要负责开发运维相关平台及其工具等，需要兼顾开发与运维两种能力。

1.1.4　运维技术方向

运维是对企业IT系统的硬件和软件的运行与维护，运维人员需要维护的硬件和软件具体如下：

1. 硬件的运维

运维涉及的硬件主要包括机房、机柜、网线光纤、PDU、服务器、网络设备、安全设备等。

2. 软件的运维

运维涉及的软件可分为系统软件、运维支持软件和业务系统三大类。

（1）系统软件

包括操作系统（如Linux、Windows）、数据库系统（如Oracle、MySQL等结构化及非结构化数据库）、服务器中间件（如Weblogic、Tomcat等）、虚拟化工具（如VMware、KVM等）等。

（2）运维支持软件

包括各类监控系统（监控机房、硬件、操作系统、数据库、中间件等运行情况）、备份系统重要数据的备份系统、IT服务管理系统（一套帮助企业对IT系统的规划、研发、实施和运营进行有效管理的系统，可管理问题工单、变更工单、事件工单等）和各类自动化运维系统或智能化运维系统。

（3）业务系统

即企业的业务系统，例如核心业务系统、APP、网站、ERP系统、CRM系统等。

总之，凡是关系到企业IT系统的服务质量、效率、成本、安全等方面的技术、组件、工具、平台都在运维的技术范畴里。新技术、新产品、新平台的层出不穷，也给运维不断带来变化与挑战。面对这样充满了不确定性的场景，运维人员，包括其他技术人员，需要坚持学习，拥抱变化，脚踏实地解决问题。

任务实施前必须先准备好以下设备和资源：

序　号	设备/资源名称	数　量	是否准备到位（√）
1	计算机（联网）	1	□是　　　□否
2	思维导图工具软件	1	□是　　　□否

1. 分析整理运维的工作内容

结合目前了解的运维知识，通过网络搜索或者现场咨询等方式，获取运维相关的工作内容，并对其分类，整理出各类别的具体内容。运维工作内容整理示例见表1-1-1。

表1-1-1　运维工作内容整理示例

类　别	工　作　内　容
系统运维	负责项目服务器、存储等IT资源管理、分配、实施
	负责项目应用服务器及应用中间件的安装、升级、调试、监控、日常维护、性能优化、故障处理等
	……

（续）

类　　别	工　作　内　容
应用运维	负责业务系统的日常运维工作，保证系统的正常稳定运行
	负责及时处理和修复业务系统的问题
	……
……	……

2. 分析整理运维所需的技术

根据各类运维工作的内容，通过小组讨论、网络搜索等方式，整理罗列出该类运维工作所需的典型技术。运维所需技术整理示例见表1-1-2。

表1-1-2　运维所需技术整理示例

类　　别	所　需　技　术
系统运维	硬件设备的安装、配置技术
	硬件设备运行监控、性能优化、故障处理等技术
	……
应用运维	操作系统的安装、配置、性能优化、故障处理等技术
	常用数据库软件的安装、配置、性能优化、故障处理等技术
	……

3. 绘制"运维岗位需掌握的职业技术能力"思维导图

（1）安装思维导图工具软件

目前思维导图工具众多，如MindMaster、MindLine、XMind、iMindmap等，每款工具都有各自的风格特点，读者可根据需求自行选择下载。思维导图工具的安装只需按照安装提示完成即可。

（2）绘制运维岗位职业技术能力思维导图

添加思维导图中心主题"运维岗位职业技术能力"，在其下添加至少包括运维管理内容和技术方向两个子主题，结合小组目前获取的运维工作内容与所需技术，完成"运维岗位职业技术能力"思维导图的绘制。运维岗位职业技术能力思维导图示例如图1-1-3所示。

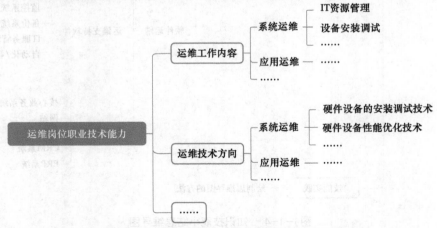

图1-1-3　运维岗位职业技术能力思维导图示例

任务小结

　　本任务介绍了运维的概念、运维的发展与前景、运维管理内容和运维技术方向等，并通过绘制相应的思维导图，将相关知识进行整理，帮助读者进一步理解、记忆运维相关概念知识，建立运维知识技术的整体知识体系，为后续学习具体运维技术指明方向。

　　本任务相关知识技能小结思维导图如图1-1-4所示。

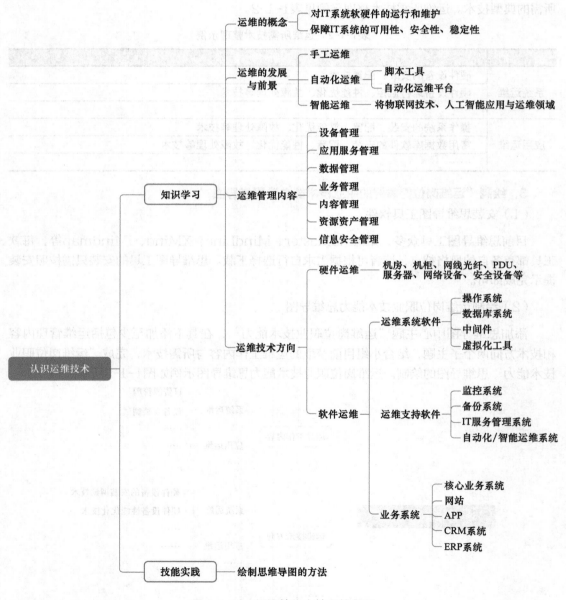

图1-1-4　知识技能小结思维导图

任务工单

项目1　认知物联网系统部署与运维		任务1　认识运维技术	
班级：		小组：	
姓名：		学号：	
分数：			

（一）关键知识引导

1. 请简述什么是运维。

运维，就是指对企业IT系统的硬件和软件的运行和维护，保障企业IT系统的可用性、安全性、稳定性，使系统业务在稳定性、成本、效率上达成一致可接受的状态。

2. 请列举运维管理内容。

1）设备管理：对网络设备、服务器设备、操作系统运行状况进行监控和管理。

2）应用服务管理：对各种应用支持软件进行监控管理，保障业务系统长期稳定运行。

3）数据管理：对系统和业务数据进行统一存储、备份和恢复，保障数据安全可靠。

4）业务管理：包含对企业自身核心业务系统运行情况的监控与管理。

5）目录/内容管理：对于企业需要统一发布或因人定制的内容管理和对公共信息的管理。

6）资源资产管理：管理企业中各IT系统的资源资产情况。

7）信息安全管理：对企业IT系统的物理与环境安全、通信与运营安全、访问控制、业务连续性管理等。

8）日常工作管理：规范和明确运维人员的岗位职责和工作安排等。

3. 请列举运维技术方向。

1）硬件的运维：主要包括：机房、机柜、网线光纤、PDU、服务器、网络设备、安全设备等。

2）软件的运维：运维系统软件（如Windows/Linux操作系统、Oracle/MySQL/SQL Server数据库、VMware虚拟化软件等）、运维支持软件（如监控系统、备份系统等）和业务系统（如核心业务系统、APP、网站等）三大类。

（二）任务实施完成情况

任　　务	任 务 内 容	完 成 情 况
1. 安装思维导图工具软件	（1）完成思维导图软件的下载	
	（2）完成思维导图软件的安装	
2. 绘制运维岗位职业技术能力思维导图	（1）绘制运维管理内容子主题	
	（2）绘制运维技术方向子主题	
	（3）绘制运维其他相关子主题	

（三）任务检查与评价

评价项目	评 价 内 容		配分	评 价 方 式		
				自我评价	互相评价	教师评价
方法能力（20分）	能够明确任务要求，掌握关键知识		5			
	能够正确清点、整理任务设备或资源		5			
	掌握任务实施步骤，制定实施计划，时间分配合理		5			
	能够正确分析任务实施过程中遇到的问题并进行调试和排除		5			
专业能力（60分）	安装思维导图工具软件	成功完成思维导图软件的下载	10			
		成功完成思维导图软件的安装	10			

（续）

（续）

评价项目	评价内容		配分	评价方式		
				自我评价	互相评价	教师评价
专业能力 （60分）	绘制运维岗位职业技术能力思维导图	全面、准确绘制运维管理内容子主题	15			
		全面、准确绘制运维技术方向子主题	15			
		全面、准确绘制运维其他相关子主题	10			
素养能力 （20分）	安全操作与工作规范	操作过程中严格遵守安全规范，正确使用电子设备，每处不规范操作扣1分	5			
		严格执行6S管理规范，积极主动完成工具设备整理	5			
	学习态度	认真参与教学活动，课堂互动积极	3			
		严格遵守学习纪律，按时出勤	3			
	合作与展示	小组之间交流顺畅，合作成功	2			
		语言表达能力强，能够正确陈述基本情况	2			
合　　计			100			

（四）任务自我总结

过程中的问题	解决方式

任务2　物联网系统部署与运维岗位调研

职业能力目标

- 能基于物联网体系结构，正确列出物联网的关键技术。

- 能根据物联网系统的特点，正确分析物联网系统运维与传统IT系统运维的区别。

- 能根据系统生命周期，正确描述不同阶段运维人员的主要职责。

任务描述与要求

　　任务描述：物联网通过各种装置和技术，实时采集任何需要的信息，并将其接入网络，实现任何时间、任何地点，人、机、物的互联互通。相对于传统IT系统，物联网系统部署和运维面临着各种新的挑战。为进入物联网系统运维行业做准备，本任务将对物联网系统部署与运维岗位要求进行收集、整理与分析，并编写调研报告。

任务要求：

● 梳理物联网系统部署与运维相关岗位名称和企业，收集相关岗位要求。

● 对收集的岗位要求进行分类、整理，分类列出岗位专业技能和职业技能要求。

● 整理和汇总获得的岗位要求信息，按照要求编制《物联网系统部署与运维岗位调研报告》。

知识储备

1.2.1 认识物联网技术

1. 物联网概述

物联网（Internet of Things，IoT）被称为继计算机、互联网之后的第三次信息产业浪潮，也是我国重点发展的战略性新兴产业，并被定位为我国新型基础设施的重要组成部分。

从字面上看，物联网就是物物相连的网络，能够让物体具有智慧，可以实现智能的应用。

从技术上看，物联网是指通过各种信息传感器技术、射频识别技术、全球定位系统、红外感应器、激光扫描器等各种装置与技术，实时采集任何需要监控、连接、互动的物体或过程的信息，通过各类网络接入，实现物与物、物与人的泛在连接，实现对物品和过程的智能化感知、识别和管理。

随着物联网技术的发展，物联网为绿色农业、工业生产、智能物流、智能电网、智能家居、智能医疗、智能交通、城市公共安全等领域提供了丰富的应用。物联网主要的行业应用领域如图1-2-1所示。

图1-2-1 物联网主要的行业应用领域

2. 物联网体系结构与关键技术

目前，业界普遍接受物联网的层级架构，每一层都有不同的职责。这种分工类似于一个专门指定的人，可以提高工作质量和效率。近年来，随着物联网的快速发展，物联网的层级架构已经从最初的感知层、网络层、应用层三层结构，演变为感知层、网络层、平台层、应用层四层结构，见表1-2-1。

表1-2-1 物联网四层架构

层　级	功　能	内　容
应用层	基于不同业务领域，提供智能服务	以支撑业务为中心的云端支持交互业务的用户终端
平台层	对设备进行通信运营管理	设备激活/认证、设备计费、通信质量管理及其他
网络层	传递数据	无线广域网：2G/3G/4G/5G、NB 无线局域网：WiFi/蓝牙/ZigBee
感知层	数据采集设备控制	传感器、摄像头、GPS、射频识别等

（1）感知层

感知层的主要功能包括采集物理世界的数据和控制执行器，是人类世界跟物理世界进行交流的关键桥梁。

感知层的数据来源主要有两种：

一是主动收集和生成信息，如传感器、多媒体信息采集、GPS等。这种方法需要主动的数据记录或与目标对象交互来获取数据。例如，智能饮水机安装了流量传感器。用户只要喝水，流量传感器就会立即采集这次的饮水量，这是一个长期的交互式数据采集过程。

另一种是接收外部指令被动保存信息，如射频识别（RFID）、IC卡识别技术、条码、二维码技术等，这种方法一般需要提前保存信息，等待直接读取。例如，部分小区门禁系统采用IC卡识别技术。用户信息需要先录入中央处理系统，用户进门时才可以刷卡进入。

（2）网络层

网络层主要功能是传输信息，将感知层获得的数据传送至指定目的地。

在物联网领域，嵌入式程序相当于人的大脑。在信息采集完成之后，大脑向通信模块发布指令指定该信息的目标传送对象，网络层通过选用的通信网络及通信机制将该消息进行传送。

物联网中的"网"字其实包含了两个部分：接入网络和互联网。互联网只是打通了人与人之间的信息交互，但是没有打通人与物、物与物的交互，因为物本身不具有联网能力。而将物连接入网的技术，则被称为设备接入网，通过这一网络可以将物与互联网打通，实现人与物、物与物之间的信息交互，增加了信息互通的边界。

目前主要有两种方式的接入网，一种是有线网络接入，一种是无线网络接入。有线网络接入主要包括以太网、串行通信（RS-232、RS-485等）和USB等。无线网络接入又分为近距离无线、短距离无线和长距离无线通信。近距离无线通信主要包括NFC、RFID、IC等，短距离无线通信主要包括WiFi、ZigBee、蓝牙等，长距离无线通信主要包括GSM（2G、3G、4G、5G等）、LoRa、NB-IoT等。面对众多的入网方式，需要考虑应用场景以及设备本身的特征来选择合适的接入方式。

选好了适合使用的网络，相当于打通了数据传输的物理承载道路，接着需要确定传递信息的机制，即通信协议。从本质上来说，通信协议就是一套数据传输规范，类似于英语、德语、中文等语言，是通过一定规则组成的，易于物与物之间进行交流沟通。

物联网设备端资源受限，比如，处理能力差、存储能力小、网络传输量小、网络不稳定等，很明显物联网和互联网在设备端提供的资源环境存在很大的差别。所以，为了更好地为物联网服务，对互联网的通信协议进行了优化，发展出了目前被广泛使用的消息队列遥测传输协议（MQTT，Message Queuing Telemetry Transport）和受限应用协议（CoAP，Constrained Application Protocal）两种物联网通信协议。

（3）平台层

物联网平台可为设备提供安全可靠的连接通信能力，向下连接海量设备，支撑数据上报至云端，向上提供云端API，服务端通过调用云端API将指令下发至设备端，实现远程控制。

物联网平台主要包含设备接入、设备管理、安全管理、消息通信、监控运维以及数据应用等。

（4）应用层

应用层是物联网的最终目的，主要功能是将设备端收集来的数据进行处理，从而为不同的行业提供智能服务。

应用层主要由三部分组成：业务处理、数据库和客户端。

物联网业务处理较为复杂，因为涉及海量数据的整合，这对不同行业终端应用者来说具有很大的挑战，所以目前市场上有专门提供的中间件，比如云计算、数据挖掘、人工智能、信息融合等可以供行业者使用，在一定程度上激发了物联网应用行业的繁荣。数据库主要用来存储设备、用户、业务以及其他相关的数据。应用层会接触到终端用户，所以涉及客户端的开发。

1.2.2 认识物联网系统运维技术

在物联网系统中，物联网设备的数量大，非本地管理，且物联网闭环应用的链路较长，给物联网系统的运维带来了很大的挑战。

1. 数量大，分布广

物联网技术实现万物接入互联网，实现人与物、物与物之间的信息交互。随着物联网应用的普及，物联网设备数量势必大幅度增加，设备分布范围逐步扩大。根据全球移动通信系统协会（GSMA）发布的《The Mobile Economy 2020（2020年移动经济）》报告显示，2019年全球物联网连接数达到120亿，预计到2025年，全球物联网连接数将达到246亿，年复合增长率高达13%。我国物联网连接数全球占比高达30%，2019年我国的物联网连接数为36.3亿。到2025年，预计我国物联网连接数将达到80.1亿，年复合增长率14.1%。物联网设备的应用正在逐步扩大，分布在智能交通、智能旅游、智能健康、智能建筑等领域，形成巨大的运维市场。

2. 非本地管理

本地管理是指在设备所在地进行设备管理，非本地管理则包括远程管理和无管理。

由于物联网系统设备数量多、分布广，本地管理每台设备的工作量大。同时，考虑到设备的成本、体积、功耗、安全性等因素，大多数物联网设备不提供查看设备内部运行状态的接口，也不直接在系统级对设备进行操作。因此，对这部分设备无法实施本地管理，需要采用非本地管理和维护。

3. 应用链路长

一个典型的物联网闭环应用，不仅涉及传感器、芯片、通信模组、操作系统、设备程序、网络和连接协议，还涉及云平台的数据建模和结构化、存储、处理、分析和应用，如图1-2-2所示。如果应用链路长，则物联网系统的运维复杂度较高。运维人员不仅要掌握系统完整的应用链和链上各环节之间的关系，还要对链上各环节进行具体的操作和维护。

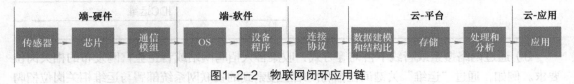

图1-2-2　物联网闭环应用链

1.2.3 运维人员主要职责

总体而言，运维人员最基本的职责就是对系统的稳定性负责，确保系统能够每天7×24小时为用户提供服务。

从产品生命周期的角度来看，运维人员的职责贯穿于产品从设计到发布、运维、变更升级到下线的整个生命周期。各阶段具体职责如下：

1）产品发布前：参与评审产品架构设计的合理性和可操作性，并进行资源评估和相应准备工作，确保产品发布后高效稳定运行。

2）产品发布阶段：负责整合特定的硬件和软件资源，形成向外界提供服务的产品。同时，利用相应的技术或平台，确保产品能够高效地在线发布，并实现快速稳定的迭代。

3）产品运维阶段：对服务运行状态进行实时监控，确保产品7×24小时稳定运行。在此期间，各种问题可以快速定位和解决；在日常工作中不断优化产品性能和成本，提高系统服务的稳定性，降低成本。

4）产品下线：负责产品的下线处理，主要是回收资源，将回收的资源放入资源池供其他服务使用。

任务实施前必须先准备好以下设备和资源。

序 号	设备/资源名称	数 量	是否准备到位（√）
1	计算机	1台	□是 □否
2	Office软件	1套	□是 □否

以小组为单位，小组成员间相互协助，合作完成物联网系统部署与运维岗位数据的收集、分析与整理，并形成《物联网系统部署与运维岗位调研报告》。

1. 收集岗位数据

1）通过小组讨论，罗列物联网系统部署与运维相关岗位的岗位名称和相关的企业名称，见表1-2-2。

表1-2-2 运维相关岗位名称分析示例

运维相关岗位职能类别	运维相关岗位名称
运维/技术支持	系统运维
	IT运维
	网络运维
	IDC运维
	……

2）通过网络搜索或者线下咨询等方式，收集各大招聘网站或者企业官网发布的相关岗位要求。例如，通过"运维"关键词在招聘网站上搜索到的物联网系统部署与运维相关岗位招聘

信息，图1-2-3~图1-2-5为三条具体招聘信息示例。

▎职位信息

1、根据项目运维制度执行基础架构运维工作内容；
2、负责项目服务器、存储等IT资源管理、分配、实施；
3、负责项目应用服务器及应用中间件的安装、升级、调试、监控、日常维护、性能优化、故障处理等工作；
4、对运维资料进行整理并及时维护；
5、完成上级交代的其他工作。

任职要求：
1、计算机相关专业，专科3年以上相关工作经历；
2、熟悉Linux和Windows Server操作系统运维、性能优化等；
3、熟悉VMware虚拟化平台的运维工作；
4、熟悉主流存储及PC服务器的运维工作；
5、熟悉Zabbix开源监控平台，会Shell或Python编程语言；
6、具有较强团队合作精神、工作责任心及执行力；
7、有Redhat、VMware证书者优先。

图1-2-3　运维相关岗位招聘信息1

▎职位信息

岗位职责：
1. 负责公司已有的业务系统的日常运维工作，保证系统的正常稳定运行；
2. 负责及时处理和修复已有业务系统的BUG等问题；
3. 负责已有业务系统的新功能需求分析和迭代升级；
4. 负责编写相关的开发文档；
5. 负责提升已有业务系统的稳定性；
6. 负责完成上级领导交办的其他工作任务；

任职资格：
1. 大专及以上学历，计算机相关专业；
2. 一年左右运维相关工作经验，也可接受有运维相关实习经验的优秀应届生，如果有JAVA或者前端开发基础者优先考虑；
3. 熟悉Tomcat、SQLServer、MySQL等常用数据库中至少一种数据库上开发的经验；能够熟练编写常用SQL、存储过程等；
4. 具备良好的沟通能力，能吃苦耐劳、认真负责，能快速定位问题，有良好学习的能力，有较强的自我驱动能力，有较强团队观念；
5. 此岗位为长期驻场，不接受者***。

图1-2-4　运维相关岗位招聘信息2

▎职位信息

工作职责：
1.负责IDC机房日常现场维护，强弱电线缆布线；
2.负责现场人员与物品安全管控、资产管理、库房管理；
3.负责设施定期巡检，及其他机房现场运维服务工作的交付。

任职资格：
1.熟悉IDC内网络及IT设备，能在保质保效的基础上独立承担机房运维服务工作；
2.负责IDC机房的服务器、存储、网络及其他运营设备进行日常运维工作，配合网络故障排除，熟悉机房布线，光纤布线；
3.有强弱电布线相关工作经验，IDC运维行业从业经验、综合布线培训经历或初级电工证优先；
4.性情温和、稳重，工作认真仔细、严谨，服务意识强，具备良好的沟通能力；
5.大专及以上学历,可接受7×24小时倒班。

图1-2-5　运维相关岗位招聘信息3

2. 分析整理岗位数据

1）根据运维工作类别，对收集到的岗位要求进行初步的分类。例如根据以上收集的招聘信息，整理出运维相关岗位分类，如图1-2-6所示。

图1-2-6　运维岗位类别整理示例

2）依据各类运维工作的主要职责，整理出物联网系统部署与运维岗位典型的专业技能和职业技能要求。

例如，根据以上收集的招聘信息，整理出运维相关岗位专业技能和职业技能要求，见表1-2-3。

表1-2-3　运维相关岗位专业技能和职业技能要求整理示例

类　　别	专业技能要求	职业技能要求
系统运维	熟悉Linux和Windows Server操作系统运维、优化	良好的沟通能力
	熟悉主流存储及PC服务器的运维	较强团队合作精神
	熟悉Zabbix开源监控平台	良好学习的能力
	……	……
网络运维	……	……

3. 编写岗位调研报告

利用Word等办公软件，编写《物联网系统部署与运维岗位调研报告》。调研报告内容可参照如下格式：

1）介绍调研背景，包括调研时间、调研目的、调研对象与调研方式等。

2）归纳调研数据，涉及学历、技能、经验等。

3）总结调研结论，针对岗位分析准确的专业技能和职业技能的结果。

调研报告内容包括但不限于以上关键点，并且要求调研报告格式清晰、整洁。

任务小结

本任务介绍了物联网关键技术，分析了物联网系统相对于传统IT系统的运维特点，讲解了运维人员的主要职责。通过物联网系统部署与运维岗位调研，读者可进一步了解目前该岗位的需求情况和岗位对专业技能和职业技能的要求。

本任务相关知识技能小结思维导图如图1-2-7所示。

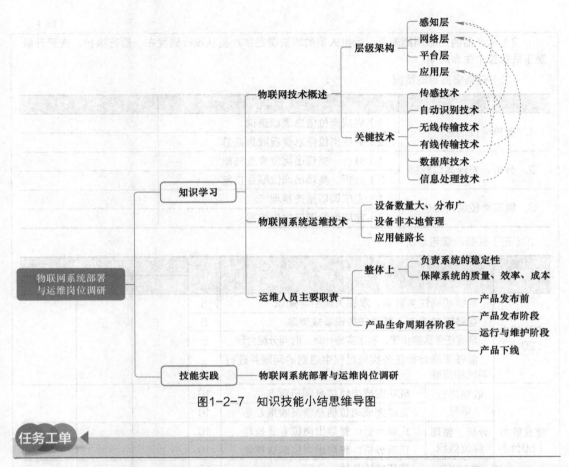

图1-2-7　知识技能小结思维导图

任务工单

项目1　认知物联网系统部署与运维	任务2　物联网系统部署与运维岗位调研
班级：	小组：
姓名：	学号：
分数：	

（一）关键知识引导

1. 请基于物联网体系结构列举物联网的关键技术。

1）感知层：传感器技术、图像识别技术、定位技术、射频识别技术等。

2）网络层：4G、5G等移动通信技术；WiFi、蓝牙、ZigBee等短距离无线通信技术；NB-IoT、LoRa等低功耗传输技术。

3）平台层：数据分布存储技术、数据处理技术、虚拟化技术等云计算相关技术。

4）应用层：各种支持交互业务的用户终端技术。

2. 请简述相对于传统IT系统，物联网系统运维的特点。

1）物联网设备不但数量特别大，而且分布广。

2）物联网设备基本是非本地管理。

3）物联网闭环应用的链路较长，不仅涉及传感器、芯片、模组、OS、主控程序、网络以及连接协议等，还有数据存储、加工、分析到应用。

3. 请简述运维人员的主要职责。

1）从总体上，运维人员负责系统的稳定性，保障系统的质量、效率、成本。

（续）

2）从产品的生命周期来看，运维人员的职责覆盖了产品从设计到发布、运行维护、变更升级至下线的整个生命周期。

（二）任务实施完成情况

任 务	任 务 内 容	完 成 情 况
1. 收集岗位信息	1）完成岗位信息调研查询	
	2）完成岗位信息情况收集汇总	
2. 分析、整理岗位数据	1）分析、整理出岗位专业技能	
	2）分析、整理出岗位职业技能	
3. 编写岗位调研报告	1）完成调研结论整理	
	2）完成岗位调研报告编写	

（三）任务检查与评价

评价项目	评价内容		配分	评 价 方 式		
				自我评价	互相评价	教师评价
方法能力（20分）	能够明确任务要求，掌握关键引导知识		5			
	能够正确清点、整理任务设备或资源		5			
	掌握任务实施步骤，制定实施计划，时间分配合理		5			
	能够正确分析任务实施过程中遇到的问题并进行调试和排除		5			
专业能力（60分）	收集岗位信息	成功完成岗位信息调研查询	10			
		正确完成岗位信息情况收集汇总	10			
	分析、整理岗位数据	正确分析、整理出岗位专业技能	10			
		正确分析、整理出岗位职业技能	10			
	编写岗位调研报告	调研结论具体、全面	10			
		岗位调研报告格式清晰、整洁	10			
素养能力（20分）	安全操作与工作规范	操作过程中严格遵守安全规范，正确使用电子设备，每处不规范操作扣1分	5			
		严格执行6S管理规范，积极主动完成工具设备整理	5			
	学习态度	认真参与教学活动，课堂互动积极	3			
		严格遵守学习纪律，按时出勤	3			
	合作与展示	小组之间交流顺畅，合作成功	2			
		语言表达能力强，能够正确陈述基本情况	2			
合 计			100			

（四）任务自我总结

过程中的问题	解 决 方 式

Project 2

项目②
智慧物流——仓储管理系统部署与运维

项 **目引入**

　　当今互联网消费者的需求与日俱增，商品交付量也日益增加，对仓储物流的要求日益提升。以在线零售商亚马逊为例：面对每秒需要处理的数百个订单，为了提高效率，亚马逊的仓库使用机器人完成商品的挑拣和搬运。然而，大多数零售、制造和运输机构仍使用传统方法销售、存储、分拣和供应商品。传统仓储利用率低、效果不明显、规模不确定、优势不突出、库场设施设备重复配置矛盾显著，甚至可能出现库场资源闲置的情况。而智慧物流——仓储管理系统提高了自动化水平，能大批量处理订单，完成仓储便捷发货。该系统保证了货物仓库管理各个环节数据输入的速度和准确度，从而确保企业及时准确地掌握库存的真实数据、合理地控制企业库存。因此，智慧物流——仓储管理系统在物流配送中有着举足轻重的地位。

　　仓储管理系统是一个实时的计算机软件系统，建立仓储管理系统需要物联网的鼎力支持。现代仓储管理系统内部不但形态各异、性能各异，而且作业流程复杂，既有存储，又有移动，既有分拣，也有组合，其典型应用场景如图2-0-1所示。在网络普及且注重时间和安全观念的今天，系统的快速部署和恢复越来越受到企业的重视。为了按时、按预算地安装和实施仓储管理系统部署，需要制定详细周密的计划，选择最优的备选方案以及正确的软硬件是仓储管理系统部署工作的重点。

　　本项目通过讲解Windows Server 2019服务器操作系统的安装、网络配置及系统还原，提升读者对Windows Server 2019操作系统的管理能力，学会在Windows Server 2019操作系统上部署MySQL数据库的方法及DBeaver数据库工具的使用方法，并掌握基于IIS完成仓储管理系统站点部署的技巧。

图2-0-1　仓储管理系统典型应用场景

任务1　Windows Server 2019安装与配置

职业能力目标

- 能查阅虚拟机相关资料，根据虚拟机特性及系统需求，正确选择虚拟机软件并完成虚拟机的安装与配置。
- 能查阅虚拟机相关资料，采用正确的方法完成Windows Server 2019操作系统的安装和网络配置。
- 能查阅虚拟机相关资料，采用正确的方法完成Windows Server 2019操作系统备份和还原。

任务描述与要求

任务描述：L公司已开发完成智慧物流——仓储管理系统，现需要对该系统进行部署与运维。LA先生作为系统运维小组组长，为达到系统部署高效、稳定和安全的目标，广泛查阅资料，进行正确的软件选型并完成虚拟机的安装和配置，进而完成Windows Server 2019操作系统的安装及网络配置工作。

任务要求：

- 完成虚拟机安装与配置。
- 完成Windows Server 2019操作系统的搭建。

● 完成Windows Server 2019操作系统备份和还原。

2.1.1 认识虚拟机

虚拟机（Virtual Machine）指通过软件模拟出具有完整硬件系统功能的完整计算机系统，并且运行在一个完全隔离环境中。简而言之，利用虚拟机即可完成在实体计算机中能够实现的工作。在计算机中创建虚拟机时，需要将实体机的部分硬盘和内存容量作为虚拟机的硬盘和内存容量。每个虚拟机都有独立的CMOS、硬盘和操作系统，操作使用与实体机一致。

1. 虚拟机分类

（1）系统虚拟机

系统虚拟机指的是安装在Windows计算机上的虚拟操作环境，物理上以文件形式存在，作为虚拟的系统环境，而非真正意义上的操作系统。但是实际效果一样，只是安装在虚拟机上。比如Linux虚拟机、微软虚拟机、Mac虚拟机、BM虚拟机、HP虚拟机、SWsoft虚拟机、SUN虚拟机、Intel虚拟机、AMD虚拟机、BB虚拟机等。

（2）程序虚拟机

一种虚构出来的计算机，是通过在实际计算机上仿真模拟各种计算机功能模拟来实现的，比如Java虚拟机（也称为JVM）。程序虚拟机有独立完善的硬件架构，如处理器、堆栈、寄存器等，还具有相应的指令系统。

（3）操作系统层虚拟化

一种虚拟化技术，这种技术将操作系统内核虚拟化，可以允许软件物件被分割成几个独立的单元，在内核中运行，而不是只有一个单一物件运行。这个软件物件，也被称为是一个容器（containers）、虚拟引擎（virtualization engine）、虚拟专用服务器（virtual private servers）或jails，比如Docker容器。

2. 虚拟机应用领域

（1）学习环境

真实的计算机中可以虚拟出多个不同的操作系统，并且不同操作系统之间完全独立，互不影响。解决了想要使用或体验新的操作系统，必须在真实计算机上安装，不但操作麻烦，还容易出问题的矛盾。比如，读者需要安装一个Linux系统进行学习，其磁盘格式和Windows系统完全不一样，导致需要对硬盘重新进行分区，因此存在文件丢失的风险。如果读者完成了Linux系统学习，要用回Windows系统，这时又要重新安装系统，十分不便。现在，利用虚拟机可以随意进行操作和练习，不用担心数据丢失，也不用担心操作系统的维护。

（2）测试环境

对于任何一个企业中的软件开发人员来说，考虑软件在不同平台中的兼容性是必不可少的一步。在虚拟机出现之前，为了测试软件的兼容性，就必须在计算机上安装多个操作系统，不但大费周折，还有可能遇到病毒或者系统崩溃之类的问题。在虚拟机中进行测试，不仅操作更加简便，不用担心系统崩溃，还可以直接进行还原操作。

（3）生产环境

目前，基于虚拟机的计算机虚拟技术在我国的制造业中已经得到了广泛的应用。例如，在进行单个零件的加工时，传统的制造工艺是先将某个零件进行试制，最后将制造出来的零件按照检验内容进行严格检验；应用虚拟机可以将零件在生产制造过程中的步骤进行模拟，包括零件的装夹、定位以及生产制造过程中的各个工序，按照事先编制好的虚拟程序，将整个零件的加工过程走一遍，最后将零件在加工过程中可能出现的问题汇总。计算机虚拟技术不仅解决了生产制造过程中的实际问题，大大提高了生产效率，还节约了人力物力，降低了生产成本，大幅度提高了企业的经济效益。

除了以上应用领域，虚拟机还能应用于中小企业、小型门户网站的服务器部署、数据共享及数据存储等。

3. 主流虚拟机软件

（1）VMware Workstation

VMware是EMC公司旗下独立的软件公司。1998年1月，Stanford大学的Mendel Rosenblum教授和学生Edouard Bugnion和Scott Devine，带着对虚拟机技术多年的研究成果，创立了VMware公司。公司主要研究在工业领域应用的大型主机级虚拟技术计算机，并于1999年发布了第一款产品：基于主机模型的虚拟机VMware Workstation。VMware实现了同时运行Linux各种发行版、DOS、Windows各种版本、UNIX等，甚至可以在同一台计算机上安装多个Linux发行版、多个Windows版本。VMware企业网站如图2-1-1所示。

图2-1-1　VMware企业网站

（2）VirtualBox

VirtualBox是一款开源虚拟机软件，是由德国Innotek公司开发、Sun Microsystems

公司出品的软件，在Sun公司被Oracle收购后正式更名成Oracle VM VirtualBox。Innotek以GNU General Public License（GPL）释出VirtualBox，并提供二进制版本及OSE版本的代码。使用者可以在VirtualBox上安装并且执行Solaris、Windows、DOS、Linux、OS/2 Warp、BSD等系统作为客户端操作系统。VirtualBox已由甲骨文公司进行开发，是甲骨文公司xVM虚拟化平台技术的一部分。VirtualBox企业网站如图2-1-2所示。

图2-1-2　VirtualBox企业网站

（3）Virtual PC

Virtual PC是最新的Microsoft虚拟化技术。使用此技术可在一台计算机上同时运行多个操作系统，和其他虚拟机功能一样，Virtual PC可以在计算机上同时虚拟出多台计算机，虚拟的计算机使用起来与真实的计算机一样，可以进行BIOS设定、硬盘进行分区、格式化、操作系统安装等操作。

4. 虚拟机网络工作模式

VMware提供了三种网络工作模式，它们分别是：Bridged（桥接模式）、NAT（网络地址转换模式）、Host-Only（仅主机模式），而VirtualBox在VMware基础上新增了Internal（内网模式）和NAT网络两种工作模式。

（1）Bridged（桥接模式）

桥接模式是通过使用主机系统上的网络适配器将虚拟机连接到网络，如果主机系统位于网络中，桥接模式通常是虚拟机访问该网络的最简单途径。基于桥接模式，虚拟机中的虚拟网络适配器可连接到主机系统中的物理网络适配器，且虚拟机可通过主机网络适配器连接到主机系统所用的LAN。桥接模式支持有线和无线主机网络适配器，同时桥接模式可以让虚拟机在网络中具有唯一标识且与主机系统相分离。此模式下虚拟机可完全参与到网络活动中，能够与网络中的其他计算机相互访问。

（2）NAT（网络地址转换模式）

使用网络地址转换模式时，虚拟机在外部网络中不必具有独立的IP地址，主机系统上会建立单独的专用网络。在默认配置中，虚拟机会在此专用网络中通过DHCP服务器获取地址，虚拟机和主机系统共享一个网络标识，此标识在外部网络中不可见。在默认的NAT配置中，外部网络中的计算机无法建立与虚拟机的连接。

（3）Host-Only（仅主机模式）

仅主机模式使用对主机操作系统可见的虚拟网络适配器在虚拟机和主机系统之间提供网络连接，通常用于设置独立的虚拟网络。在仅主机模式中，虚拟机和主机虚拟网络适配器均连接到专用以太网络，网络完全包含在主机系统内，其中虚拟DHCP服务器用于在仅主机模式网络中提供IP地址。在默认配置下，仅主机模式网络中的虚拟机无法连接Internet。

（4）Internal（内网模式）

内网模式，顾名思义就是内部网络模式，即虚拟机与外网完全断开，只实现虚拟机与虚拟机之间相互访问的模式。在设置网络时，两台相互访问的虚拟机需设置同一网络名称。

（5）NAT网络

NAT网络可以让虚拟机组成一个可以上网的局域网，用于虚拟机与外网互通，它是宿主机内部的local网络，只有本主机内部可见，不能跨宿主机。区别于网络地址转换模式，NAT网络是已经创建好的，不允许用户管理。

2.1.2 认识服务器

服务器作为计算机的特殊类型，比普通计算机运行更快、负载更高、价格更贵。服务器在网络中通常为其他客户机（如PC、智能手机、ATM等终端）提供计算或者应用服务。服务器具有高速的CPU运算能力、长时间的可靠运行、强大的I/O外部数据吞吐能力以及更好的扩展性。一般来说，服务器都具备承担响应服务请求、承担服务、保障服务的能力。服务器作为电子设备，其内部的结构十分复杂，但与普通的计算机内部结构相差不大，包含CPU、硬盘、内存、系统、输入输出设备等，如图2-1-3所示。

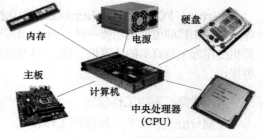

图2-1-3 服务器结构

1. 服务器分类

（1）根据功能分类

从不同角度观察，服务器有不同的分类方法。根据服务器的功能不同，可以把服务器分成文件/打印服务器、数据库服务器、应用程序服务器，如图2-1-4所示。

文件/打印服务器是最早的服务器种类，它可以执行文件存储和打印机资源共享的服务，这种服务器在办公环境里得到了广泛应用，如图2-1-5所示。

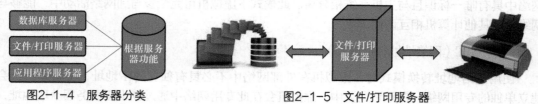

图2-1-4 服务器分类   图2-1-5 文件/打印服务器

数据库服务器是运行一个数据库系统软件，用于存储和操纵数据，向用户提供数据增、删、改、查等操作服务，如图2-1-6所示。

　　应用程序服务器也是一种广泛应用在商业系统中的服务器，如Web服务器、E-Mail服务器、新闻服务器、代理服务器。这些服务器都是互联网中的典型应用、他们能完成主页的存储和传送、电子邮件服务、新闻组服务等，如图2-1-7所示。

图2-1-6　数据库服务器　　　　　　　　图2-1-7　应用程序服务器

（2）根据规模分类

　　根据服务器的规模不同可以将服务器分成工作组服务器、部门服务器和企业服务器。这类服务器主要是根据服务器应用环境的规模来分类。比如小型企业中有十台左右客户机应用的需求场景，这适合使用工作组服务器，这种服务器往往具有1个处理器、较小的硬盘容量和一般网络吞吐能力，如图2-1-8所示。

　　如果企业有几十台客户机应用需求场景，适合使用部门级服务器，部门级服务器相对工作组服务器的数据处理能力更强，往往采用2个处理器、较大的内存和磁盘容量、磁盘I/O，且网络I/O的能力也较强，如图2-1-9所示。

图2-1-8　工作组服务器　　　　　　　　图2-1-9　部门级服务器

　　而企业级的服务器往往服务百台以上的客户机。为了承担对大量服务请求的响应，这种服务器往往采用4个以上的处理器、有大量的硬盘和内存空间，并且能够进一步扩展以满足更高的需求，同时又能够应付大量的访问。所以，这种服务器对网络速度和磁盘读取速度要求较高，往往要采用多个网卡和多个硬盘并行处理，如图2-1-10所示。

图2-1-10　企业级服务器

（3）根据体系结构分类

根据体系结构不同，服务器可以分成IA（Intel Architecture，英特尔架构）服务器和RISC（Reduced Instruction Set Computing，精简指令集计算机）架构服务器。IA服务器采用的是CISC（Complex Znstruction Set Computer，复杂指令集计算机）体系结构，即复杂指令集体系结构。CISC体系结构的特点是指令较长，指令的功能较强，单个指令可执行的功能较多，可以通过增加运算单元，使一个指令所执行的功能能够并行执行，以提高运算能力。RISC架构服务器采用的CPU是精简指令集的处理器。精简指令集CPU的主要特点是采用定长指令，使用流水线执行指令，一个指令的处理可以分成几个阶段，处理器设置不同的处理单元执行指令的不同阶段。

2. 服务器特性

（1）扩展性

服务器硬件都是经过专门的开发，不同厂商的服务器具有不同的专项基础，因此服务器的成本和售价远远高于普通PC，从数千元到百万或千万元、甚至上亿元。在企业中，企业的业务会不断增长或变动，对于服务器的性能需求也会随之增长。所以如果服务器没有良好的扩展性，就不能适应未来一段时间企业业务扩展的需求，一台昂贵的服务器很短时间内就被淘汰。如图2-1-11所示，服务器的扩展性一般体现在处理器、内存、硬盘以及I/O模块等部分，如处理器插槽数目、内存插槽数目、硬盘托架数目和I/O插槽数目等。

不过服务器的扩展性也会受到服务器机箱类型的限制，比如塔式服务器具备较大的机箱，扩展性一般优于密集型部署设计的机架式服务器，如图2-1-12所示。为了保持可扩展性，通常服务器需要具备一定的可扩展空间和冗余件。

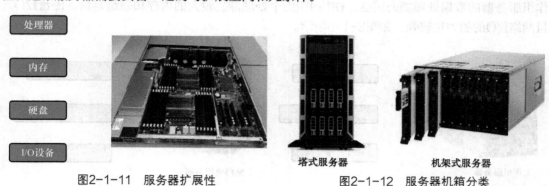

图2-1-11　服务器扩展性　　　　　图2-1-12　服务器机箱分类

（2）可靠性

服务器的可靠性即所选服务器能满足长期稳定工作的要求。比如金融、航空、医疗等特殊领域，对服务器的工作要求几乎要达到"永不中断"，如图2-1-13所示。一旦服务器出现故障，造成的损失不可估量。所以服务器的可用性至关重要，为了达到高可用性，服务器部件经过专门设计，对处理器采用降低频率、提升工艺等手段降低发热量，对内存采用纠错和镜像技术提升可靠性，对磁盘采用热插拔、磁盘阵列等技术对数据提供保护。

（3）易管理性

服务器的易管理性可以帮助企业人员及时管理、监控服务器工作状态，及时发现并排除服务器故障，降低服务器因出现故障造成的损失。目前大部分服务器产品都具备丰富的管理特性，如免拆装工具、硬件模块化设计、远程管理系统等，如图2-1-14所示。

性能稳定

7×24h运行

数据存储安全

硬件运行稳定

图2-1-13　服务器可靠性

远程管理系统　　免拆装工具　　硬件模块化设计

图2-1-14　服务器易管理性

（4）易用性

服务器的易使用表现在机箱和部件是否容易拆装、设计是否人性化、管理系统是否丰富便捷、有无专业和快捷的服务等。

2.1.3　认识网络操作系统

网络操作系统是运行在服务器硬件之上的计算机软件，是一种面向计算机网络的操作系统。它借由网络实现数据与消息的传递，并允许网络中的多台计算机访问共享资源。在服务器中，网络操作系统处在硬件层之上，应用服务层之下。网络操作系统主要负责管理与配置服务器硬件资源、决定系统资源与应用服务程序的供需优先次序、文件系统等基本事务。用户可以使用终端设备（如PC、智能手机等），通过网络访问服务器操作系统，如图2-1-15所示。

网络操作系统内部由网络驱动程序、网络通信协议和应用层协议三个部分组成。网络驱动程序主要提供网络操作系统与网络硬件相互通信服务，网络通信协议是网络收发数据的协议，应用层协议通常与网络通信协议交互，为用户提供应用服务，如图2-1-16所示。

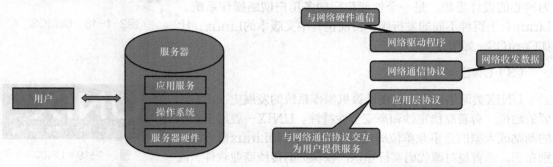

图2-1-15　网络操作系统结构

图2-1-16　网络操作系统内部组成

1.　网络操作系统特点

网络操作系统通常具有复杂性、并行性、高效性和安全性等特点。

（1）复杂性

网络操作系统一方面要对全网资源进行管理，以实现整个网络的资源共享；另一方面还要负责计算机间的通信与同步，显然比单机操作系统复杂得多。

（2）并行性

网络操作系统在每个节点上的程序都可以并发执行，一个用户作业既可以在本地运行也可以在远程节点上运行。网络操作系统在本地运行时，还可以分配到多个处理器中并行操作。

（3）高效性

网络操作系统多采用多用户、多任务工作方式，使系统运行时具有更高的效率。

（4）安全性

网络操作系统提供访问控制策略、系统安全策略和多级安全模型等技术服务，保障系统运行安全。

2. 网络操作系统分类

根据不同的公司和操作系统内部结构划分，目前市面上主流的网络操作系统可以分为Windows类、Linux类、UNIX类等。

（1）Windows类

Windows Server系列是微软在2003年4月24日推出的服务器操作系统，其核心是Microsoft Windows Server System，目前最新的服务版本是Windows Server 2019，如图2-1-17所示。Windows类网络操作系统的在界面图形化、多用户、多任务、网络支持、硬件支持等都有良好表现。

图2-1-17　Windows Server 2019

（2）Linux类

Linux类的网络操作系统，最大的特点就是源代码开放，用户可以免费得到许多应用程序。Linux继承了UNIX以网络为核心的设计思想，是一个性能稳定的多用户网络操作系统。Linux有上百种不同的发行版，目前也有中文版本的Linux，比如CentOS，如图2-1-18所示。

图2-1-18　CentOS

（3）UNIX类

UNIX类网络操作系统在计算机操作系统的发展史上占有重要的地位，有着高稳定性和高安全性特性。UNIX一般用于大型的网站或大型的企事业单位局域网中。UNIX和Linux最大的区别在于，前者是对源代码实行知识产权保护的传统商业软件，而后者是开发源代码的自由软件，如图2-1-19所示。

图2-1-19　UNIX

2.1.4　Windows Server 2019操作系统介绍

1. Windows Server 2019系统功能

（1）混合云

认识Windows 2019网络系统

Windows Server 2019可以提供一致的混合服务，包括具有Active Directory的通用身份平台、基于SQL Server技术构建的通用数据平台以及混合管理和安全服务。

1）混合管理。

Windows Server 2019添加了内置的混合管理功能。Windows Admin Center将传统的Windows Server管理工具整合到基于浏览器的现代远程管理应用中，该应用适用于在任何位置（包括物理环境、虚拟环境、本地环境、Azure和托管环境）运行的Windows Server。Windows Server部署可以轻松连接到Azure服务并使用本机集成的服务，如Azure更新管理、AzureMonitor、Azure站点恢复、Azure备份和Azure安全中心。Windows Server 2019还添加了存储迁移服务，以帮助将文件服务器及其数据迁移到Azure，而无需重新配置应用程序或用户。

2）Server Core。

Windows Server 2019中的Server Core包含带桌面体验的Windows Server的一部分二进制文件和组件，无需添加Windows Server桌面体验图形环境本身，因此显著提高了Windows Server核心安装选项的应用兼容性，同时尽可能保持精简。

（2）安全增强

Windows Server 2019中的安全性方法包括三个方面：检测、保护和响应。

1）Windows Defender高级威胁检测。

Windows Server 2019集成的Windows Defender高级威胁检测可发现和解决安全漏洞。Windows Defender攻击防护可帮助防止主机入侵。该功能会锁定设备以避免攻击媒介的攻击，并阻止恶意软件攻击中常用的行为。而保护结构虚拟化功能适用于Windows Server或Linux工作负载的受防护虚拟机可保护虚拟机工作负载免受未经授权的访问。打开具有加密子网的交换机的开关，即可保护网络流量。

2）Windows Defender ATP 攻击防护。

Windows Server 2019将Windows Defender高级威胁防护（ATP）嵌入到操作系统中，该功能可提供预防性保护，检测攻击和零日漏洞利用以及其他功能。这使用户可以访问深层内核和内存传感DevOps方案的一部分，Windows Server 2019中的容器技术可帮助IT专业人员和开发人员进行协作，从而更快地交付应用程序。通过将应用从虚拟机迁移到容器，还可以将容器优势转移到现有应用，并且只需少量的代码更改。

3）容器支持。

Windows Server 2019借助容器支持可以更快地实现应用现代化。Windows Server 2019提供更小的Server Core容器镜像，可加快下载速度，并为Kubernetes集群和Red HatOpenShift容器平台的计算、存储和网络连接提供增强的支持。

4）工具支持。

Windows Server 2019改进了Linux操作，基于之前对并行运行Linux和Windows容器的支持，Windows Server 2019可支持开发人员使用Open SSH、Curl和Tar等标准工具，从而降低复杂性。

5）应用程序兼容。

Windows Server 2019让实现基于Windows的应用程序的容器化变得更加简单，提高了现有Windows Server Core映像的应用兼容性。对于具有其他API依赖项的应用程序，现在还增加了Windows基本映像。

6）性能改进。

Windows Server 2019基本容器映像的下载大小、在磁盘上的大小和启动时间都得到了改善且加快了容器工作流。

（3）超融合

Windows Server 2019中的技术增强了超融合基础架构（HCI）的规模、性能和可靠性，通过具有成本效益的高性能软件定义的存储和网络使HCI被广泛应用，允许部署100台从小型节点扩展到使用集群技术的服务器，从而在大多情况下都能满足部署需求。

Windows Server 2019中的Windows Admin Center是一个基于轻量浏览器且本地部署的平台，可通过整合资源以提高可见性和可操作性，进而简化HCI部署的日常管理。

2. Windows Server 2019系统版本

（1）版本介绍

Windows Server 2019包括三个许可版本：

1）Datacenter Edition（数据中心版）：适用于高虚拟化数据中心和云环境。

2）Standard Edition（标准版）：适用于物理或最低限度虚拟化环境。

3）Essentials Edition（基本版）：适用于最多25个用户或最多50台设备的小型企业。

（2）版本区别（见表2-1-1）

表2-1-1　Windows Server 2019版本区别

功　　能	Windows Server 2019 Standard	Windows Server 2019 Datacenter
可用作虚拟化主机	支持；每个许可证允许运行2台虚拟机以及一台Hyper-V主机	支持；每个许可证允许运行无限台虚拟机以及一台Hyper-V主机
Hyper-V	支持	支持；包括受防护的虚拟机
网络控制器	不支持	支持
容器	支持（Windows容器不受限制；Hyper-V容器最多为2个）	支持（Windows容器和Hyper-V容器不受限制）
主机保护对Hyper-V支持	不支持	支持
存储副本	支持（1种合作关系和个具有单个2TB卷的资源组）	支持，无限制
存储空间直通	不支持	支持
继承激活	托管于数据中心时作为访客	可以是主机或访客

3. Windows Server 2019硬件要求

表2-1-2是Windows Server 2019预计的系统硬件最低要求。如果计算机未满足"最

低"要求,将无法正确安装Windows Server 2019,实际要求将因系统配置和所安装应用程序及功能而异。除非另有指定,否则硬件的最低配置要求为适用于服务器核心、带桌面体验的服务器和Nano Server以及标准版和数据中心版,见表2-1-2。

表2-1-2 Windows Server 2019最低配置要求

硬　件	最低配置要求
处理器	1.4GHz64位处理器
	与x64指令集兼容
	支持NX和DEP
	支持CMPXCHG16b、LAHF/SAHF和PrefetchW
	支持二级地址转换(EPT或NPT)
RAM	512MB(对于带桌面体验的服务器安装选项为2GB)
	用于物理主机部署的ECC(纠错代码)类型或类似技术
存储控制器	符合PCI Express体系结构规范的存储适配器
	硬盘驱动器的永久存储设备不能为PATA
	不允许将ATA/PATA/IDE/EIDE用于启动驱动器、页面驱动器或数据驱动器
磁盘空间	32GB(绝对最低值)
网络适配器	至少有千兆位吞吐量的以太网适配器
	符合PCI Express体系结构规范
其他	DVD驱动器(如果要从DVD媒体安装操作系统)
不严格需要,但某些特定功能需要的	基于UEFI 2.3.1c的系统和支持安全启动的固件
	受信任的平台模块
	支持超级VGA(1024×768px)更高分辨率的图形设备和监视器
	键盘和鼠标(或其他兼容的指针设备)
	Internet访问(可能需要付费)

任务实施前必须准备好以下设备和资源。

序　号	设备/资源名称	数　量	是否准备到位(√)
1	计算机	1	□是　□否
2	虚拟机软件	1	□是　□否
3	Windows Server 2019操作系统ISO文件	1	□是　□否

1. 虚拟机安装与配置

(1)下载VirtualBox虚拟机软件

根据个人计算机操作系统型号选择VirtualBox安装版本,本任务采用Windows操作系统,所以在官网下载页面单击"windows hosts"下载Windows版本。

(2)安装VirtualBox虚拟机

1)双击刚刚下载的VirtualBox安装包,进入自定安装窗口,直接单击"下一步"按钮。

2）选择要安装的功能后单击"下一步"按钮，如图2-1-20所示。

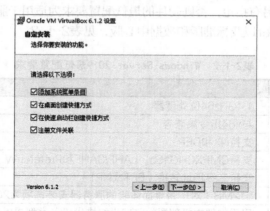

图2-1-20　VirtualBox 虚拟机功能选择

3）进入准备安装窗口，直接单击"安装"按钮。

2. Windows Server 2019系统安装

（1）下载Windows Server 2019系统安装文件

1）Windows Server 2019是微软公司推出的新的网络操作系统，通过在浏览器中输入Windows Server 2019官方地址（https://www.microsoft.com/zh-cn/windows-server）下载安装文件。

2）下载免费试用版并选择"ISO"选项，单击"继续"按钮下载Windows Server 2019安装包，如图2-1-21所示。

图2-1-21　Windows Server 2019安装包类型

（2）安装Windows Server 2019操作系统

1）在VirtualBox主界面单击"新建"按钮完成虚拟机的创建，自拟名称，选择虚拟机文件的保存位置，选择类型为"Microsoft Windows"，选择版本为"Windows 2019（64-bit）"，然后加载Windows Server 2019操作系统ISO文件，依次单击"设置"→"存储"→"💿"，如图2-1-22所示。在弹出的下拉列表中找到并选择Windows Server 2019操作系统的ISO文件，单击"OK"按钮保存设置。

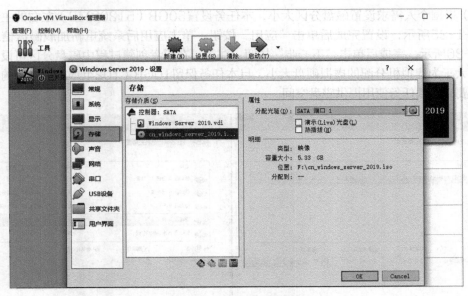

图2-1-22 虚拟机加载安装包

2）启动虚拟机后，开始进入安装向导，如果不能进入安装向导，则可重新运行虚拟机或虚拟机开机后快速按任意键。

3）配置系统语言、时间和输入法信息，确认后单击"下一步"按钮，如图2-1-23所示。本任务安装语言选择中文，时间和货币格式选择中文，键盘和输入方式选择微软拼音。

4）单击"现在安装"按钮，单击后系统有几分钟数据加载启动等待时间。

5）选择"Windows Server 2019 Standard（桌面体验）"版本，单击"下一步"按钮，如图2-1-24所示。

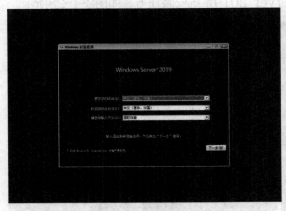

图2-1-23 系统安装参数选择

图2-1-24 系统版本选择

6）勾选"我接受许可条款"，再单击"下一步"按钮。

7）安装类型窗口中选择"自定义"安装模式。

8）选择"新建"选项，进行磁盘空间划分。

9）根据个人需求设置磁盘分区大小，本任务设置50GB（51200MB）左右的主分区，如图2-1-25所示，设置完成后单击"应用"按钮。单击应用后系统重新加载磁盘信息，如图2-1-26所示，完成后单击"下一步"按钮。注意：在磁盘创建过程中磁盘分区可设置的大小不可大于为虚拟机分配的虚拟硬盘大小，且本任务保留10GB（10240MB）左右的扩展分区，主要为后续任务使用提供磁盘空间。

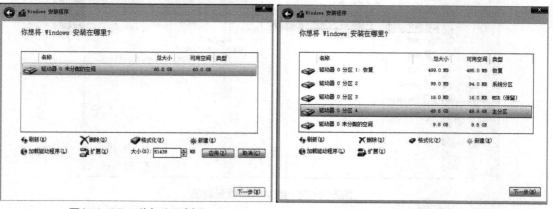

图2-1-25　磁盘分区划分　　　　　　　图2-1-26　系统分区设置

10）系统安装状态页面会显示系统安装进度信息。不同性能的计算机安装所花费时间有所不同，绝大部分计算机只有几分钟等待时间。

11）设置Windows Server 2019操作系统登录密码，如图2-1-27所示。完成后单击"完成"按钮。注意：设置密码时需要提供大写字母、小写字母、数字、非字母字符中的至少三种。

12）输入刚设置的登录密码，单击登录。

13）登录后就进入顺利完成Windows Server 2019系统安装任务，如图2-1-28所示。

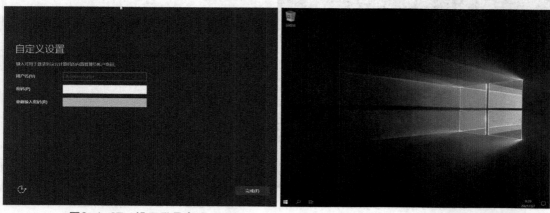

图2-1-27　设置登录密码　　　　　　图2-1-28　Windows Server 2019系统桌面

3. Windows Server 2019网络配置

（1）Windows Server 2019操作系统网络配置

1）在设置界面的"网络"中修改虚拟机网络连接方式为桥接网卡模式，并选择与主机型号一致的网卡，如图2-1-29所示。

2）启动虚拟机，进入Windows Server 2019操作系统。默认情况下系统会自动启动"服务器管理器"并在右侧提示"网络接入许可"菜单，单击"是"按钮。

3）查看本机IP地址。第一种方法是在Windows命令提示符中输入"ipconfig"命令后按<Enter>键，可以看到目前操作系统IP地址，如图2-1-30所示。第二种方法见步骤4）、5）、6）。

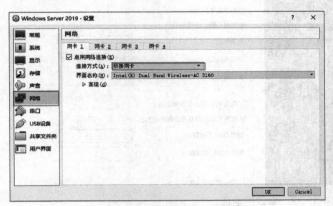

图2-1-29　桥接模式

图2-1-30　IP地址查看

4）从"开始"菜单中打开"服务器管理器"，单击"本地服务器"，选择"属性"中以太网处"由DHCP分配的IPv4地址"。

5）出现网络连接界面后，右击以太网选项，选择"状态"。

6）单击"详细信息"可以查看本机IP地址信息。

7）如果要修改本机IP地址，可以回到以太网状态窗口，单击"属性"按钮，再双击"Internet协议版本4（TCP/IPv4）"选项，如图2-1-31所示。

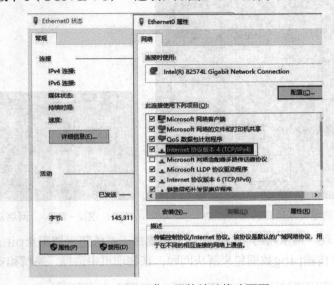

图2-1-31　进入网络地址修改页面

8）如任务中计算机自动获取的IP地址是192.168.0.30，现修改IP地址为192.168.0.180，子网掩码和默认网关需与物理机保持一致，如图2-1-32所示。完成后单击"确定"按钮。

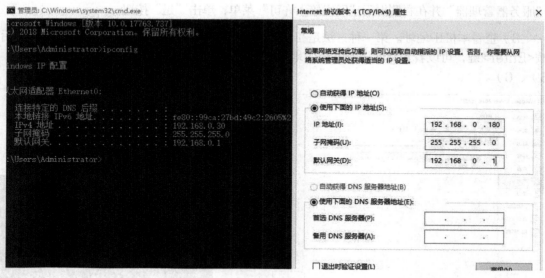

图2-1-32　修改IP地址

9）验证IP地址是否修改成功，可参考步骤3）或4）、5）、6），如图2-1-33所示。

（2）Windows Server 2019操作系统网络测试

1）在物理机中打开Windows命令提示符，输入"ping虚拟机IP地址"命令后按<Enter>键，即可验证虚拟机与物理机间的连通性。如图2-1-34所示，网络连接测试显示数据发送及接收正常则代表网络配置成功。

图2-1-33　查看IP地址是否修改成功

图2-1-34　网络连接测试

2）若测试中出现"请求超时"提示信息，可能由于系统防火墙阻止ping数据包传递，可通过设置防火墙允许传输ping数据包来解决问题，在物理机中选择"系统和安全"。

3）单击"允许应用通过Windows防火墙"，如图2-1-35所示。

图2-1-35 系统和安全界面

4）找到"允许的应用和功能"菜单中的"文件和打印机共享"，勾选"专用"和"公用"后单击"确定"按钮，如图2-1-36所示。完成后再次进行ping操作（参考步骤1））。

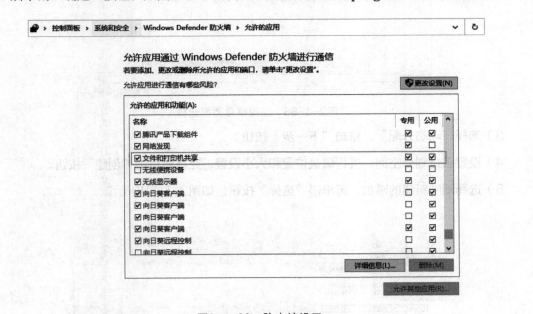

图2-1-36 防火墙设置

4. Windows Server 2019系统备份与还原

（1）安装Windows Server 2019操作系统备份服务

1）本任务使用VM VirtualBox虚拟机，在操作系统关机状态下，单击VM VirtualBox的虚拟机"设置"按钮，选择"存储"，再单击"添加虚拟硬盘"按钮，如图2-1-37所示。

2）单击"创建"按钮，选择"VHD"类型，如图2-1-38所示。

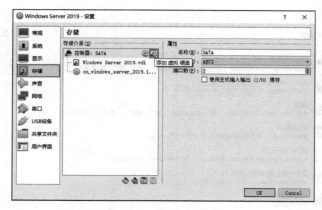

图2-1-37 虚拟机属性窗口

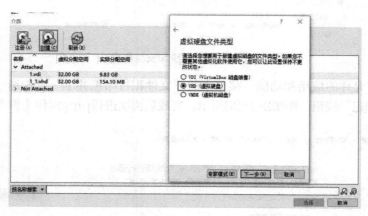

图2-1-38 虚拟硬盘类型选择

3）选择"动态分配"，单击"下一步"按钮。

4）设置磁盘划分空间，进行磁盘位置和大小设置，完成后单击"创建"按钮。

5）选择刚刚新建的磁盘，再单击"选择"按钮，如图2-1-39所示。

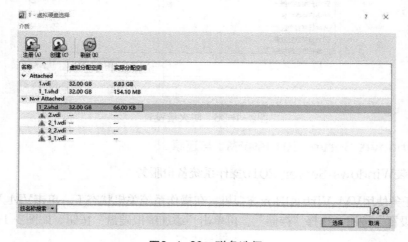

图2-1-39 磁盘选择

6）完成磁盘添加后，单击"OK"按钮。打开操作系统，进入服务器管理器窗口，单击右上角"工具"→"计算机管理"，如图2-1-40所示。

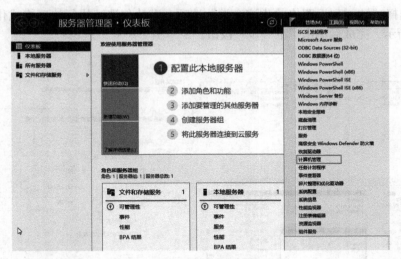

图2-1-40　服务器管理器窗口

7）选择侧边栏的"磁盘管理"，此时弹出"初始化磁盘"窗口，勾选磁盘下的选项，再单击"确定"按钮，如图2-1-41所示。

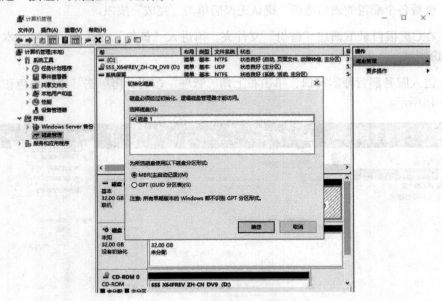

图2-1-41　磁盘管理窗口

8）选择磁盘管理中的磁盘1，在未分配区域右击选择"新建简单卷"，如图2-1-42所示。

9）进入新建简单卷向导后，单击"下一步"按钮。

10）设置简单卷大小空间，选择介于最大和最小值的卷大小（如32765MB），完成后单击"下一步"按钮。

11）选择"分配以下驱动器号"，默认选择需要使用的驱动器号（如E），完成后单击"下一步"按钮。

12）选择"按下列设置格式化这个卷"选项，默认勾选"执行快速格式化"选项，如图2-1-43所示，完成后单击"下一步"按钮。

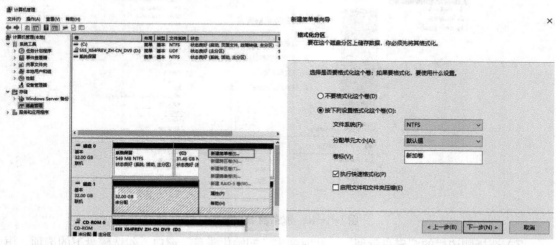

图2-1-42　新建简单卷　　　　　　　　图2-1-43　格式化分区

13）查看各个配置的磁盘选项，确认无误后单击"完成"按钮。

14）在C盘根目录下新建"备份"文件夹，再进入"备份"文件夹，新建文本文档并命名为"备份测试"。

15）进入服务器管理器窗口，单击右上角"管理"按钮，再单击"添加角色和功能"，如图2-1-44所示。

图2-1-44　服务器管理器窗口

16）进入添加角色和功能向导窗口，单击"下一步"按钮。勾选"基于角色或基于功能的安装"选项，完成后单击"下一步"按钮。

17）选择"从服务器池中选择服务器"，再单击"服务器池中本机信息"，最后单击

"下一步"按钮。

18）在选择服务器角色窗口中直接单击"下一步"按钮。

19）进入选择功能窗口，选择"Windows Server备份"，单击"下一步"按钮，如图2-1-45所示。

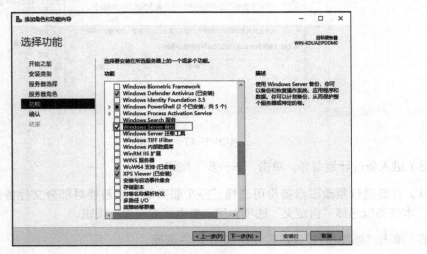

图2-1-45　选择功能

20）确认安装所选内容无误后，单击"安装"按钮开始安装服务。等待几分钟后安装完毕，再单击"关闭"按钮，完成备份服务的安装。

（2）配置Windows Server 2019操作系统备份服务

1）进入服务器管理器窗口，单击右上角"工具"按钮，选择"Windows Server备份"，如图2-1-46所示。

图2-1-46　服务器管理器窗口

2）选择左栏"本地备份"选项，再单击右栏"备份计划"，如图2-1-47所示。

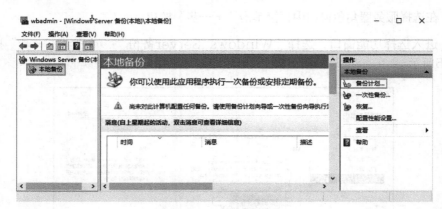

图2-1-47　备份窗口

3）进入备份计划向导，单击"下一步"按钮。

4）若要进行整改磁盘备份可选择"整个服务器"，若要对部分文件备份可选择"自定义"，本任务以选择"自定义"选项为例，单击"下一步"按钮。

5）单击"添加项目"按钮，进行备份内容选择。

6）勾选C盘刚刚新建的备份文件夹，完成后单击"确定"按钮，如图2-1-48所示。

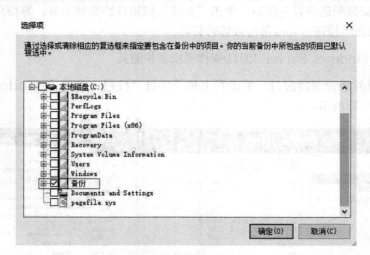

图2-1-48　备份内容选择

7）回到选择备份项窗口，如果单击"高级设置"，可进行备份排除内容选择。

8）设置指定备份时间，可以每日一次备份或每日多次备份。本任务设置每日一次备份模式，选中"每日一次"备份，再设置备份时间。

9）设置备份存储位置，可以设置备份到硬盘或网络磁盘等。本任务采用备份到硬盘，单击左侧标题中的"制定目标类型"，勾选"备份到专用于备份的硬盘"。

10）单击"显示所有可用磁盘"按钮，如图2-1-49所示。

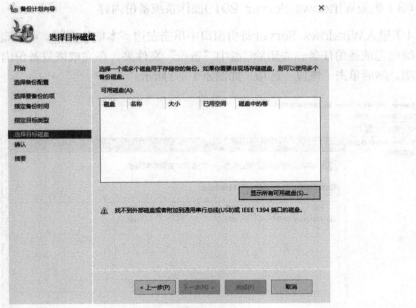

图2-1-49　选择目标磁盘

11）选中可用磁盘，再单击"确定"按钮。

12）勾选添加的磁盘，单击"下一步"按钮，系统会弹出格式化磁盘提示，单击"是"按钮即可。

13）确认备份计划后，单击"完成"按钮。

14）等待几分钟后，备份服务配置就完成，如图2-1-50所示。

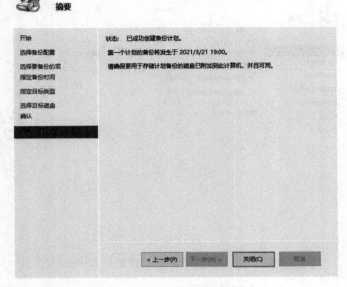

图2-1-50　备份服务配置结束

（3）恢复Windows Server 2019操作系统备份内容

1）进入Windows Server备份窗口中单击左边"本地备份"，可以查看本机备份信息。若系统已完成备份任务，先删除C盘中"备份"文件夹，在完成恢复备份内容后可查看是否恢复成功。然后单击"恢复"选项，如图2-1-51所示。

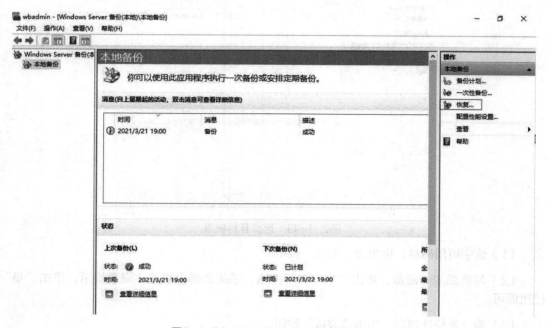

图2-1-51　Windows Server备份窗口

2）进入恢复向导窗口，单击"此服务器"，再单击"下一步"按钮，如图2-1-52所示。

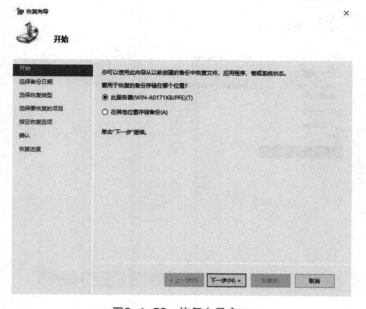

图2-1-52　恢复向导窗口

3）选择需要恢复的备份日期，选择完成后单击"下一步"按钮，如图2-1-53所示。

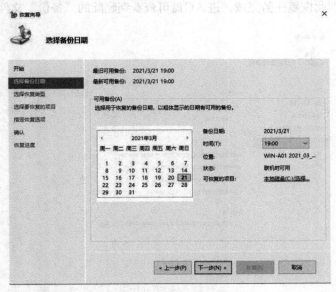

图2-1-53　恢复备份日期选择

4）在选择恢复类型窗口中选择"文件和文件夹"选项，再单击"下一步"按钮。

5）选择C盘"备份"文件夹，单击"下一步"按钮，如图2-1-54所示。

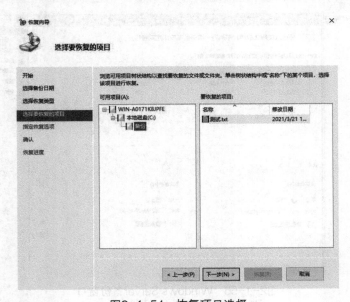

图2-1-54　恢复项目选择

6）在指定恢复选项窗口中，恢复目标选择"原始位置"，当此向导发现要备份的某些项目已在恢复目标中存在时选择"创建副本，使你同时保留两个版本"选项，安全设置勾选"还原正在恢复的文件或文件夹的访问控制列表权限"，单击"下一步"按钮，如图2-1-55所示。

7）确认恢复内容后单击"恢复"按钮。等待几分钟后恢复完成，单击"关闭"按钮即可。

8）单击Windows Server备份窗口的"本地备份"选项，窗口显示备份成功信息，如图2-1-56所示，到此恢复任务完成。进入C盘可查看到删除的"备份"文件夹已恢复。

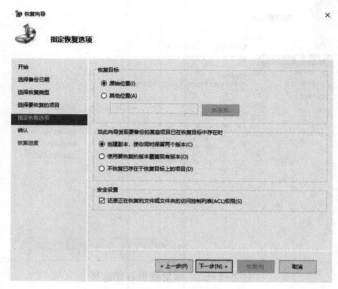

图2-1-55　恢复选项设置

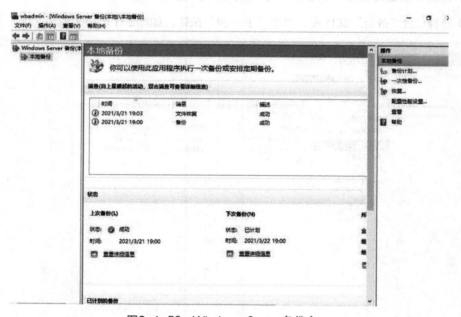

图2-1-56　Windows Server备份窗口

本任务围绕智慧物流——仓储管理系统的Windows Server 2019操作系统进行安装与配置。任务中针对公司运维部实际需求，介绍了在虚拟机中安装Windows Server 2019操作系统的操作方法、网络配置步骤以及系统备份与还原的相关知识，加深了对整个仓储管理系统架构的理解和对虚拟机、服务器、操作系统三者之间联系的认识，让实际应用中虚拟化过程得以充分体现。本任务相关知识技能小结思维导图如图2-1-57所示。

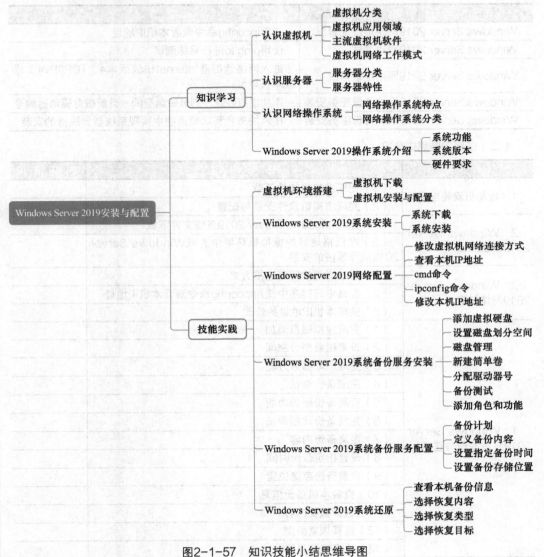

图2-1-57　知识技能小结思维导图

任务工单

项目2　智慧物流——仓储管理系统部署与运维	任务1　Windows Server 2019安装与配置
班级：	小组：
姓名：	学号：
分数：	

（续）

（一）关键知识引导

请补充Windows Server 2019安装与配置部署任务中的要点。

任 务	要 点
Windows Server 2019网络地址配置	使用ipconfig命令查看本机IP地址
Windows Server 2019网络测试	使用ping ip进行网络测试
Windows Server 2019网络地址修改	进入网络适配器Internet协议版本4（TCP/IPv4）修改本机地址
Windows Server 2019系统备份服务安装	添加虚拟硬盘、划分磁盘空间、分配磁盘驱动器编号
Windows Server 2019系统备份服务安装	在添加角色和功能选项中实现系统备份服务的安装

（二）任务实施完成情况

任 务	任 务 内 容	完成情况
1. 虚拟机安装与配置	（1）完成虚拟机软件下载	
	（2）完成虚拟机软件安装与配置	
2. Windows Server 2019系统安装	（1）完成Windows Server 2019系统文件下载	
	（2）在已搭建好的虚拟机环境中完成Windows Server 2019操作系统的安装	
3. Windows Server 2019网络配置	（1）修改虚拟机网络连接方式	
	（2）在命令行程序中使用ipconfig命令查看本机IP地址	
	（3）完成本机IP地址的修改	
4. Windows Server 2019系统备份与还原	（1）完成虚拟磁盘添加	
	（2）设置磁盘划分空间	
	（3）完成驱动器号分配	
	（4）完成备份测试	
	（5）安装备份服务功能	
	（6）完成备份计划添加	
	（7）定义备份内容	
	（8）设置指定备份时间	
	（9）设置备份存储位置	
	（10）查看本机备份信息	
	（11）选择恢复内容	
	（12）选择恢复类型	
	（13）选择恢复目标	

（三）任务检查与评价

评价项目	评价 内 容	配分	评 价 方 式		
			自我评价	互相评价	教师评价
方法能力（20分）	能够明确任务要求，掌握关键引导知识	5			
	能够正确清点、整理任务设备或资源	5			
	掌握任务实施步骤，制定实施计划，时间分配合理	5			
	能够正确分析任务实施过程中遇到的问题并进行调试和排除	5			

（续）

（续）

评价项目	评价内容		配分	评价方式		
				自我评价	互相评价	教师评价
专业能力（60分）	虚拟机安装与配置	成功下载虚拟机软件	2			
		完成虚拟机安装与配置	4			
	Windows Server 2019系统安装	成功下载Windows Server 2019系统安装文件	2			
		成功完成Windows Server 2019系统安装	4			
	Windows Server 2019网络配置	成功修改虚拟机网络连接方式	3			
		正确使用ipconfig命令查看本机IP地址	2			
		成功修改本机IP地址	4			
	Windows Server 2019系统备份与还原	正确完成虚拟磁盘添加	2			
		正确设置磁盘划分空间	2			
		正确完成驱动器号分配	2			
		成功完成备份测试	4			
		正确安装备份服务功能	5			
		成功完成备份计划添加	3			
		成功完成定义备份内容	3			
		成功设置指定备份时间	3			
		成功设置备份存储位置	3			
		成功查看本机备份信息	3			
		正确完成恢复内容选择	3			
		正确完成恢复类型选择	3			
		正确完成恢复目标选择	3			
素养能力（20分）	安全操作与工作规范	操作过程中严格遵守安全规范，正确使用电子设备，每处不规范操作扣1分	5			
		严格执行6S管理规范，积极主动完成工具设备整理	5			
	学习态度	认真参与教学活动，课堂互动积极	3			
		严格遵守学习纪律，按时出勤	3			
	合作与展示	小组之间交流顺畅，合作成功	2			
		语言表达能力强，能够正确陈述基本情况	2			
合　计			100			

（四）任务自我总结

过程中的问题	解决方式

任务2　　　仓储管理系统数据库部署

职业能力目标

- 能在Windows Server 2019操作系统下，正确下载MySQL软件版本，完成MySQL的安装与配置。

- 能在Windows Server 2019操作系统下，正确下载JDK，完成Java环境的配置。

- 能在Windows Server 2019操作系统下，正确安装与配置DBeaver，完成DBeaver数据库工具与MySQL的连接。

任务描述与要求

任务描述：L公司已完成仓储管理系统的操作系统等环境搭建，现需要对该系统使用的数据库进行部署。目前公司运维部门需要使用MySQL数据库进行部署，同时为保障仓储管理系统的数据管理，将采取DBeaver图形化数据库工具与MySQL数据库的搭配使用的方式实施。公司运维人员应根据相应要求完成数据库的部署。

任务要求：

- 下载JDK完成Java环境的配置。

- 下载MySQL软件完成MySQL的安装与配置。

- 完成DBeaver数据库工具的安装与配置并掌握数据库备份和导入方法。

知识储备

2.2.1　认识数据库

数据库（Database）可视为电子化的文件柜——存储电子文件的处所，用户可以对文件中的数据进行新增、截取、更新、删除等操作。所谓"数据库"是以一定方式储存在一起、能与多个用户共享、具有尽可能小的冗余度、与应用程序彼此独立的数据集合。

1. 数据库概念

数据库（Database）是存放数据的仓库，具有很大的存储空间，可以存放百万条、千万条、上亿条数据。但数据库并不是随意地将数据进行存放，而是存在一定的规则，为了避免查询效率低。当今世界是一个充斥着大量数据的互联网世界，也就是数据世界。数据的来源存在很多种方式，比如出行记录、消费记录、浏览的网页、发送的消息等。除了文本类型的数据，还有图像、声音等多种类型的数据。

数据库的概念实际包含两层含义：

1）数据库作为一个实体，能够合理保管数据的"仓库"，用户在该"仓库"中存放要管理的事务数据，将"数据"和"库"两个概念结合即为数据库。

2）数据库是数据管理的新方法和新技术，它能更合理地组织数据、更方便地维护数据、更严密地控制数据且更有效地利用数据。

数据库管理系统是按数据结构来存储和管理数据的计算机软件系统，通常所说的数据库即数据库管理系统。

数据库管理系统（Database Management System，DBMS）是一种操纵和管理数据库的大型软件，用于建立、使用和维护数据库。它对数据库进行统一的管理和控制，以保证数据库的安全性和完整性。用户通过DBMS访问数据库中的数据，数据库管理员也通过DBMS进行数据库的维护工作。它可以支持多个应用程序和用户用不同的方法在同时或不同时去建立、修改和询问数据库。DBMS是数据库系统的核心组成部分，主要完成对数据库的操作与管理，实现数据库对象的创建、数据库存储数据的查询、添加、修改与删除操作和数据库用户管理、权限管理等。大部分DBMS提供DDL（Data Definition Language，数据定义语言）和DML（Data Manipulation Language，数据操作语言），供用户定义数据库的模式结构与权限约束，实现对数据的追加、删除等操作。

2. 数据库的发展

数据库概念的演变与诞生经历了漫长的发展过程，从最开始的人工管理到文件系统，再到数据库系统。每一个阶段的到来都伴随着新的技术突破。

（1）人工管理

20世纪50年代，操作系统还没诞生，计算机仅用于进行大规模复杂运算，所有数据都通过外部磁带、卡带进行手工存储。这样导致了数据只归属于某一个程序、没有结构之分。所有数据都以二进制的方式按顺序存储在物理存储设备上，读取时也只能以固定的字节数进行读取，否则就会发生数据错乱。在人工管理阶段，程序员的工作量是巨大的。

（2）文件系统

操作系统与磁盘的诞生使得数据管理进入了新的阶段，操作系统中实现了专门处理数据管理的模块，可以将虚拟文件映射到磁盘等实际物理设备上。人们不再需要直接面对二进制，而是通过操作系统对数据进行简单的文件读写，管理数据更加方便了。

（3）数据库系统

为了满足多应用、多用户高度共享数据、数据存储的结构化、数据的多样化查询和保存的需求，诞生了数据库系统。数据库相比于文件系统具有如下特点：

1）数据存储结构化。

2）配备专门的数据库管理系统。

结构化的数据存储意味着人们可以结合面向对象的思想定制程序使用的数据，更方便读取存储。专门的数据库管理系统意味着在多程序、多用户访问下，仍然能控制并保证数据库中数据的安全性与完整性。

在数据库的发展史上，随着数据库技术在各方面快速的发展，数据库先后经历了层次数据库、网状数据库和关系数据库等多个阶段，特别是关系型数据库已经成为数据库产品中最重要的一员。20世纪80年代以来，几乎所有数据库厂商推出的数据库产品都支持关系型数据库，即使是非关系型数据库产品也几乎都有支持关系型数据库的接口，主要原因是传统的关系型数据库可以较好地解决管理和存储关系型数据的问题。

3. 数据库技术

数据库技术产生于20世纪60年代末70年代初，主要目的是实现大量数据的有效管理、存储和使用。数年来，数据库技术和计算机网络技术相互渗透、相互促进，已发展为当今计算机领域应用极为广泛的两大技术。数据库技术不仅应用于事务处理，还进一步应用到情报检索、人工智能、专家系统、计算机辅助设计等领域。

数据库技术是信息系统的一项核心技术，是计算机辅助管理数据的一种方法。数据库技术通过研究数据库的结构、存储、设计、管理及应用的基本理论和方法，实现对数据库中的数据的处理、分析和理解。也就是说，数据库技术是研究、管理和应用数据库的一门软件科学。

数据库技术研究和管理的对象是数据，所涉及的具体内容主要包括：通过对数据的统一组织和管理，按照指定的结构建立相应的数据库和数据仓库；利用数据库管理系统和数据挖掘系统设计出具有对数据库中的数据进行添加、修改、删除、处理、分析、呈现、报表和打印等多种功能的数据管理和数据挖掘应用系统；并利用应用管理系统最终实现对数据的处理、分析和呈现。

数据库技术是现代信息科学与技术的重要组成部分，是计算机数据处理与信息管理系统的核心。数据库技术研究并解决了计算机信息处理过程中大量数据有效组织和存储的问题，在数据库系统中减少数据存储冗余、实现数据共享、保障数据安全、高效地检索数据和处理数据。

4. 数据库产品分类

数据库类型的区分主要参照的指标是数据的存储模型，常用的数据模型有层次模型、网状模型、关系模型、面向对象模型、半结构化模型。由于关系模型在很长一段时间内成为主流的数据模型，所以习惯性将数据库类型分为两类，关系型数据库（SQL）和非关系型数据库（NoSQL）。

（1）常见的关系型数据库软件

1）MySQL:

MySQL是一个快速的、多线程、多用户和健壮的SQL数据库服务器。MySQL服务器支持关键任务、重负载生产系统的使用，也可以将它嵌入到一个大配置的软件中去。MySQL软件采用了双授权政策，分为社区版和商业版，由于其体积小、速度快、总体拥有成本低、开放源码，所以一般中小型网站的开发都选择MySQL作为网站数据库。MySQL产品标识如图2-2-1所示。

图2-2-1 MySQL产品标识

2）SQL Server：

SQL Server 提供了众多的Web和电子商务功能，例如对XML和Internet标准的支持、通过Web对数据进行轻松安全的访问、强大灵活的基于Web的应用程序管理等。 SQL Server 是一个全面的数据库平台，通过集成的商业智能工具为用户提供企业级的数据管理，其数据库引擎同时为关系型数据和结构化数据提供更安全可靠的存储功能。通过SQL Server，用户可以构建并管理高可用和高性能的数据应用程序。SQL Server产品标识如图2-2-2所示。

图2-2-2 SQL Server产品标识

3）Oracle：

Oracle是1983年推出的世界上第一个开放式商品化关系型数据库管理系统。它采用标准的SQL结构化查询语言，支持多种数据类型，提供面向对象存储的数据支持，具有第四代语言开发工具，支持UNIX、Windows NT、OS/2、Novell等多种平台。除此之外，它还具有很好的并行处理功能。Oracle产品主要由Oracle服务器产品、Oracle开发工具、Oracle应用软件组成，也有基于微机的数据库产品。Oracle产品系列齐全，几乎囊括所有应用领域，可以支持多个实例同时运行。Oracle产品功能齐全，能在大部分主流平台上运行，并且支持大部分工业标准，主要满足对银行、金融、保险等企业、事业开发大型数据库的需求。Oracle产品标识如图2-2-3所示。

图2-2-3 Oracle产品标识

4）DB2：

DB2是美国IBM公司开发的一套关系型数据库管理系统，它主要的运行环境为UNIX（包括IBM的AIX）、Linux、IBM i（旧称OS/400）、z/OS以及Windows服务器版本。DB2主要应用于大型应用系统，具有较好的可伸缩性，可支持从大型机到单用户环境，应用于所有常见的服务器操作系统平台。DB2具有很好的网络支持能力，每个子系统可以连接十几万个分布式用户，可同时激活上千个活动线程，对大型分布式应用系统尤为适用，其产品标识如图2-2-4所示。

图2-2-4 DB2产品标识

5）Access：

Access是微软把数据库引擎的图形用户界面和软件开发工具结合在一起的一个数据库管理系统，是Microsoft Office的系统程序之一。Access产品标识如图2-2-5所示。

（2）常见的非关系型数据库软件

图2-2-5 Access产品标识

随着近些年技术方向的不断拓展，出于简化数据库结构、避免冗余、影响性能的表连接、摒弃复杂分布式的目的，大量的NoSQL数据库如MongoDB、Redis、Memcache被设计出来。

NoSQL数据库适合追求速度和可扩展性，适用于业务多变的应用场景。NoSQL数据库对于非结构化数据的处理更合适，如文章、评论这些数据。而像全文搜索、机器学习通常只用于模糊处理，并不需要像结构化数据一样进行精确查询，同时这类非结构化数据的数据规模往往是海量的，数据规模的增长往往也是不可能预期的，而NoSQL数据库的扩展能力几乎是无限的，所以NoSQL数据库可以很好地满足这一类非结构化数据的存储。

目前NoSQL数据库仍然没有一个统一的标准，当前有四大分类：

1）键值对存储（key-value）：代表软件是Redis，优点是能够进行数据的快速查询，而缺点是需要存储数据之间的关系。

2）列存储：代表软件是HBase，优点是对数据能快速查询，数据存储的扩展性强，而缺点是数据库的功能有局限性。

3）文档数据库存储：代表软件是MongoDB，优点是对数据结构要求不特别的严格，而缺点是查询性能不好，同时缺少一种统一查询语言。

4）图形数据库存储：代表软件是InfoGrid，优点是可以方便地利用图结构相关算法进行计算，而缺点是要想得到结果必须进行整个图的计算，而且遇到不适合的数据模型时，图形数据库很难使用。

2.2.2 认识MySQL数据库

MySQL早期版本功能简单，仅能完成一些基础的结构化数据存取操作，经过多年改进和完善后，现在已基本具备所有通用数据库管理系统需要的相关功能。

1. MySQL数据库概述

MySQL是一款安全、跨平台、高效、并与PHP、Java等主流编程语言紧密结合的数据库系统。目前MySQL被广泛地应用在Internet上的中小型网站中。

MySQL数据库具备以下特点：

（1）功能强大

MySQL提供了多种数据库存储引擎，不同引擎各有所长，适用于不同的应用场合，用户可以通过选择最合适的引擎以得到最高性能，甚至可以处理每天访问量超过数亿的高强度的搜索Web站点。MySQL支持事务、视图、存储过程、触发器等。

（2）支持跨平台

MySQL支持至少20种以上的开发平台，包括Linux、Windows、FreeBSD、IBMAIX、AIX等。实现在任何平台下编写的程序都可以进行移植，并且不需要对程序做任何的修改。

（3）运行速度快

高速是MySQL的显著特性。在MySQL中，使用了极快的B树磁盘表（MyISAM）和索引压缩；通过使用优化的单扫描多连接，能够极快地实现连接；SQL 函数使用高度优化的类库实现，运行速度极快。

（4）支持面向对象

PHP支持混合编程方式。编程方式可分为纯粹面向对象、纯粹面向过程、面向对象与面向过程混合3种方式。

（5）安全性高

灵活和安全的权限与密码系统，允许基本主机的验证。连接到服务器时，所有的密码传输均采用加密形式，从而保证了密码的安全。

（6）成本低

MySQL数据库是一款完全免费的产品，用户可以直接通过网络下载。

（7）支持各种开发语言

MySQL为各种流行的程序设计语言并提供支持，提供了大量的API函数，包括PHP、ASP.NET、Java、Eiffel、Python、Ruby、Tcl、C、C++、Perl语言等。

（8）数据库存储容量大

MySQL数据库的最大有效表尺寸通常是由操作系统对文件大小的限制决定的，而不是由MySQL内部限制决定的。InnoDB存储引擎将InnoDB表保存在一个表空间内，该表空间可由数个文件创建，表空间的最大容量为64TB，能够轻松处理拥有上千万条记录的大型数据库。

（9）支持强大的内置函数

PHP中提供了大量内置函数，几乎涵盖Web应用开发中的所有功能，如内置数据库连接、文件上传等功能。MySQL支持大量的扩展库，如MySQLi等，为快速开发Web应用提供便利。

2. MySQL数据库发行版本

针对不同的用户，MySQL分为五个版本：

1）MySQL Community Server（社区版）：该版本完全免费，但官方不提供技术支持，是最常用的MySQL的版本。

2）MySQL Enterprise Server（企业版）：该版本是为企业实现数据仓库应用，支持ACID事物处理，满足完整的提交、回滚、崩溃恢复和行级锁定功能，但该版本需要付费使用，官方提供电话技术支持。

3）MySQL Cluster（集群版）：该版本开源免费，实现将几个MySQL Server封装成一个Server，但这个版本无法单独使用，需要基于前两个版本基础之上，通常用于平衡多台数据库。

4）MySQL Cluster CGE（高级集群版）：需付费。

5）MySQL Workbench（GUI TOOL）：一款专为MySQL设计的ER/数据库建模工具。

3. MySQL主要应用场景

（1）Web网站系统

Web站点作为MySQL最大的客户群，也是MySQL发展史上最为重要的支撑力量。MySQL之所以能成为Web站点开发者们青睐的数据库管理系统，主要由于MySQL数据库的安装配置简单，维护也不同于大部分大型商业数据库管理系统的复杂，而且性能出色。

（2）日志记录系统

MySQL数据库的插入和查询性能都非常高效，在设计合理的前提下，在使用MyISAM存储引擎的时，两者可以实现互不锁定，达到高并发性能。因此，MySQL适用于需要大量插入和查询日志记录、处理用户登录日志和操作日志的系统。

（3）数据仓库系统

随着现代数据仓库数据量的飞速增长，数据的统计分析变得越来越低效。对此主要有三个解决思路：第一个是采用高昂的高性能主机以提高计算性能，用高端存储设备提高I/O性能，虽然效果理想，但成本非常高；第二个是通过将数据复制到多台使用大容量硬盘的廉价普通服务器（pcserver）上，以提高整体计算性能和I/O能力，效果尚可且成本低廉，但存储空间有一定限制；第三个是通过将数据水平拆分，使用多台廉价的pcserver和本地磁盘来存放数据，每台机器上都只有所有数据的一部分，解决了数据量的问题，所有pcserver一起并行计算，也解决了计算能力问题。在上面的三个方案中，第二和第三个方案的实现，MySQL都有较大的优势。通过MySQL的简单复制功能，可以很好地将数据从一台主机复制到另外一台，不仅在局域网内可以复制，在广域网也可以。

（4）嵌入式系统

嵌入式环境对软件系统最大的限制是硬件资源非常有限，在嵌入式环境下运行的软件系统必须是轻量级低消耗的软件。MySQL在资源的使用方面的伸缩性非常大，可以在资源非常充裕的环境下运行，也可以在资源非常少的环境下正常运行。对于嵌入式环境来说，它是一种非常合适的数据库系统，而且MySQL发行了专门针对嵌入式环境的版本。

2.2.3　DBeaver数据库工具

在终端界面下操作MySQL，人机界面的体验很友好，但是实际操作中却容易犯输错行、敲错代码等错误，出现此类情况的解决方法就是重新操作。为了解决这种问题，出现了一款便于日常书写SQL脚本语言的数据库连接软件——DBeaver。

1. DBeaver介绍

DBeaver是开源免费为开发人员和数据库管理员通用的数据库管理工具和SQL客户端，支持MySQL、PostgreSQL、Oracle、DB2、MSSQL、Sybase、Mimer、HSQLDB、Derby以及其他兼容JDBC的数据库。DBeaver提供一个图形界面用来查看数据库结构、执行SQL查询和脚本，浏览和导出数据，处理BLOB/CLOB数据，修改数据库结构等。其产品标识如图2-2-6所示。

图2-2-6　DBeaver产品标识

2. DBeaver特性

DBeaver支持Windows（2000/XP/2003/Vista/7/10）、Linux、Mac OS、Solaris、AIX、HPUX等操作系统，具有以下特性：

1）支持数据库元数据浏览。

2）支持元数据编辑（包括表、列、键、索引）。

3）支持SQL语句和脚本的执行。

4）支持SQL关键字高亮显示（依据与不同是数据库）。

5）简单友好的显示页面。

任务实施前必须准备好以下设备和资源。

序 号	设备/资源名称	数 量	是否准备到位（√）
1	MySQL软件安装包	1	□是　　□否
2	JDK安装包	1	□是　　□否
3	DBeaver软件安装包	1	□是　　□否

1. Windows平台MySQL数据库部署

（1）下载MySQL数据库安装文件

1）打开浏览器进入MySQL官方网站（https://www.mysql.com/），在MySQL官网最底部，单击"DOWNLOADS"下的"MySQL Community Server"。

2）在"MySQL Community Downloads"页面选择操作系统"Microsoft Windows"，然后单击"Go to Download Page"进入图形界面安装包下载界面。在下载页面有两个版本，此处选择第二个离线安装版本，下载到本地进行安装。第一个版本是联网在线安装，会在线下载安装包，如图2-2-7所示。

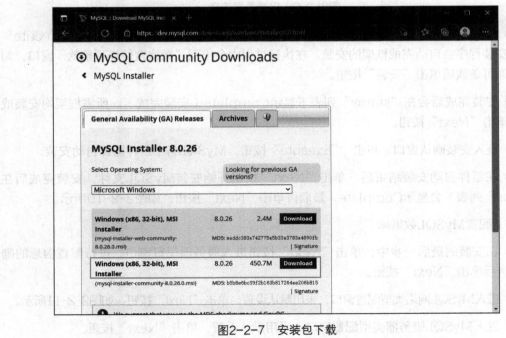

图2-2-7　安装包下载

（2）安装MySQL数据库

1）双击软件安装包开始安装，如图2-2-8所示。

📦 mysql-installer-community-8.0.26.0.msi

图2-2-8 MySQL安装包

2）在"Choosing a Setup Type（安装类型选择）"窗口，根据右侧的安装类型描述文件选择适合自己的安装类型，这里选择默认的安装类型，单击"Next"按钮，如图2-2-9所示。

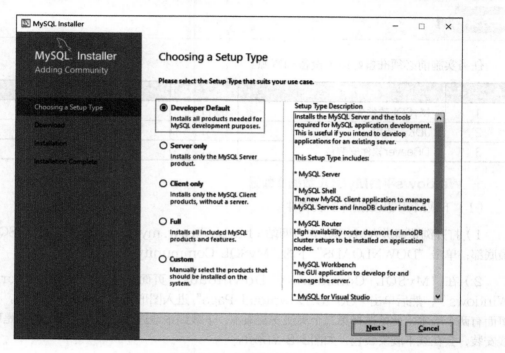

图2-2-9 安装类型选择

3）根据所选择的安装类型安装Windows系统框架（framework），单击"Execute"按钮，安装程序会自动完成框架的安装。在执行过程中会出现"微软软件许可条款"窗口，勾选确认许可条款后单击"安装"按钮。

4）安装完成后会在"status"列表下显示Complete（安装完成）。所需框架均安装成功后，单击"Next"按钮。

5）进入安装确认窗口，单击 "Execute"按钮，MySQL各个组件随即自动安装。

6）在组件自动安装结束后，单击"Next"按钮开始安装MySQL文件，安装完成后在"Status"列表下会显示Complete，最后再单击"Next"按钮，如图2-2-10所示。

（3）配置MySQL数据库

1）在安装的最后一步中，单击"Next"按钮进入服务器配置窗口，进行配置信息的确认，确认后单击"Next"按钮。

2）进入MySQL网络类型配置窗口，采用默认设置，单击"Next"按钮，如图2-2-11所示。

3）进入MySQL服务器类型配置窗口，采用默认设置，单击"Next"按钮。

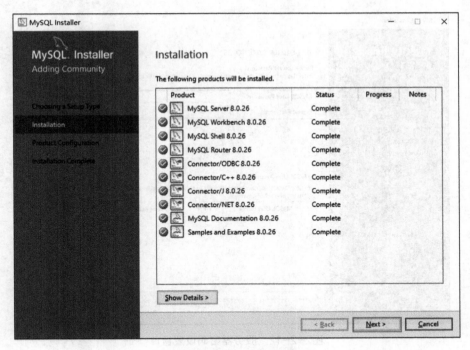

图2-2-10　安装列表

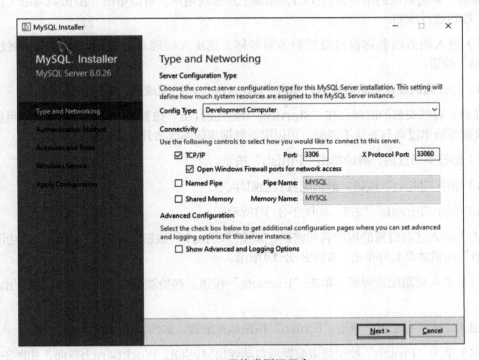

图2-2-11　网络类型配置窗口

4）进入设置服务器的密码窗口，重复输入两次登录密码（建议字母数字加符号），单击"Next"按钮，如图2-2-12所示。

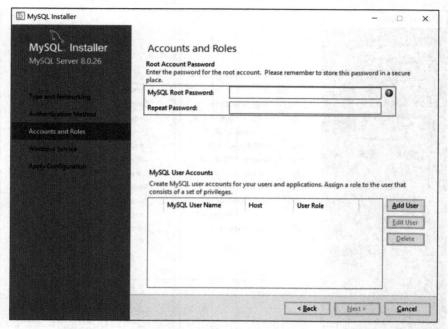

图2-2-12　服务器密码设置窗口

提示：系统默认的用户名为root，如果想添加新用户，可以单击"Add User（添加用户）"按钮进行添加。

5）进入服务器名称窗口设置服务器名称，这里无特殊需要也不建议修改。继续单击"Next"按钮。

6）打开确认设置服务器窗口，单击"Execute"按钮完成MySQL的各项配置。

注意：有些安装的时候会在"Starting the server"位置提示错误无法安装，可能是下载的数据库版本过高与系统不匹配，可以降低数据库版本或者升级系统版本。

7）都检测通过后，继续单击"Finish"按钮。

8）单击"Next"按钮，继续配置其他组件。

9）单击"Finish"按钮，如图2-2-13所示。

10）输入之前设置的用户名和密码，单击"Check"按钮，检查是否正确。成功设置后"Next"按钮才会允许单击，如图2-2-14所示。

11）进入应用配置界面，单击"Execute"按钮。都检测通过后，继续单击"Finish"按钮。

12）完成所有配置，单击"Finish"按钮结束配置，如图2-2-15所示。

13）单击"Finish"按钮结束配置后自动弹出MySQL Workbench界面，如图2-2-16所示。

（4）验证MySQL数据库安装配置是否成功

1）从开始菜单中打开MySQL命令行客户端，在"Enter Passord:"后输入安装MySQL

时设置的密码。

2）如果能显示出下面方框里类似的内容则表示安装成功。方框标出的是MySQL数据库版本号，以实际安装的版本为准，如图2-2-17所示。

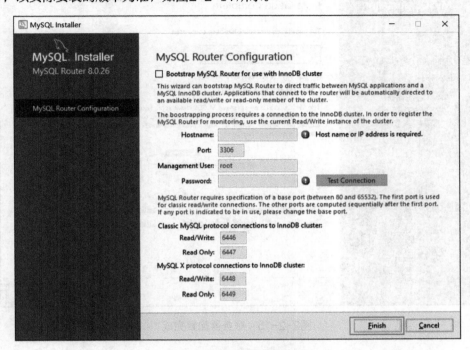

图2-2-13　组件配置完成

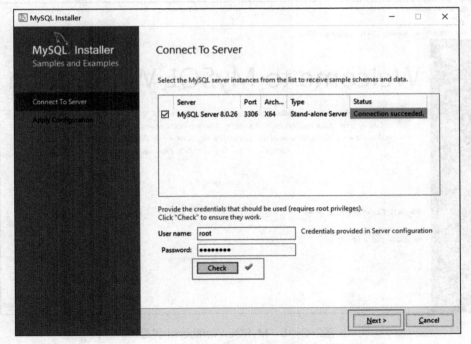

图2-2-14　连接服务器

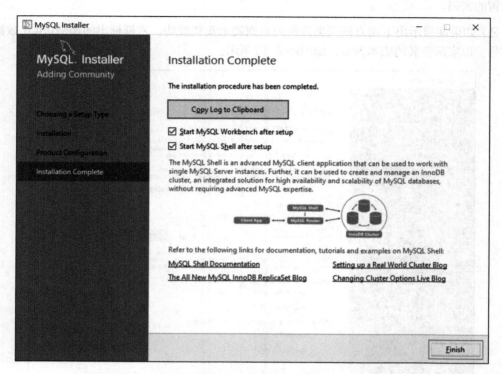

图2-2-15　服务器配置完成

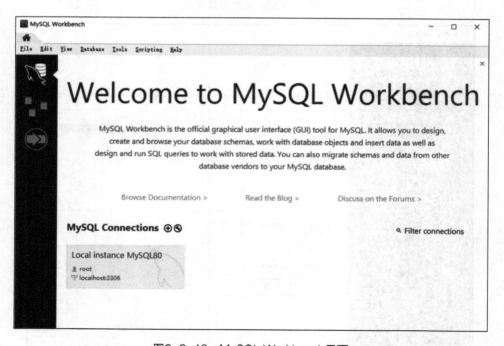

图2-2-16　MySQL Workbench界面

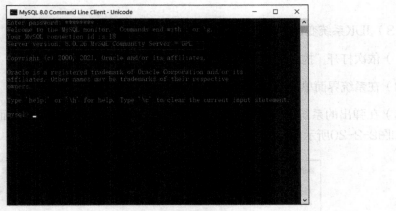

图2-2-17　MySQL数据库版本号信息

2. 安装配置DBeaver数据库工具

（1）下载JDK

DBeaver是需要Java语言支持的一款数据库软件，所以需要拥有JDK环境。JDK全称Java Development ToolKit，是Java语言开发工具包，也是整个Java的核心，包括运行环境、工具以及基础类库。

1）打开浏览器进入Oracle官网（https://www.oracle.com/cn/index.html），选择"资源"列表，单击列表下的"软件下载"。下滑鼠标，停留至"开发人员下载"，单击"Java"按钮，选择"Java SE"。

2）在JDK下载页面选择下载Windows 64位安装版。

（2）安装JDK

1）双击软件安装包开始安装，如图2-2-18所示。

jdk-17.0.1_windows-x64_bin.exe

图2-2-18　JDK安装包

2）选择JDK安装路径，单击"下一步"按钮即可成功进行JDK的安装，如图2-2-19所示。

图2-2-19　JDK安装向导

（3）JDK系统变量配置

1）依次打开"控制面板"→"系统和安全"→"系统"。

2）在系统界面单击"高级系统设置"。

3）在弹出的系统属性对话框，选择"高级"选项卡，然后单击下面的"环境变量"按钮，如图2-2-20所示。

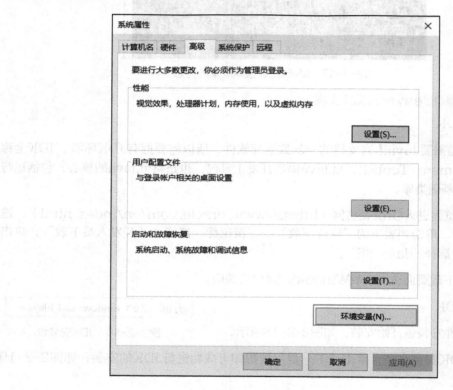

图2-2-20　系统属性

4）打开环境变量对话框后，先单击下面的"新建"按钮，然后弹出新建环境系统变量对话框，变量名输入"JAVA_HOME"，变量值输入安装JDK时的路径，也可以单击浏览目录进行选择，最后单击"确定"按钮，如图2-2-21所示。

5）配置好JAVA_HOME后，单击"新建"按钮，然后弹出新建环境系统变量对话框，变量名输入"CLASSPATH"，变量值输入".；%JAVA_HOME%\lib\dt.jar；%JAVA_HOME%\lib\tools.jar"，最后单击"确定"按钮，如图2-2-22所示。

6）在系统变量区域，选择"Path"，单击下面的"编辑"按钮，如图2-2-23所示。

7）打开编辑环境变量对话框后，先单击右侧的"新建"按钮，然后在新加的一行文本框里输入%JAVA_HOME%\bin，然后单击"确定"按钮，如图2-2-24所示。

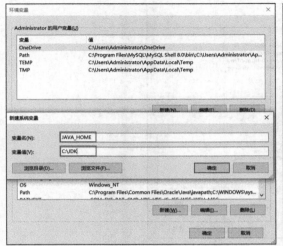

图2-2-21　新建系统变量JAVA_HOME

图2-2-22　新建系统变量CLASSPATH

图2-2-23　编辑系统变量Path

图2-2-24　新建环境变量

8）JDK系统变量都添加好后，单击"确定"按钮退出系统环境变量设置窗口，如图2-2-25所示。

9）配置好JDK系统变量后，打开Windows系统的运行窗口来执行指令"java-version"，若能看到下图方框中的JDK版本号，则表示JDK配置无误可正常使用，如图2-2-26所示。

（4）下载DBeaver软件安装包

打开浏览器进入DBeaver软件的官方网站下载页面（https://dbeaver.io/download/），下载DBeaver的Windows 64位图形界面安装版，如图2-2-27所示。

图2-2-25 系统环境变量设置窗口

图2-2-26 JDK版本号信息

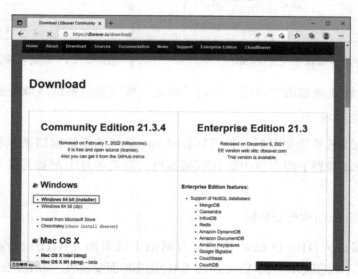

图2-2-27 DBeaver软件的官方网站下载页面

（5）安装DBeaver

1）双击软件安装包开始安装，如图2-2-28
所示。

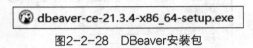

图2-2-28　DBeaver安装包

2）进入安装界面，选择语言"中文简体"，单击"OK"按钮，单击"下一步"继续安装。

3）在许可证协议页单击"我接受"。

4）选择权限（all users），单击"下一步"按钮。

5）选择DBeaver安装的组件，这里选择全部安装，然后单击"下一步"按钮，如图2-2-29所示。

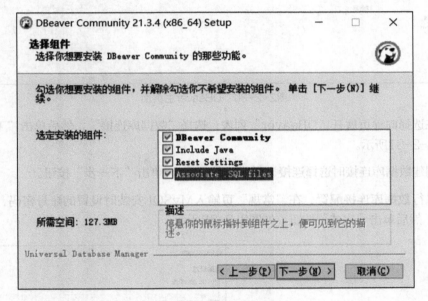

图2-2-29　DBeaver安装组件

6）选择DBeaver文件存储路径，可自定义路径进行安装并单击"下一步"按钮。

7）可使用默认设置创建DBeaver快捷方式或勾选"不要创建快捷方式"，单击"安装"按钮。

8）安装成功，单击"完成"按钮结束安装。

3. DBeaver数据库工具连接MySQL

1）DBeaver下载安装完成后，无法直接使用，需要进行数据库的连接。打开已安装完成的DBeaver进入主页面，选择菜单栏"文件"展开下拉选项，单击"新建"命令，如图2-2-30所示。

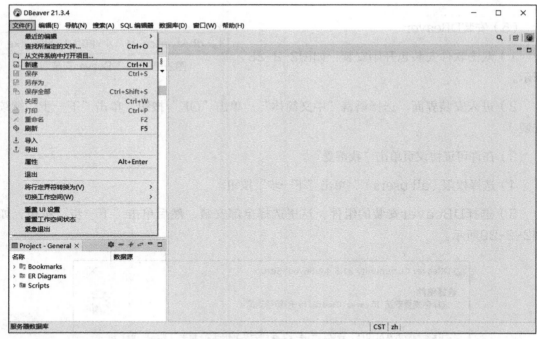

图2-2-30　DBeaver主页面

2）在选择向导页展开"DBeaver"列表，选择"数据库连接"，然后单击"下一步"按钮，如图2-2-31所示。

3）创建数据库连接时选择连接类型"MySQL"，单击"下一步"按钮。

4）进行数据库连接配置，在"常规"页输入MySQL安装时设置的账号密码，数据库可以不填写，然后单击"完成"按钮，如图2-2-32所示。

图2-2-31　DBeaver数据库连接向导

图2-2-32　数据库连接配置

5）测试连接，如果失败，则在单击下图中方框标注的下拉标志时会弹出驱动设置，请求下载驱动文件，此时单击"下载"按钮即可，如图2-2-33所示。

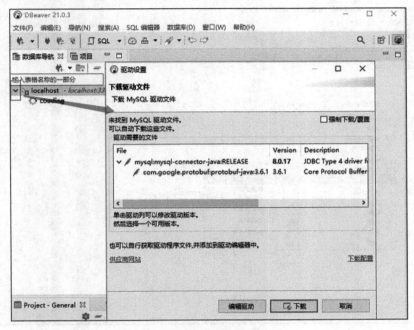

图2-2-33　下载驱动文件

6）再次进行测试，显示成功。在左侧库与表区域右击选择"连接"即可。当小海豚图标下方出现一个绿色框的打钩标志时，即连接成功，如图2-2-34所示。

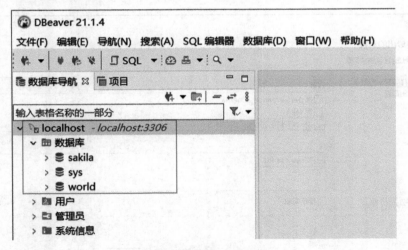

图2-2-34　数据库连接成功

4. MySQL数据库备份与导入

（1）数据库备份

1）打开已创建好的数据库连接，选择需要备份的数据库，右击选择"工具"→"转储数据库"进入数据库导出向导界面，如图2-2-35所示。

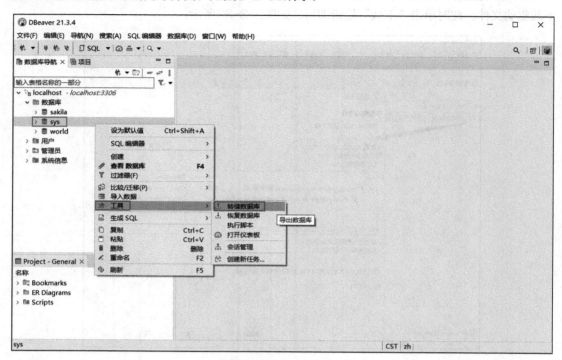

图2-2-35 转储数据库

2）在数据库导出向导界面中选择要导出的数据库及数据库内的表，单击"下一步"按钮，如图2-2-36所示。

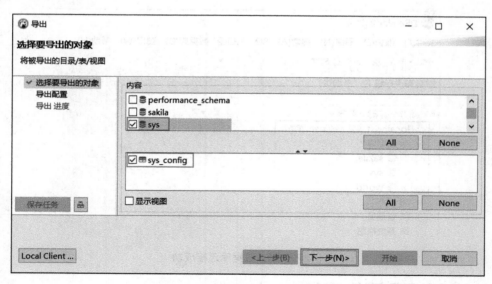

图2-2-36 数据库导出向导界面

3）在导出配置界面单击"Local client"选择当前安装的MySQL客户端版本，如图2-2-37所示。同时按需进行配置，本任务实施在默认配置下只修改输出文件夹路径，最后单击"开始"按钮执行导出任务，如图2-2-38所示。最后等待数据库导出完成，得到输出的数据库.sql文件。

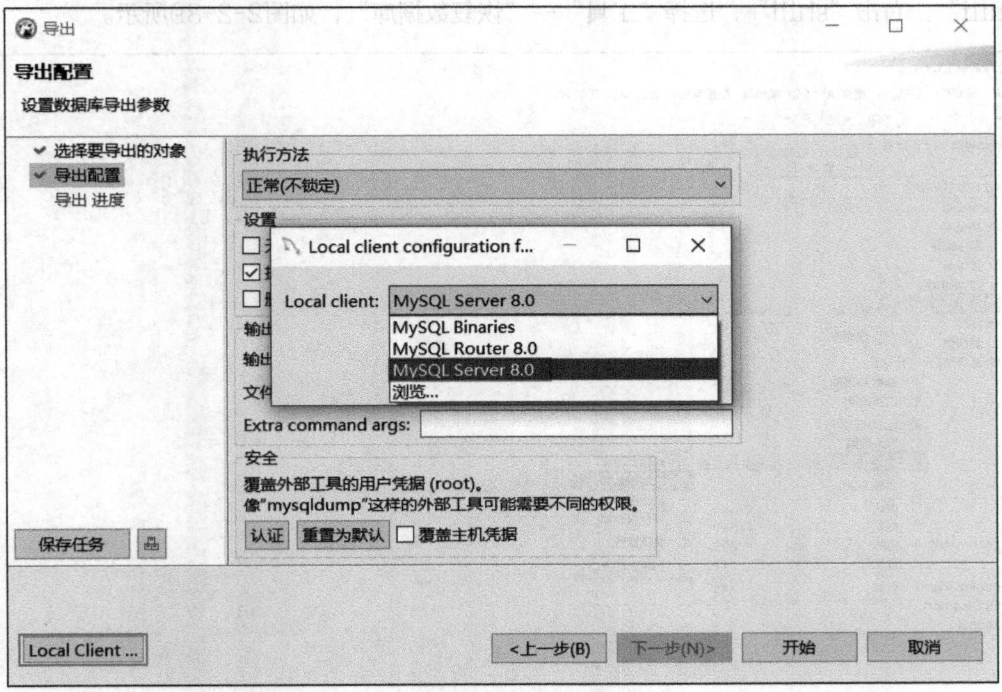

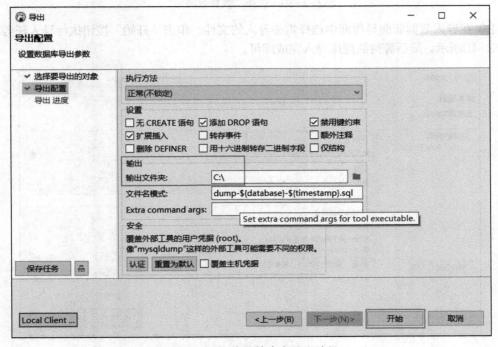

图2-2-37 选择MySQL版本

图2-2-38 修改输出文件夹路径

（2）数据库导入

1）在已创建好的数据库连接中右击"数据库"，选择"新建数据库"创建新数据库"shili"，右击"shili"，选择"工具"→"恢复数据库"，如图2-2-39所示。

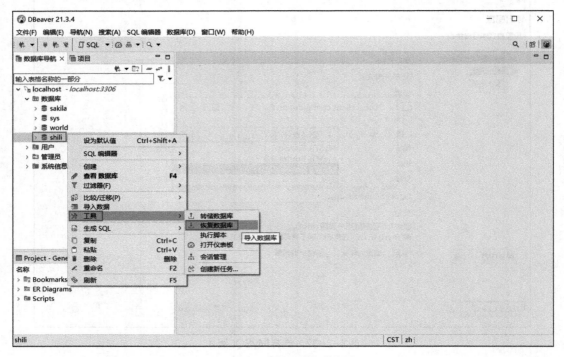

图2-2-39　选择"恢复数据库"

2）在导入数据库向导界面中选择需要导入的文件，单击"开始"按钮执行导入任务，如图2-2-40所示。最后等待数据库导入完成即可。

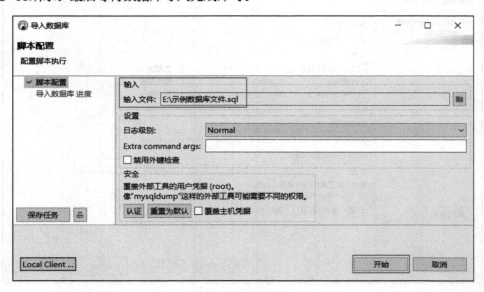

图2-2-40　导入数据库

任务小结

　　本任务按照先后顺序讲解数据库部署的过程，任务以仓储管理系统中数据库环境搭建和使用典型工作场景为例，针对仓储管理系统安装DBeaver数据库工具前的Java环境配置以及MySQL与DBeaver的连接进行了深入介绍，梳理了实际工作中的数据库正确部署流程，明确了基础环境配置的重要性和数据库工具使用的意义，为知识的实践运用打下坚实的基础。本任务相关知识技能小结思维导图如图2-2-41所示。

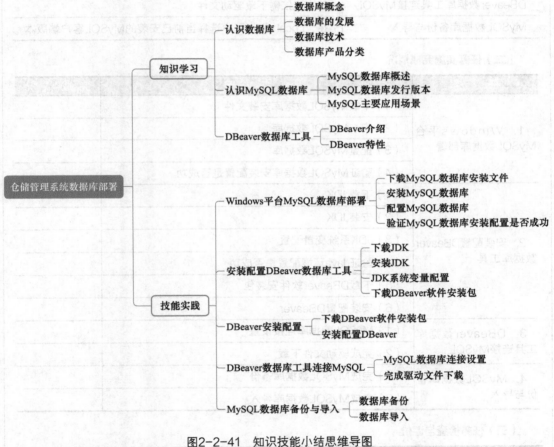

图2-2-41　知识技能小结思维导图

任务工单

项目2　智慧物流——仓储管理系统部署与运维	任务2　仓储管理系统数据库部署
班级：	小组：
姓名：	学号：
分数：	

（续）

（一）关键知识引导

请补充仓储管理系统数据库部署关键任务中的要点。

任 务	要 点
下载MySQL数据库安装文件	下载的软件安装包文件类型为.exe
配置MySQL数据库	设置用户登录密码做好记录，以备后续使用
下载JDK	下载的软件安装包文件类型为.exe
JDK系统变量配置	系统变量JAVA_HOME、CLASSPATH和Path的正确设置
DBeaver数据库工具连接MySQL	首次连接需下载驱动文件
MySQL数据库备份与导入	在"Local client"中选择当前已安装的MySQL客户端版本

（二）任务实施完成情况

任 务	任 务 内 容	完 成 情 况
1. Windows平台MySQL数据库部署	（1）下载MySQL数据库安装文件	
	（2）安装MySQL数据库	
	（3）配置MySQL数据库	
	（4）验证MySQL数据库安装配置是否成功	
2. 安装配置DBeaver数据库工具	（1）下载JDK	
	（2）安装JDK	
	（3）JDK系统变量配置	
	（4）验证Java环境配置是否成功	
	（5）下载DBeaver软件安装包	
	（6）安装配置DBeaver	
3. DBeaver数据库工具连接MySQL	（1）MySQL数据库连接设置	
	（2）完成驱动文件下载	
4. MySQL数据库备份与导入	（1）完成MySQL数据库备份	
	（2）完成MySQL数据库导入	

（三）任务检查与评价

评价项目	评 价 内 容	配分	评 价 方 式		
			自我评价	互相评价	教师评价
方法能力（20分）	能够明确任务要求，掌握关键引导知识	5			
	能够正确清点、整理任务设备或资源	5			
	掌握任务实施步骤，制定实施计划，时间分配合理	5			
	能够正确分析任务实施过程中遇到的问题并进行调试和排除	5			

（续）

（续）

评价项目		评 价 内 容	配分	评 价 方 式		
				自我评价	互相评价	教师评价
专业能力（60分）	Windows平台MySQL数据库部署	成功下载MySQL数据库安装文件	4			
		成功安装MySQL数据库	4			
		成功配置MySQL数据库	5			
		成功完成MySQL数据库安装配置验证	5			
	安装配置DBeaver数据库工具	成功下载JDK	4			
		成功安装JDK	4			
		正确完成JDK系统变量配置	5			
		成功完成Java环境配置验证	5			
		成功下载DBeaver软件安装包	4			
		成功安装配置DBeaver	4			
	DBeaver数据库工具连接MySQL	正确完成MySQL数据库连接设置	4			
		正确完成驱动文件下载	4			
	MySQL数据库备份与导入	正确完成MySQL数据库备份	4			
		正确完成MySQL数据库导入	4			
素养能力（20分）	安全操作与工作规范	操作过程中严格遵守安全规范，正确使用电子设备，每处不规范操作扣1分	5			
		严格执行6S管理规范，积极主动完成工具设备整理	5			
	学习态度	认真参与教学活动，课堂互动积极	3			
		严格遵守学习纪律，按时出勤	3			
	合作与展示	小组之间交流顺畅，合作成功	2			
		语言表达能力强，能够正确陈述基本情况	2			
合　计			100			

（四）任务自我总结

过程中的问题	解 决 方 式

任务3　基于IIS的仓储管理系统网站部署

职业能力目标

● 能查阅C/S和B/S系统架构相关资料，正确选择合适的系统架构完成系统网站部署。

● 能在Windows Server 2019操作系统下，正确完成基于IIS的系统网站部署。

任务描述：L公司已完成仓储管理系统的数据库部署，现需要对该系统进行最后的网站部署。目前公司需要部署该系统上线，为了使公司资产和资源合理有效利用，IT部门计划在现有服务器安装的Windows系统下进行部署。项目计划对应用服务器的类型及作用进行探究，并对C/S与B/S系统架构作分析对比，最后在Windows操作系统上使用IIS对仓储管理系统进行网站部署。

任务要求：

● 完成IIS的安装与配置。

● 完成基于IIS的仓储管理系统部署。

知识储备

2.3.1 认识应用服务器

1. 应用服务器定义

应用程序服务器的客户端通常是应用程序本身，包括Web服务器和其他应用程序服务器。对于高端需求，应用服务器往往具有高可用性监视、集群化、负载平衡、集成冗余和高性能分布式应用服务，以及对复杂的数据库访问的支持。简而言之，能实现动态网页技术的服务器叫作应用服务器。随着Internet的发展壮大，"主机/终端"或"客户机/服务器"的传统应用系统模式已经不能适应新的环境，于是产生了新的分布式应用系统。相应地，新的开发模式也应运而生，即所谓的"浏览器/服务器"结构、"瘦客户机"模式。应用服务器便是一种实现这种模式的核心技术。

2. 应用服务器类型

目前主流的应用服务器主要有以下六种：

（1）IIS应用服务器

IIS（Internet Information Services，互联网信息服务）是随Windows NT Server 4.0一起提供的文件和应用服务器，也是在Windows NT Server上建立Internet服务器的基本组件。IIS应用服务器与Windows NT Server完全集成，允许使用Windows NT Server内置的安全性以及NTFS文件系统建立强大灵活的Internet/Intranet站点。IIS是一种Web（网页）服务组件，其中包括Web服务器、FTP服务器、NNTP服务器和SMTP服务器，分别用于网页浏览、文件传输、新闻服务和邮件发送等方面，使得在网络（包括互联网和局域网）上发布信息成了一件容易的事。

（2）Apache应用服务器

Apache是世界使用最多的Web服务器之一，它可以运行在几乎所有广泛使用的计算机平台上。源于NCSA httpd服务器，经过多次修改，成为世界上最流行的Web服务器软件之一。Apache取自"a patchy server"的读音，意为"充满补丁的服务器"，Apache具有多款产品，不仅支持SSL技术，还满足多个虚拟主机。Apache作为以进程为基础的结构，进程要比线程消耗更多的系统开支，不适于多处理器环境，因此，在一个Apache Web站点扩容时，通常采用增加服务器或扩充群集节点的方式而不是增加处理器。

（3）Tomcat应用服务器

Tomcat服务器作为一个免费开放源代码的Web应用服务器，运行时占用的系统资源小、扩展性好，支持负载均衡与邮件服务等开发应用系统常用的功能。Tomcat技术先进、性能稳定，而且免费，因而深受Java爱好者的喜爱，并得到了软件开发商的认可，成为目前比较流行的Web应用服务器。

（4）WebSphere应用服务器

WebSphere Application Server是一种功能完善、开放的Web应用程序服务器，提供了增强的Servlet API和Servlets管理工具，并集成了JSP技术和数据库连接技术。

（5）Web Logic应用服务器

Web Logic是美国bea公司出品的一个应用服务器（Application Server），确切地说是一个基于Java EE架构的中间件。BEA Web Logic是用于开发、集成、部署和管理大型分布式Web应用、网络应用和数据库应用的Java应用服务器。将Java的动态功能和Java Enterprise标准的安全性引入大型网络应用的开发、集成、部署和管理之中，是用来构建网站的必要软件，拥有解析发布网页等功能，它是用Java开发的。

（6）JBoss应用服务器

JBoss是一套开源的企业级Java中间件系统，用于实现基于SOA的企业应用和服务，是一个运行EJB的J2EE应用服务器。它是开放源代码的项目，遵循最新的J2EE规范。从JBoss项目开始至今，JBoss已经由一个EJB容器发展为一个基于的J2EE的一个Web操作系统，体现了J2EE规范中最新的技术，含有JSP和Servlet容器，也就可以做Web容器，也包含EJB容器，是完整的J2EE应用服务器。JBoss是最受欢迎而且功能最为强大的应用服务器。

3. 应用服务器作用

当存在与现有数据库和服务器（如Web服务器）集成的需求时，就应使用应用服务器。应用服务器有以下几点作用：

1）可以通过支持应用程序更新和升级的集中式方法来提供数据和代码的完整性。

2）可扩展性是使用应用服务器的另一个原因和好处，应用程序服务器可以连接数据库连接池，这意味着组织可以在不增加数据库连接量的情况下扩展Web"服务器农场"。

3）安全，使用单独的数据访问层执行数据验或显示业务逻辑，可以确保以Web表单输入的文本不被SQL调用，通过集中化身份验证过程以及数据访问管理，安全性也有所提高。

4）可以通过对网络流量进行限制来提高大量使用应用程序的性能。

2.3.2 C/S与B/S架构

开发或使用一款软件时，抛开系统性能、供应商选择等方面的因素，最为关注的就是产品的系统架构，是选择C/S架构还是B/S架构。C/S和B/S作为两种不同的系统登录方式，各有优缺点，要做出正确的判断就要对两种架构有着明确的认识。

1. C/S架构介绍

C/S（Client/Server，客户机/服务器模式）如图2-3-1所示，是一种典型的两层架构。服务器负责数据的管理，客户机负责完成与用户的交互任务。其客户端包含一个或多个在用户的计算机上运行的程序，而服务器端有两种，一种是数据库服务器端，客户端通过数据库连接访问服务器端的数据；另一种是Socket服务器端，服务器端的程序通过Socket与客户端的程序通信。

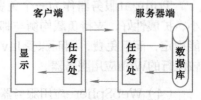

图2-3-1　典型的C/S架构

C/S架构也可以看作"胖客户端"架构。因为客户端需要实现绝大多数的业务逻辑和界面展示。这种架构中，作为客户端的部分需要承受很大的压力，因为显示逻辑和事务处理都包含在其中，通过与数据库的交互（通常是SQL或存储过程的实现）来达到持久化数据，以此满足实际项目的需要。

C/S结构在技术上已经很成熟，它的主要特点是交互性强、具有安全的存取模式、响应速度快、利于处理大量数据。但是C/S结构缺少通用性，系统维护、升级需要重新设计和开发，增加了维护和管理的难度，进一步的数据拓展困难较多，所以C/S结构只限于小型的局域网。

2. C/S架构优缺点

（1）C/S架构优点

1）能充分发挥客户端PC的处理能力，很多工作可以在客户端处理后再提交给服务器，所以C/S客户端响应速度快。

2）操作界面漂亮、形式多样，可以充分满足客户自身的个性化要求。

3）C/S结构的管理信息系统具有较强的事务处理能力，能实现复杂的业务流程。

4）安全性能易保证，C/S一般面向相对固定的用户群，程序更加注重流程，它可以对权限进行多层次校验，提供了更安全的存取模式，对信息安全的控制能力很强。一般高度机密的信息系统采用C/S结构适宜。

（2）C/S架构缺点

1）需要专门的客户端安装程序，分布功能弱，针对点多面广且不具备网络条件的用户群体，不能够实现快速部署安装和配置。

2）兼容性差，对于不同的开发工具，具有较大的局限性。若采用不同工具，需要重新改写程序。

3）开发、维护成本较高，需要具有一定专业水准的技术人员才能完成，一旦发生一次升级，则所有客户端的程序都需要改变。

4）用户群固定。由于程序需要安装才可使用，因此不适合面向一些不可知的用户，所以适用面窄，通常用于局域网中。

3. B/S架构介绍

B/S（Browser/Server，浏览器/服务器模式）如图2-3-2所示，是相对于C/S的登录方式的不同而命名且是在C/S架构上改进的架构。B/S架构中终端只是用来显示和接受输入，所有的数据存储、计算、格式化及页面代码的生产都是在Web服务器上。

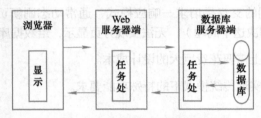

图2-3-2　改进后形成的B/S架构

B/S架构是以Browser客户端、WebAPP服务器端和DB端构成的三层架构，在B/S架构中主要事务逻辑是在服务器端实现的，仅有极少数事务逻辑在前端实现。B/S架构统一了客户端，将系统功能实现的核心部分集中到服务器上，简化了系统的开发、维护和使用。客户机上只要安装一个浏览器（Browser），如Netscape Navigator、Internet Explorer，服务器安装Oracle、Sybase、Informix、SQL Server等数据库。浏览器通过Web Server同数据库进行数据交互，大大简化了客户端的计算机载荷，减轻了系统维护与升级的成本和工作量，降低了用户的总体成本。

在B/S架构中，每个节点都分布在网络上，这些网络节点可以分为浏览器端、服务器端和中间件，通过它们之间的链接和交互来完成系统的功能任务。三个层次的划分是从逻辑上分的，在实际应用中多根据实际物理网络进行不同的物理划分。B/S架构中，显示逻辑交给Web浏览器，事务处理逻辑放在WebAPP上，这样就避免了庞大的"胖客户端"，减少了客户端的压力。因为客户端包含的逻辑很少，因此也被称为瘦客户端。

浏览器端：用户使用的浏览器，用户通过浏览器向服务器端发送请求，并对服务器端返回的结果进行处理并展示，通过界面可以将系统的逻辑功能更好表现出来。

服务器端：提供数据服务，操作数据，然后把结果返回中间层，结果显示在系统界面上。

中间件：运行在浏览器和服务器之间，主要完成系统逻辑，实现具体的功能，接受用户的请求并把这些请求传送给服务器，然后将服务器的结果返回到用户，浏览器端和服务器端通过中间件完成信息的交互。

4. B/S架构优缺点

（1）B/S架构优点

1）分布性强，客户端零维护。只要有网络、浏览器，可以随时随地进行查询、浏览等业务处理。

2）业务扩展简单方便，通过增加网页即可增加服务器功能。

3）维护简单方便，只需要改变网页，即可实现所有用户的同步更新。

4）开发简单，共享性强。

（2）B/S架构缺点

1）个性化特点明显降低，无法实现具有个性化的功能要求。

2）在跨浏览器上，B/S架构不尽如人意。

3）客户端服务器端的交互是请求—响应模式，通常动态刷新页面，响应速度明显降低（Ajax可以一定程度上解决这个问题），无法实现分页显示，给数据库访问造成较大的压力。

4）在速度和安全性上需要花费巨大的设计成本。

5）功能弱化，难以实现传统模式下的特殊功能要求。

5. C/S与B/S比较

（1）硬件环境不同

C/S一般建立在专用的网络上，通常是范围里的网络环境，局域网之间再通过专门服务器提供连接和数据交换服务。

B/S建立在广域网之上，不必是专门的网络硬件环境。例如电话上网、租用设备、信息管理。B/S有比C/S更强的适应范围，一般只要有操作系统和浏览器就行。

（2）对安全要求不同

C/S一般面向相对固定的用户群，对信息安全的控制能力很强。一般高度机密的信息系统采用C/S结构适宜，可以通过B/S发布部分可公开信息。

B/S建立在广域网之上，对安全的控制能力相对弱，面向的是不可知的用户群。

（3）对程序架构不同

C/S程序可以更加注重流程，可以对权限多层次校验，对系统运行速度可以做较少的考虑。

B/S对安全以及访问速度的多重的考虑，建立在需要更加优化的基础之上，比C/S有更高的要求。B/S结构的程序架构是发展的趋势，自.NET系列的BizTalk 2000 Exchange 2000全面支持网络构件搭建的系统。SUN、IBM的JavaBean构件技术等陆续推出，使得B/S更加成熟。

（4）软件重用不同

C/S程序需要进行整体性考虑，其构件的重用性不如在B/S要求下的构件的重用性好。

B/S对多重结构要求构件相对有独立的功能，能够相对较好地重用。

（5）系统维护不同

C/S程序出于整体性需求，必须全面考虑可能出现的问题。如果系统升级困难，甚至可能需要做一个全新的系统。

B/S构件组成灵活，方便构件个别的更换，实现系统的无缝升级，系统维护开销减到最小，用户从网上下载安装就可以实现。

（6）处理问题不同

C/S程序面向的用户相对固定，并且在相同区域安全要求高，与操作系统也紧密相关。

B/S建立在广域网上，面向不同的用户群，分散地域，且与操作系统平台关联最小。

（7）用户接口不同

C/S多建立在Windows平台上，表现方法有限，对程序员普遍要求较高。

B/S建立在浏览器上，有更加丰富和生动的表现方式与用户交流，并且大部分难度较低，开发成本较低。

（8）信息流不同

C/S程序一般是典型的中央集权的机械式处理，交互性相对低。

B/S信息流向可变化，可处理B-B、B-C、B-G等信息以及适应流向的变化，更像是交易中心。

2.3.3 IIS体系架构

每个应用系统都具备独立的网站，为了便于用户访问网站，需要将网站进行发布，IIS就是一种网站发布工具。除IIS之外，还有Apache、Tomcat都是网站发布工具。把一个网站成功发布之后，用户可以通过浏览器输入网站的地址进行访问。

1. IIS概述

IIS，如图2-3-3所示，是由微软公司提供的基于运行Microsoft Windows的互联网基本服务，是一个World Wide Web Server。IIS意味着可以发布网页，并且有ASP（Active Server Pages）、JAVA、VBscript产生页面，有着一些扩展功能。IIS支持一些有趣的东西，如编辑环境、全文检索功能、多媒体功能。

图2-3-3　IIS7

其次，IIS是随Windows NT Server 4.0一起提供的文件和应用程序服务器，是在Windows NT Server上建立Internet服务器的基本组件。它与Windows NT Server完全集成，允许使用Windows NT Server内置的安全性以及NTFS文件系统建立强大灵活的Internet/Intranet站点。

2. IIS架构解析

（1）IIS 的组成组件

在Windows Server® 2008（IIS 7.0）和Windows Server 2008 R2（IIS 7.5）

中，IIS包含了很多的组件来完成应用程序和Web Server的重要功能。每一个组件都有自己的职责，比如监听请求、管理进程、读取配置文件等。这些组件主要包括以下三个：

1）协议监听器（Protocol Listeners），比如HTTP.sys。

2）服务组件，比如WWW Service（World Wide Web Publishing Service）。

3）Windows进程激活服务（Windows Process Activation Service WAS）。

后面会对这些相关的组件做进一步说明。

（2）协议监听器

协议监听器用于监听预定义通信通道、传递数据、参与服务和客户端通信。在IIS7中包含5个默认的协议监听器：HTTP.sys、Net.tcp、Net.pipe、Net.p2p、Net.msmq，除了HTTP.sys，其他监听器都要求安装Windows激活服务（Windows Process Activation Service，WAS）和.NET Framework，与WWW服务的工作模式类似，同样位于相同的服务宿主进程运行。

当客户端浏览器通过Internet请求一个page页面，这个时候首先被HTTP监听器HTTP.sys监听到，经过检查之后将请求发送给IIS进行处理请求。一旦IIS处理完请求之后，HTTP.sys就会将请求的响应结果输送到客户端。默认的IIS提供了HTTP.sys作为协议监听器用于侦听HTTP/HTTPS的请求，由于Web通常利用HTTP/HTTPS作为请求协议。HTTP.sys组件在IIS6就已经存在，目前IIS7以上仍然在使用，并且在IIS7中HTTP.sys包含了对SSL（Secure Sockets Layer，安全套接层）的支持。

（3）超文本传输协议堆栈（HTTP.sys）

自IIS 6.0开始，HTTP.sys代替Winsock（Windows Sockets，Windows套接字）用于实现响应的传送和请求的监听。HTTP.sys作为默认的监听组件是通过内核模式设备驱动程序来实现的。当HTTP.sys监听到网络的HTTP/HTTPS请求后，传送给IIS进行请求处理，IIS处理完成后发出响应给HTTP.sys，最后HTTP.sys将响应再传输给客户端。

（4）Word Wide Web Publishing Service（W3SVC）

WWW Service的全部功能在IIS 7下被拆分成了两个服务：W3SVC和WAS服务。WAS的引入为IIS提供了非HTTP的支持，它通过监听适配器接口，抽象出针对不同协议的监听器。具体来说，除了专门用于监听HTTP请求的HTTP.sys之外，WAS利用TCP监听器、命名管道监听器和MSMQ监听器提供基于TCP、命名管道和MSMQ传输协议的支持。W3SVC和WAS这两个服务作为本地系统运行在相同的Svchost.exe进程也共享相同的二进制文件。

在IIS6中W3SVC主要承载着如下三大功能：

1）HTTP请求的接收和配置管理：接收HTTP.sys监听到的请求，从元数据库中加载配置信息对相关组件进行相关配置。

2）进程管理：创建、回收、监听工作进程，管理应用程序池。

3）性能的监测。

在IIS 7中WAS承担了W3SVC的部分责任，主要进行进程的管理和应用程序池的管理。这表明用户可以对HTTP和非HTTP请求使用相同的配置和模块。除此之外，如果不需要监听HTTP请求，可以只启动WAS服务，不需要启动W3SVC服务。

WAS可实现配置文件的管理。WAS在启动时读取ApplicationHost.config文件中的信息，并把这些信息传递给监听适配器，监听适配器组件主要作用是建立WAS和协议监听器（如HTTP.sys）之间的通信。

下面这些信息就是WAS主要从配置文件中需要获取的信息：

1）全局配置信息。

2）HTTP和非HTTP的配置信息。

3）应用程序池的配置，比如进程账号信息。

4）网站的配置信息。

5）应用程序的配置信息，比如应用程序采用的协议和应用程序属于哪一个应用程序池。

如果ApplicationHost.config改变了，WAS就会接收到通知来更新监听适配器的信息。

WAS的进程管理：WAS管理着HTTP和非HTTP请求的应用程序池和工作进程。当一个协议监听器监听到一个客户端请求的时候，WAS来决定工作进程是否启动。如果应用程序池已经有一个工作进程，监听适配器就会把请求发送给该工作进程来处理。如果应用程序池中没有可用的工作进程，WAS就会启动一个新的工作进程让监听适配器传送请求来进行处理。由于WAS管理着HTTP和非HTTP请求协议，所以可以在同一个应用程序池里面运行不同协议的请求的应用程序。

（5）IIS模块化

IIS 7提供了与之前的IIS版本不同的新架构。为了保留服务器自身的主要功能，IIS提供一个Web服务器引擎，用于根据实际需求增加/删除组件或进行模块的调用。

模块是服务器用来处理请求的单独的功能组件。比如IIS使用身份验证模块来验证客户端凭据，用缓存模块来管理缓存活动。新版本的架构相对于老版本优点如下：

1）可以控制任何一个服务器上需要的模块。

2）在使用环境中可以给服务指定任意角色。

3）可以用自主开发的模块来代替已存在的模块以实现更多的扩展。

4）通过删除不必要的模块，以减少服务器的受攻击面和server辅助进程的内存占用，从而提高了安全性，并简化了管理。

（6）IIS请求处理流程

IIS请求处理存在两种模式：

1）用户模式（User Mode）：运行用户的程序代码，限制在特定的范围内活动、有些操作必须受到Kernel Mode的检查才能执行。

2）内核模式（Kernel Mode）：运行系统代码。

总的请求过程如图2-3-4所示。

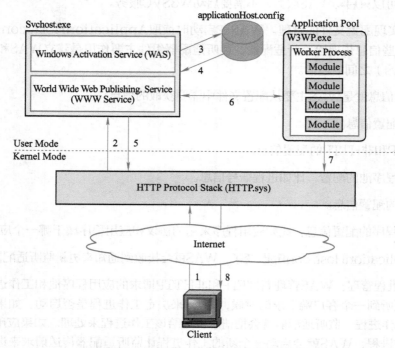

图2-3-4　在IIS中处理HTTP请求过程

在IIS中处理HTTP请求的8个步骤分别如下：

1）当客户端浏览器开始HTTP请求一个Web服务器的资源时，HTTP.sys拦截到这个请求。

2）HTTP.sys通知WAS从配置文件中获取必要的信息。

3）WAS向配置存储中心（applicationHost.config）请求配置信息。

4）W3SVC接收到相应的配置信息，配置信息指类似应用程序池配置信息、站点配置信息等。

5）W3SVC使用配置信息去配置HTTP.sys处理策略。

6）WAS为请求隔离模式相匹配的应用程序池开启一个工作进程。

7）工作进程处理请求并且返回响应给HTTP.sys。

8）客户端接收到处理结果信息。

步骤1）到6）是处理应用启动，启动完成后，后期就不需要重复启动步骤。在工作过程中，以Web服务器为核心，HTTP请求通过几个有序的步骤完成，这些步骤称为事件。在每个事件中，本机模块会处理相应请求，例如用户进行身份验证或将信息添加到事件日志。如果请求需要一个托管的模块，本机ManagedEngine模块会创建相应的AppDomain，托管的模块可以进行必要的处理，例如使用Forms身份验证的用户进行身份验证。当请求穿过所有的

Web服务器核心事件时，到HTTP.sys会返回响应。

任务实施

任务实施前必须准备好以下设备和资源。

序　号	设备/资源名称	数　量	是否准备到位（√）
1	Windows Server 2019操作系统	1	□是　　□否
2	仓储管理系统文件	1	□是　　□否
3	MySQL数据库	1	□是　　□否
4	DBeaver数据库工具	1	□是　　□否

1. IIS安装与配置

1）在系统左下角打开开始菜单，找到服务器管理器菜单后打开"服务器管理器"，选择"添加角色和功能"，如图2-3-5所示。

2）在弹出的"添加角色和功能"向导中单击"下一步"按钮。

3）选择"基于角色或基于功能的安装"，然后单击"下一步"按钮。

4）选择"从服务器池中选择服务器"（默认选中本机），然后单击"下一步"按钮。

5）选择"Web服务器（IIS）"，在弹出的对话框中选择"添加功能"，如图2-3-6所示。

6）确保已勾选Web服务器（IIS）选项，然后单击"下一步"按钮。

7）勾选NET功能（即勾选.NET 3.5和.NET 4.6功能选项），继续单击"下一步"按钮。

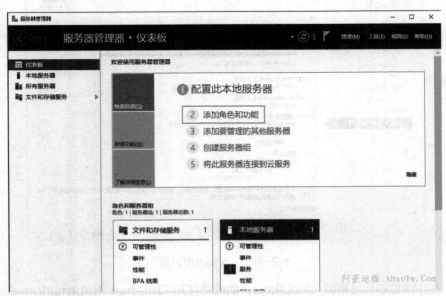

图2-3-5　服务器管理器主界面

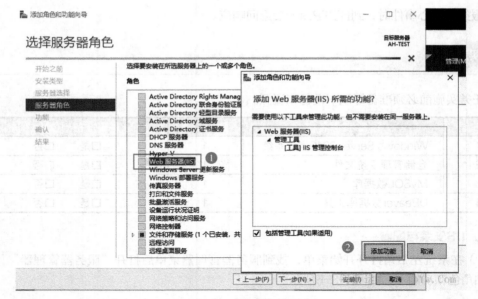

图2-3-6　选择服务器角色

8）勾选"安全性""常见HTTP功能""性能""运行状况和诊断""应用程序开发""FTP服务器"和"管理工具"（建议子功能全部勾选），勾选完上述功能后继续单击"下一步"按钮。

9）确认安装功能，单击"安装"按钮后等待安装进度完成。

10）安装完成后单击"关闭"按钮，如图2-3-7所示。

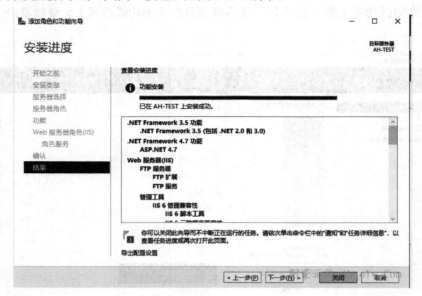

图2-3-7　安装进度页面

11）在IE浏览器地址框输入localhost，能成功打开"Internet information Services"页面，则代表IIS服务安装成功了。

2. 仓储管理系统网站部署

1）把系统文件夹复制到Web服务器的本地磁盘后，在开始菜单中搜索IIS，选择"Internet信息服务（IIS）管理器"，单击进入，如图2-3-8所示。

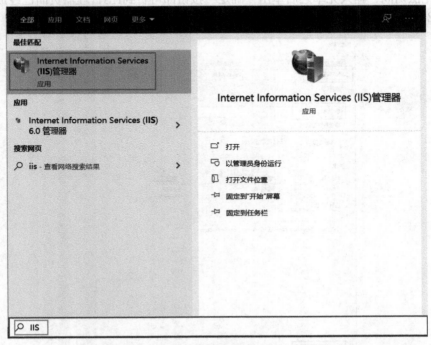

图2-3-8　Internet信息服务（IIS）管理器

2）在IIS管理器主界面左侧选择"网站"，右击选择"添加网站"，如图2-3-9所示。

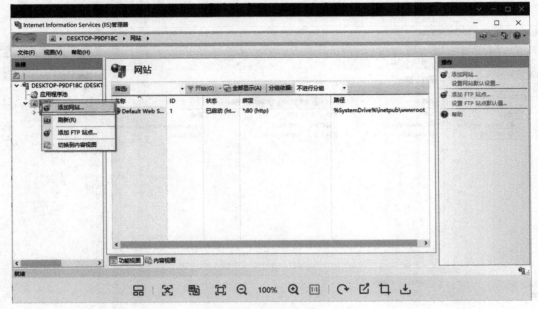

图2-3-9　添加网站

3）在添加网站界面输入自定义网站名（可以是项目名，比较好找）并选择物理路径（项目发布文件的路径）。接下来设置端口号，一定要设置且不能与已使用端口号重复。80端口默认不能使用，选择输入一个没有使用过的端口号即可，如图2-3-10所示。主机名不用填，否则用户无法访问，输入完毕之后单击"确定"按钮即可看到IIS管理器页面已经成功添加网站，如图2-3-11所示。

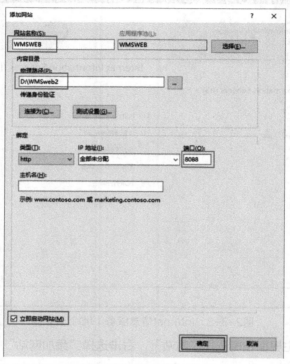

图2-3-10　网站配置

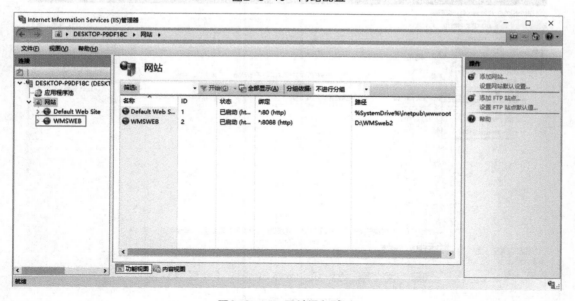

图2-3-11　网站添加成功

4）单击新添加的网站，选择"目录浏览"，双击进入，如图2-3-12所示。

5）在"目录浏览"界面右侧单击"启用"按钮，将目录启用，如图2-3-13所示。

图2-3-12　目录浏览

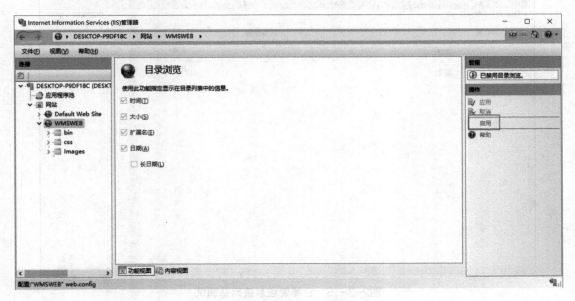

图2-3-13　启用目录浏览

6）返回上一级页面，单击右侧的"浏览网站"，观察是否成功发布，如图2-3-14所示。

7）使用IE成功打开网站首页，完成仓储管理系统网站部署，如图2-3-15所示。

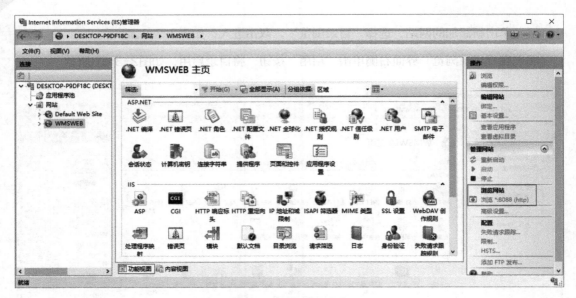

图2-3-14　浏览网站

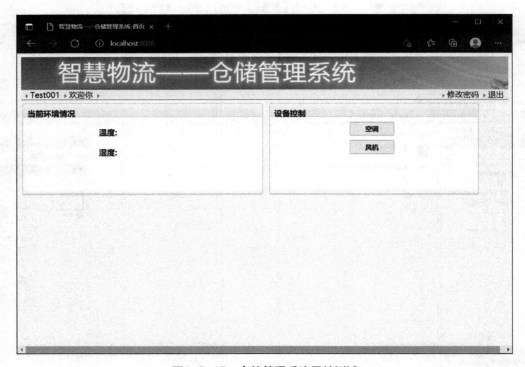

图2-3-15　仓储管理系统网站测试

　　本任务介绍了基于IIS体系架构的网站部署流程，通过讲解在Windows操作系统上安装配置IIS以及对网站部署过程中站点添加、端口号设置、目录浏览启用等操作步骤，使读者认识应用服务器的作用及使用要点，同时强化了整个系统部署的完整流程，为实际项目的实施打好坚实的基础。本任务相关知识技能小结思维导图如图2-3-16所示。

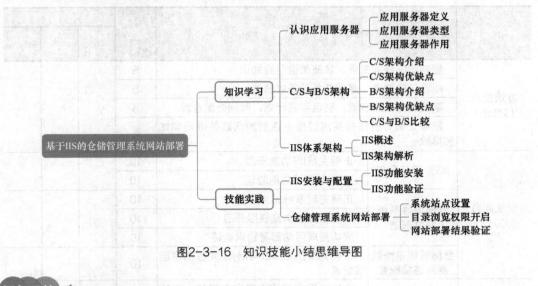

图2-3-16　知识技能小结思维导图

任务工单

项目2　智慧物流——仓储管理系统部署与运维	任务3　基于IIS的仓储管理系统网站部署
班级：	小组：
姓名：	学号：
分数：	

（一）关键知识引导

请补充基于IIS的仓储管理系统网站部署关键任务中的要点。

任　　务	要　　点
IIS安装与配置	基于Windows Server 2019操作系统的IIS安装与配置
仓储管理系统网站部署	系统网站部署时的网站配置
仓储管理系统网站部署	系统网站部署时的目录浏览功能启用
仓储管理系统数据库连接配置	数据库登录名及密码的合理配置

（二）任务实施完成情况

任　　务	任 务 内 容	完 成 情 况
1. IIS安装与配置	（1）IIS功能安装	
	（2）IIS功能验证	
2. 仓储管理系统网站部署	（1）系统站点设置	
	（2）目录浏览权限开启	
	（3）网站部署结果验证	

物联网系统部署与运维

（续）

（三）任务检查与评价

评价项目	评 价 内 容		配分	评 价 方 式		
				自我评价	互相评价	教师评价
方法能力（20分）	能够明确任务要求，掌握关键引导知识		5			
	能够正确清点、整理任务设备或资源		5			
	掌握任务实施步骤，制定实施计划，时间分配合理		5			
	能够正确分析任务实施过程中遇到的问题并进行调试和排除		5			
专业能力（60分）	IIS安装与配置	正确完成IIS功能安装	10			
		正确完成IIS功能验证	10			
	仓储管理系统网站部署	正确完成系统站点设置	10			
		成功将目录浏览权限开启	10			
		成功完成网站部署结果验证	10			
	仓储管理系统数据库连接配置	正确完成DBeaver与MySQL数据库连接配置	10			
素养能力（20分）	安全操作与工作规范	操作过程中严格遵守安全规范，正确使用电子设备，每处不规范操作扣1分	5			
		严格执行6S管理规范，积极主动完成工具设备整理	5			
	学习态度	认真参与教学活动，课堂互动积极	3			
		严格遵守学习纪律，按时出勤	3			
	合作与展示	小组之间交流顺畅，合作成功	2			
		语言表达能力强，能够正确陈述基本情况	2			
合　　计			100			

（四）任务自我总结

过程中的问题	解 决 方 式

Project 3

项目③

智慧社区——社区安防监测系统部署与运维

项目引入

    随着AI、大数据、5G、边缘计算等新兴技术的不断成熟和应用，"万物互联"的AIoT时代已经到来。智慧社区就是基于物联网、云计算、移动互联网、大数据与人工智能等新一代信息技术的集成应用，实现对社区现有的各类服务资源的整合，形成基于信息化、智能化的社区管理与服务模式，为社区群众提供智慧化生活环境。

    社区安防监测系统是智慧社区最重要的功能系统之一，通过整合社区视频监控系统、智能门禁系统、消防系统等多类系统的动态感知数据，实现社区内人员、房屋、车辆、安防设施等基础数据的实时采集和汇聚，从而实现社区安防的实时监测。MySQL由于其开源及轻量级特性，成为最流行的关系型数据库管理系统之一，本项目选择MySQL作为社区安防监控系统的数据库平台，通过讲解Ubuntu中MySQL数据库的安装及部署方法，提升运维人员Ubuntu平台及MySQL的管理能力，并掌握在Ubuntu操作系统上部署Nginx环境的方法，能对Nginx站点进行运维管理。智慧社区——社区安防监测系统架构如图3-0-1所示。

图3-0-1 智慧社区——社区安防监测系统架构

任务1　Ubuntu系统安装与配置

职业能力目标

- 能根据虚拟机操作说明书，成功安装Ubuntu系统。
- 能根据Synaptic操作说明，正确完成Ubuntu软件管理。
- 能根据网络配置需求，正确配置ifconfig、ping命令。

任务描述与要求

任务描述：小新所在公司承接了社区安防监测系统部署与运维项目，客户要求在Linux服务器上进行社区安防监测系统部署，并对社区安防监测管理系统进行简单运维管理。根据项目需求，Linux服务器系统为Ubuntu，按照团队分工小新需在服务器上安装Ubuntu系统，并进行基本的网络配置。

任务要求：

- 按照操作系统的安装操作规范，在VirtualBox上成功安装Ubuntu系统。
- 使用桌面图标操作的方式，对Ubuntu系统进行文件创建、复制等管理。
- 使用Synaptic对Ubuntu软件包管理。
- 使用ifconfig、ping命令对Ubuntu进行网络配置。

3.1.1 认识Linux操作系统

1. 初识Linux

操作系统（Operating System，OS）是管理计算机硬件与软件资源、提供公共服务用于组织用户交互的一种系统软件，同时也是计算机系统的内核。操作系统的主要功能包括管理与配置内存、管理与控制进程、控制输入与输出设备、管理网络与文件系统。常用的个人计算机操作系统多为Windows和iOS，而服务器、嵌入式等专业计算机领域则多为Linux操作系统。

Linux作为一套开源的操作系统，是一个符合POSIX标准和支持多用户、多任务、支持多线程和多CPU的类UNIX操作系统。Linux能运行主要的UNIX工具软件、应用程序和网络协议，且支持32位和64位硬件。Linux继承了UNIX以网络为核心的设计思想，是一个性能稳定的多用户网络操作系统。

2. UNIX

UNIX即UNIX操作系统，是一种多任务、多用户、支持多种处理器架构的分时操作系统。目前其商标权由国际开放标准组织所拥有，只有符合单一UNIX规范的UNIX系统才能使用UNIX这个名称，否则只能称为类UNIX。UNIX系统在计算机操作系统的发展史上占有重要的地位，自KenThompson、DennisRitchie与DouglasMclroy于1969年在贝尔实验室开发出UNIX，UNIX至今已变更了许多版本，大部分要求与硬件相配套，代表产品包括HP-UX、IBM AIX等。

在20世纪80年代，UNIX主要是用于小型计算机的操作系统，经过不断发展，UNIX成为可移植的操作系统，能够运行在各种计算机上，包括大型主机和巨型计算机，从而大大扩大了应用范围。个人计算机的迅速发展和功能不断增强推动了UNIX的PC版本的开发，为UNIX在商业和办公应用方面开辟了新的市场。

3. GNU与GPL

UNIX诞生之后，很多教育机构、大型企业都投入研究，并取得了不同程度的研究成果，软件产生了经济利益和版权问题。早期计算机程序的源代码是公开的，到20世纪70年代，源代码开始对用户封闭，给程序员造成了不便，也限制了软件的发展。为此，UNIX爱好者Richard MStallman提出开放源码（Open Source）的概念，提倡大家共享自己的程序，让更多人参与程序的检验，并在不同的平台进行测试，有助于编写出更好的程序。Richard MStallman在1984年创立了GNU与自由软件基金会（Free Software Foundation，FSF），目标是创建一套完全自由的操作系统。

GNU是"GNU's Not UNIX"的递归缩写，其含义是开发出一套与UNIX相似而不是UNIX的系统。作为一个自由软件工程项目，所谓的"自由（free）"，并不是指价格免费，而是指所有的用户可以自由使用软件，即用户在取得软件之后，可以进行修改，进而在不同的计算机平台上发布和复制。至1990年，GNU计划已经开发出不少功能强大的软件，如GCC、GDB等工具，后来都应用到了Linux系统。此外，GNU计划也开发了大批的其他自由软件，这些软件也被移植到其他操作系统平台上，例如Microsoft Windows、BSD家族、Solaris及MacOS，为Linux的诞生提供了环境。

所有GNU软件都需要遵循GNU协议条款，GNU条款的目的是保证GNU软件可以自由地使用、复制、修改和发布，在禁止其他人添加任何限制的情况下授权给任何人。针对不同场合，GNU包含以下3个协议条款：

1）GNU通用公共许可证（GNU General Public License，GPL）；

2）GNU较宽松公共许可证（GNU Lesser General Public License，LGPL）；

3）GNU自由文档许可证（GNU Free Documentation License，GFDL）。

其中GPL条款使用最为广泛。GNU与GPL的精神就是开放、自由，为优秀的程序员提供展现自己才能的平台，也使他们能够编写出自由的、高质量的、容易理解的软件。任何软件加上GPL授权之后，即成为自由的软件，任何人均可获得授权，同时亦可获得其源代码。获得GPL授权软件后，任何人均可根据需要修改其源代码。除此之外，经过修改的源代码应上传至网络平台公开发布，供大家参考。

4. Linux的发展

GNU GPL的出现为Linux诞生奠定了基础。1991年，芬兰赫尔辛基大学二年级的学生Linus Torvalds利用Unix的核心，去除繁杂的核心程序，改写成适用于一般计算机的x86系统，上传到网络上供人们下载，并发布了遵循GPL的Linux系统代码，正式向外宣布Linux诞生。Linux在网络上得到了大众的支持，世界各地的程序员纷纷投入这个项目，Linux的功能不断得到加强和完善。1994年，Linux推出完整的核心Version 1.0。至此，Linux逐渐成为功能完善、稳定的操作系统，并在世界各地得到广泛使用。之后，Linux就像开了外挂，在全世界程序员的努力下，一步一步发展。到今天，在几乎所有平台上，都能看到Linux内核的影子，也成就了现在Linux系统。

从严格意义上说，Linux只是一个内核，也就是一个提供硬件抽象层、磁盘及文件系统控制、多任务等功能的系统软件。而Linux系统实际上是由GNU加Linux内核组成，即现在各种Linux发行版，常见的有REHL、Fedora、Debian、CentOS、Ubuntu等。这些发行版同样使用Linux内核，区别在于不同的Linux发行版由不同的公司或者组织发布，其系统定位、侧重点各有不同，例如REHL、CentOS侧重于服务器，而Fedora以及Ubuntu则更加注重个人桌面使用。Linux在桌面应用、服务器平台、嵌入式应用等领域得到了良好发展，并形成了各自的产业环境，包括芯片制造商、硬件厂商、软件提供商等。

Linux具有完善的网络功能和较高的安全性，继承了UNIX系统卓越的稳定性表现，在全球各地的服务器平台上市场份额不断增加。在高性能集群计算（HPCC）中，Linux是无可争议的霸主，在全球排名前500名的高性能计算机系统中，Linux占了90%以上的份额。

目前最热门的云计算技术的背后是虚拟化和网格技术，而虚拟化和网格技术基本是Linux的天下，目前虚拟化市场占有率最大的VMware和Xen都是基于Linux的。在桌面领域，Windows仍然是霸主，但是随着Ubuntu等注重桌面体验的发行版的不断更新优化，Linux在桌面领域的市场份额正在逐步提升。随着Google推出基于Linux的Android系统，现在Android已经成为手机操作系统的霸主，占据智能手机移动操作系统的大部分市场。

5. Linux的特性

Linux操作系统继承UNIX系统的优点，具有以下特性：

1）可以自由、免费使用：Linux源代码开放，可方便地获得授权并免费使用。

2）开放性：开放性是指系统遵循国际标准规范，特别是遵循开放系统互联（OSI）国际标准，凡遵循国际标准所开发的硬件和软件，都能彼此兼容，可方便地实现互联。

3）性能好，功能完善：具有超强的稳定性和可靠性，适合需要连续运行的服务器系统。

4）可以进行内核定制：Linux可以根据自己的需要对系统内核进行定制，从而构建一个新的符合服务器角色的内核，减少不必要的功能带来的资源消耗。

5）良好的可移植性：能从微型计算机转到大型计算机及其他任何平台上运行。

6）安全性：Linux的读写权限控制、子系统受保护、审计跟踪、核心授权机制保障了可靠的系统安全。

3.1.2 Linux操作系统文件系统结构

1. Linux操作系统的组成

Linux系统主要由四个部分构成：内核、shell、文件系统及应用程序。其中，内核、shell和文件系统一起构成了基本的操作系统结构，为应用程序的运行提供环境，方便用户管理文件并使用系统。

内核是操作系统的核心，决定着系统的性能和稳定性。Linux内核的模块分为如下部分：存储管理、CPU和进程管理、文件系统、设备管理和驱动、网络通信、系统的初始化和系统调用等。

Linux采用分层设计，将Linux操作系统整体分为三个层次，各层构成及作用如图3-1-1所示。

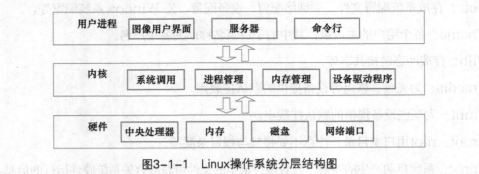

图3-1-1　Linux操作系统分层结构图

硬件：包括CPU、内存、硬盘、网卡等。

内核：操作系统的核心，负责管理硬件系统，同时为上层的应用程序提供操作接口。

用户进程：表示计算机中运行的所有程序，运行于用户空间，由内核统一管理。

shell是系统的用户界面，提供了用户与内核进行交互操作的一种接口。它接收用户输入的命令并将其送入内核执行，是一个命令解释器。另外，shell编程语言具有其他编程语言的诸多特点，用shell编程语言编写的程序与其他应用程序具有相似的效果。

文件系统是文件存放在磁盘等存储设备上的组织方法。Linux系统支持多种目前流行的文件系统，如EXT2、EXT3、FAT、FAT32、VFAT和ISO 9660等。

标准的Linux系统一般都有一套应用程序的程序集，包括文本编辑器VI、GUN工具集、办公套件、Internet工具和数据库等。

2. Linux文件系统

Linux内的所有数据都是以文件的形态呈现，包括命令、硬件和软件设备、操作系统、进程等。文件系统不仅包含着文件中的数据，还有文件系统的结构，所有Linux用户和程序看到的文件、目录、软连接及文件保护信息等都存储在其中。

为了避免开发中随意配置目录，于是就有Filesystem Hierarchy Standard（FHS）标准出炉。独立的软件开发商、操作系统制作者以及进行系统维护的用户都应遵循FHS的标准。

FHS标准规定在根目录（用"/"表示）下面各个主要目录应该放什么样的文件。FHS定义了两层规范：第一层是根目录下面的各个目录应该放什么文件，例如/etc应该放置配置文件、/bin与/sbin则应该放置可执行文件等；第二层则针对/usr及/var这两个目录的子目录来定义，例如/var/log放置系统登录文件、/usr/share放置共享数据等。FHS仅定义出最上层根目录及子层/usr、/var的目录内容应放置的文件，在其他子目录层级内可以自行配置。

Linux使用规范的目录结构（见图3-1-2），系统安装时已创建了完整而固定的目录结构，并指定了各个目录的作用和存放的文件类型。常见的系统目录简介如下：

/bin：存放用于系统管理维护的常用实用命令文件。

/boot：存放用于系统启动的内核文件和引导装载程序文件。

/dev：存放设备文件。

/etc：存放系统配置文件，如网络配置、设备配置、X Window系统配置等。

/home：各个用户的主目录，其中的子目录名称即为各用户名。

/lib：存放动态链接共享库。

/media：为光盘、软盘等设备提供的默认挂载点。

/mnt：为某些设备提供的默认挂载点。

/root：root用户主目录，注意不要将其与根目录混淆。

/proc：系统自动产生的映射，查看该目录中的文件可获取有关系统硬件运行的信息。

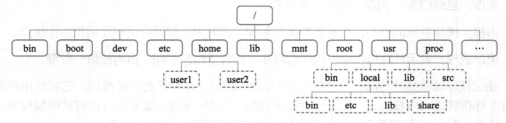

图3-1-2　Linux目录结构

Linux内核通过虚拟文件系统（Virtual File System，VFS）来管理文件系统。VFS作为物理文件系统与服务之间的一个接口层，为用户程序提供文件与文件系统操作的统一接口，屏蔽不同文件系统间的差异和操作细节，同时也为内核提供一个抽象功能，以实现不同的文件系统的友好共存。

VFS使用超级块、inode、文件操作函数入口等公共界面来统一管理各特殊文件系统，实际文件系统的细节统一由VFS的公共界面来索引，它们对系统核心和用户进程来说是透明的。Linux中的虚拟文件系统VFS结构如图3-1-3所示。

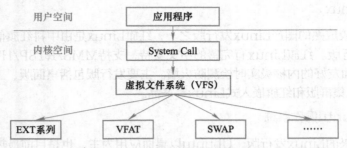

图3-1-3　Linux中的虚拟文件系统VFS

3. Linux操作系统版本

Linux的版本分为两种：内核版本和发行版本。从技术角度看，Linux是一个内核。内核指的是一个提供硬件抽象层、磁盘及文件系统控制、多任务等功能的系统软件。一个内核不是一套完整的操作系统。对于操作系统来说，仅有内核是不够的，还需配备基本的应用软件。一些组织机构和公司将Linux内核、源代码以及相关应用软件集成为一个完整的操作系统，便于用户安装和使用，从而形成Linux发行版本。

Linux的发行版本通常包含了一些常用的工具性的实用程序，供普通用户日常操作和管理员维护操作使用。此外，Linux系统还有成百上千的第三方应用程序可供选用，如数据库管理系统、文字处理系统、Web服务器程序等。发行版本由发行商确定，国外知名的Linux发行商有Red Hat、Slackware、Debian、SUSE、Ubuntu，国内知名的发行商有红旗Linux。

（1）Red Hat

Red Hat Linux是商业上运作成功的一个Linux发行套件，普及程度很高，由Red Hat公司发行。目前Red Hat分为两个系列：一个是Red Hat Enterprise Linux（RHEL），提供收费技术支持和更新，适合服务器用户；另一个是Fedora，它的定位是桌面用户，是Red Hat公司新技术的实验场，许多新的技术都会在FedoraCore中检验，如果检验结果稳定则有可能加入RHEL中。Fedora预计每年发行2或3次的发行版本。值得一提的是CentOS（Community Enterprise Operating System）是RHEL源代码再编译的免费版，它继承了Red Hat Linux的稳定性，而且提供免费更新。

（2）SUSE

SUSE是欧洲流行的Linux版本，也是目前历史最久的商业发行版之一，1994年由德国的SUSE Linux AG公司发行了第一版。早期只有商业版本，2004年被Novell公司收购后，成立了OpenSUSE社区，推出了自己的社区版本OpenSUSE，个人用户可以免费下载。

SUSE Linux可以非常方便地实现与Windows的交互，硬件检测非常优秀，拥有界面友好的安装过程、图形管理工具，方便终端用户和管理员使用。

（3）Debian

Debian是迄今为止完全遵循GNU规范的Linux系统，是应用程序最丰富的Linux发行版，本书中即将学习的Ubuntu则是基于Debian Linux发展而来。对于非预装软件，Debian提供了超过60 000个打包的应用程序（已进行预编译并以良好的格式打包好），同时，安装方式也非常简单、便捷。

（4）红旗Linux

作为较大、较成熟的国产Linux发行版之一，红旗Linux是由中科红旗信息科技产业集团开发的Linux发行版。红旗Linux有完善的中文支持，支持MMS/RTSP/HTTP/FTP的多线程下载工具，界面友好的内核级实时检测防火墙。主要发行版包括桌面版、工作站版、数据中心服务器版、HA集群版和红旗嵌入式Linux等产品。

3.1.3 认识Ubuntu操作系统

作为一个新兴的Linux发行版，Ubuntu以桌面应用为主，也是目前最热门的Linux发行版之一。"Ubuntu"一词源于非洲祖鲁人和科萨人的语言，发作oo-boon-too的音，国际音标为[u:'bu:ntu:]，中文音译为"乌班图"，其父版本为Debian。

认识Ubuntu

1. Ubuntu的诞生与发展

Ubuntu由Mark Shuttleworth创立，以Debian GNU/Linux不稳定分支为开发基础，首个版本于2004年10月20日发布。2005年7月8日，Mark Shuttleworth与Canonical有限公司宣布成立Ubuntu基金会，保障了Ubuntu的持续开发与资金支持。Ubuntu的出现得益于GPL，继承了Debian的所有优点。Ubuntu对GNU/Linux的普及尤其是桌面普及做出了巨大贡献，使更多用户能共享开源成果。Ubuntu旨在保证稳定的前提下，为广大用户提供一个主要由自由软件构建而成的操作系统。Ubuntu具有庞大的社区力量，方便用户从社区获得帮助。

2. Ubuntu的衍生版

Ubuntu的支持者众多，且Ubuntu遵循自由软件的精神，因而出现了比较多的衍生版本。目前支持的衍生版本如下，这些版本统一使用和Ubuntu一样的软件包。

Kubuntu：使用和Ubuntu一样的软件库，但不采用GNOME，而是采用KDE作为默认的桌面环境，以满足偏爱KDE的Ubuntu用户。

Edubuntu：为教学量身定做的发行版，包含多种教学软件，可以便于教师搭建网络学习环境，管理电子教室。

Xubuntu：属于轻量级的发行版，使用Xfce4作为默认桌面环境，与Ubuntu采用一样的软件库。

Ubuntu Server Edition：现与桌面版同步发行，可用于多厂商服务器。与桌面版本相比，服务器版的光盘映像较小，运行时对硬件要求较低，仅需要500MB硬盘空间和64MB内存。服务器版通常不提供任何桌面环境。

Ubuntu Studio：适合于音频、视频和图像设计的版本，使用Xfce4作为默认的桌面环境。

Ubuntu Kylin（优麒麟）：默认语言设置为中文，为中国用户专门定制。

除了桌面版和服务器版之外，Canonical公司还针对其他平台发布Ubuntu版本，如Ubuntu for Android适用于Android手机，Ubuntu Touch适用于Ubuntu和Android的手机/平板，Ubuntu TV适用于智能电视。

3.1.4 Ubuntu操作系统的特点

目前全世界约有5%的桌面操作系统市场由Linux家族占据，其中约有一半为Ubuntu。Ubuntu之所以如此受欢迎，主要是因为开源且使用方便的特性。Ubuntu与其他基于Debian的Linux发行版（如MEPIS、Xandros等）相比，更接近Debian的开发理念，主要使用自由、开源的软件，而其他发行版往往带有很多非开源的软件。Ubuntu操作系统的主要特点如下：

1）操作简单，方便使用，安装人性化。Ubuntu具有优秀的软件管理软件Synaptic，方便更新、安装、删除软件。

2）系统安全性高。Ubuntu默认以普通用户权限登录，执行所有与系统相关的任务均需要使用sudo指令，以防止用户的错误操作。

3）从Ubuntu 11.04开始，GNOME桌面环境被替换为Ubuntu开发的Unity环境，并且使用Libreoffice作为默认办公套件，支持SCIM输入法平台，支持多种文字输入，且有多种输入法选择。

3.1.5 Ubuntu操作系统版本

Ubuntu每两年的4月份，都会发行一个长期支持版本（LTS），其支持期长达五年，而非LTS版本通常仅支持半年。对于Desktop（桌面版）版本和Server（服务器）版本，Ubuntu会提供至少18个月的技术支持。

Ubuntu中每个版本都有一个独具特色的名字，这个名字由一个形容词和一个动物名称组成，且形容词和名词的首字母都是一致的。Ubuntu版本的命名规则是根据正式版发布的年月命名，Ubuntu发布版本的官方名称是Ubuntu X.YY，其中X表示年份（减去2000），YY表示发布的月份。例如第一个版本，Ubuntu 4.10表示其在2004年10月发行，研发人员与用户可从版本号码就知道正式发布的时间。Ubuntu历史版本与代号见表3-1-1。

表3-1-1 Ubuntu历史版本与代号

版　　本	别名（codename）	发 布 时 间
4.10	Warty Warthog（长疣的疣猪）	2004年10月20日
5.04	Hoary Hedgehog（灰白的刺猬）	2005年4月8日
5.10	Breezy Badger（活泼的獾）	2005年10月13日
6.06	Dapper Drake（整洁的公鸭）	2006年6月1日（LTS）
6.10	Edgy Eft（急躁的水蜥）	2006年10月6日
7.04	Feisty Fawn（坏脾气的小鹿）	2007年4月19日
7.10	Gutsy Gibbon（勇敢的长臂猿）	2007年10月18日

（续）

版　　本	别名（codename）	发　布　时　间
8.04	Hardy Heron（耐寒的苍鹭）	2008年4月24日（LTS）
8.10	Intrepid Ibex（勇敢的野山羊）	2008年10月30日
9.04	Jaunty Jackalope（得意洋洋的怀俄明野兔）	2009年4月23日
9.10	Karmic Koala（幸运的考拉）	2009年10月29日
10.04	Lucid Lynx（清醒的猞猁）	2010年4月29日
10.10	Oneiric Ocelot（梦幻的豹猫）	2010年10月13日
11.04	Natty Narwhal（敏捷的独角鲸）	2011年4月28日
12.04	Precise Pangolin（精准的穿山甲）	2012年的4月26日（LTS）
12.10	Quantal Quetzal（量子的绿咬鹃）	2012年的10月20日
13.04	Raring Ringtail（铆足了劲的猫熊）	2013年4月25日
13.10	Saucy Salamander（活泼的蝾螈）	2013年10月17日
14.04	Trusty Tahr（可靠的塔尔羊）	2014年4月18日（LTS）
14.10	Utopic Unicorn（乌托邦独角兽）	2014年10月23日
15.04	Vivid Vervet（活泼的小猴）	2015年4月
15.10	Wily Werewolf（狡猾的狼人）	2015年10月
16.04	Xenial Xerus（好客的非洲地松鼠）	2016年4月（LTS）
16.10	Yakkety Yak（牦牛）	2016年10月
17.04	Zesty Zapus（开心的跳鼠）	2017年4月
17.10	Artful Aardvark（机灵的土豚）	2017年10月
18.04	Bionic Beaver（仿生海狸）	2018年4月（LTS）

3.1.6　获取Ubuntu操作系统

作为全球最流行且最有影响力的Linux开源系统之一，Ubuntu自发布以来在应用体验方面有较大幅度的提升。

1. 获取Ubuntu安装包

登录Ubuntu官方地址https://www.ubuntu.com/download或者其中国官网 https://cn.ubuntu.com/，下载需要的系统镜像文件，即Ubuntu安装包。本书选择 Ubuntu桌面版Ubuntu 18.04-desktop。

2. 准备硬件配置

硬件配置的最低要求：

- 2GHz或更快的处理器。

- 4GB内存。

- 25GB可用硬盘空间。

- 确保计算机能够连接访问Internet（最好通过路由器访问）。

3. 选择Ubuntu安装方式

在PC上安装Ubuntu通常有两种方式：直接安装、在虚拟机软件上安装。

（1）直接安装

在PC上直接安装Ubuntu，需先利用Rufus等工具，将ISO镜像文件复制到U盘内，制作成U盘启动盘。然后将制作好的U盘插入待安装计算机，通过BIOS设置计算机从U盘启动，即可开始安装Ubuntu操作系统。Ubuntu操作系统具体的安装过程与在虚拟机上安装是一致的，后文将详细说明。

（2）在虚拟机软件上安装

为便于学习和实验，在Windows平台下利用虚拟机安装Ubuntu是一个不错的选择，推荐使用VirtualBox虚拟机软件。安装步骤如下：

1）新建虚拟机。在VirtualBox软件新建一个Ubuntu虚拟机，模仿计算机硬件环境，配置好内存和硬盘。此外，还要为Ubuntu系统提供Internet连接，最简单的方法是将网络模式设置为NAT。

2）设置虚拟机。将安装映像文件加载到虚拟的光驱。

3）启动虚拟机并安装Ubuntu操作系统。

3.1.7 Ubuntu网络管理

Linux支持各种协议类型的网络，TCP/IP、NetBIOS/NetBEUI、IPX/SPX、AppleTake等。可通过命令修改当前内核中的网络相关参数实现网络参数配置。

1. ping命令

功能：测试主机连通性（Packet Internet Groper，互联网包探索器）。

参数选项见表3-1-2。

表3-1-2 ping命令

语 法 格 式	常 用 参 数	说　　明
ping [选项] 对方 IP地址或域名	–c <次数>	设置尝试次数，如果不设置则一直ping下去，按 <Ctrl+C> 键中断
	–I <网卡名>	用指定网卡测试

2. ifconfig命令

功能：网络配置（Network Interfaces Configuring）。

参数选项见表3-1-3。

表3-1-3 ifconfig命令

语 法 格 式	常 用 参 数	说　　明
ifconfig 网卡名 [参数]	up	开启网卡
	down	关闭网卡
	netmask	设置子网掩码
	broadcast	为指定网卡设置广播协议
	–a	显示全部接口信息
	–s	显示摘要信息

根据项目任务分配，小新负责搭建Linux系统环境，根据项目需求在服务器上安装Ubuntu系统，并进行基本软件安装及网络配置，为后续任务的开展搭建环境基础。任务实施前必须先准备好以下设备和资源。

序　号	设备/资源名称	数　量	是否准备到位（√）
1	虚拟机软件	1	□是　　□否
2	Ubuntu系统镜像	1	□是　　□否

1. Ubuntu安装与配置

（1）准备工作

1）下载并安装VirtualBox，VirtualBox下载地址https://www.virtualbox.org/。

2）下载Ubuntu镜像文件，进入官网https://www.ubuntu.com/或者直接进入下载页面https://www.ubuntu.com/download/desktop，并选择相应的版本进行下载。

（2）创建新的虚拟机，取名为Ubuntu 18.04

1）打开VirtualBox，单击Oracle VM VirtualBox管理器界面左上角的"新建"按钮，进入"新建虚拟电脑"界面，设置虚拟机名称、类型及版本，如图3-1-4所示。

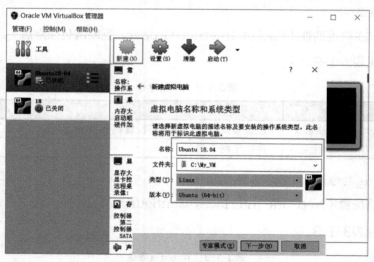

图3-1-4　新建虚拟电脑界面

2）设置虚拟机的内存大小，可选择默认大小，也可自主设置，如图3-1-5所示。

3）进入虚拟硬盘设置界面，选择"现在创建虚拟硬盘"，单击"创建"按钮，弹出创建虚拟硬盘界面，所有选项保持默认即可，最后单击"创建"按钮完成虚拟机创建，如图3-1-6所示。

4）完成虚拟机创建后，Oracle VM VirtualBox管理器界面会出现一个Ubuntu 18.04的虚拟机。

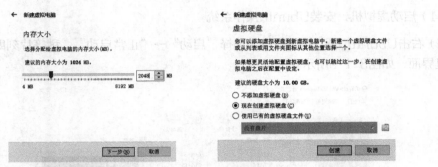

图3-1-5 设置内存大小　　　　图3-1-6 创建虚拟硬盘

（3）设置虚拟机，加载Ubuntu镜像

1）右击"Ubuntu 18.04"的虚拟机，单击"设置"，在弹出的设置界面，依次单击"存储"→"没有盘片"→右上角的光盘符号→"选择或创建一个虚拟光盘文件"，如图3-1-7所示。

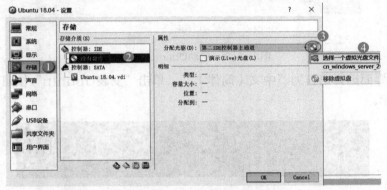

图3-1-7 选择或创建一个虚拟光盘

2）单击"选择一个虚拟光盘文件"，选择ubuntu-18.04.3-desktop-amd64.iso镜像，单击打开，返回设置界面后单击"OK"按钮，完成设置，如图3-1-8所示。

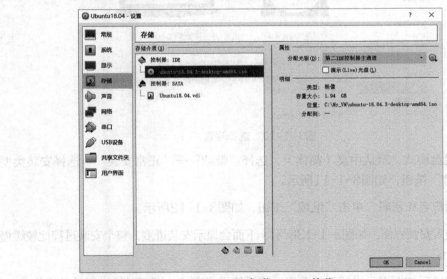

图3-1-8 加载Ubuntu镜像

（4）启动虚拟机，安装Ubuntu操作系统

1）右击Ubuntu 18.04虚拟机，选择"启动"→"正常启动"，稍等片刻即可弹出虚拟机开机界面，如图3-1-9所示。

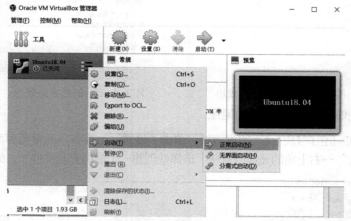

图3-1-9　启动Ubuntu虚拟机

2）左边界面选择语言为"中文（简体）"，单击"安装Ubuntu"按钮开始安装，如图3-1-10所示。

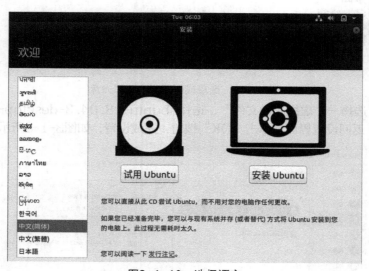

图3-1-10　选择语言

3）选择键盘模式，默认中文（简体），选择"继续"→"正常安装"，选择安装类型，单击"现在安装"按钮，如图3-1-11所示。

4）设置用户名和密码，单击"继续"按钮，如图3-1-12所示。

5）接着进入安装界面，如图3-1-13所示，下面会显示安装进度，整个安装过程比较缓慢，大概需要20min。

6）安装完成后依据提示进行系统重启，待系统重启完成，即可对其进行其他操作。

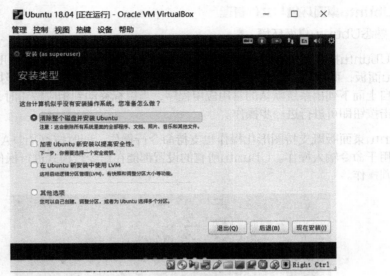

图3-1-11　选择安装类型

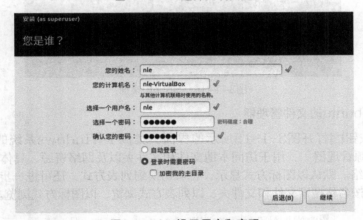

图3-1-12　设置用户和密码

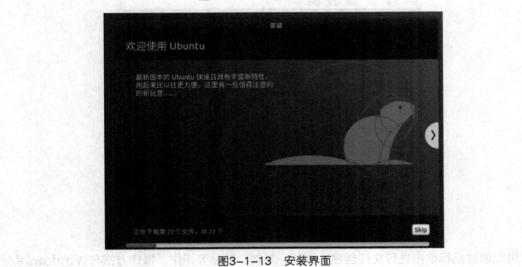

图3-1-13　安装界面

2. Ubuntu桌面环境与文件管理

（1）熟悉Ubuntu桌面环境

启动Ubuntu操作系统，进入Ubuntu桌面环境，如图3-1-14所示。Ubuntu桌面的顶端为Ubuntu面板，面板右侧是快捷操作栏，包括一组按钮。桌面左侧一列竖排按钮是应用程序启动器，自上而下列出系统默认的常用应用程序，当鼠标移动到相应按钮时，自动提示对应的功能，单击按钮即可进行进一步操作。

Ubuntu桌面版既支持图形化操作也支持命令行操作，同时按<Ctrl+Alt+T>组合键即可打开终端用于命令输入操作。Ubuntu所有的设置都能在命令行模式进行操作，图形界面则只能进行基础操作。

图3-1-14　Ubuntu桌面

（2）熟悉Ubuntu的文件管理器

单击文件按钮■打开图3-1-15所示的界面，类似于Windows系统的"计算机"或"Windows资源管理器"，用于访问本地文件和文件夹以及网络资源，具体包括3个大类：位置、设备和网络。默认以图标方式显示，也可切换到列表方式，还可进一步搜索，右上角3个图标分别表示按名称搜索文件和文件夹、以列表方式浏览、以图标方式浏览。

图3-1-15　Ubuntu文件管理器

可以通过鼠标单击进行文件创建、打开、复制、粘贴等操作，操作方法与Windows系统类似，但是这种通过图形化单击的文件管理方式权限有限，在本书项目4中读者将学习到用命令行的方式来进行更多权限的文件管理。

3. Ubuntu软件包管理

Ubuntu自带的软件的中心可以管理应用，除此之外还可以安装软件管理工具进行软件包管理，比如Synaptic（新立得软件包管理软件）。

（1）进入软件中心

单击按钮打开Ubuntu软件中心界面，用户可根据需要进行搜索、查询、安装和卸载，如图3-1-16所示。

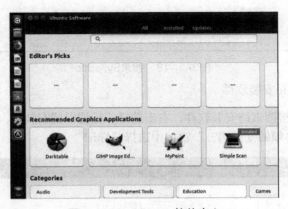

图3-1-16　Ubuntu软件中心

（2）安装Synaptic

可以通过软件中心搜索安装Synaptic，也可利用命令行进行安装。Ubuntu在线软件管理命令为apt，apt命令作为一个功能强大的命令行工具，不仅具备更新软件包列表索引、执行安装新软件包、升级现有软件包的功能，还能够升级整个Ubuntu系统。安装的命令如下：

```
sudo apt install synaptic
```

apt install表示安装软件，后面紧跟待安装的软件名，sudo表示以管理员身份运行此命令。Synaptic安装界面如图3-1-17所示。安装完成后可在dash菜单中搜索Synaptic并打开，如图3-1-18所示。

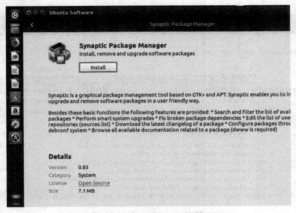

图3-1-17　Synaptic安装界面

图3-1-18　搜索Synaptic

（3）使用Synaptic安装软件

在Synaptic中直接搜索待安装软件，右击选择"标记以便安装"，如图3-1-19所示。在弹出的"标记附加的必须的变更吗？"窗口中选择"标记"。

图3-1-19　标记以便安装

标记完成需要安装的软件后，单击上面的"应用"按钮进行安装变更，如图3-1-20所示。

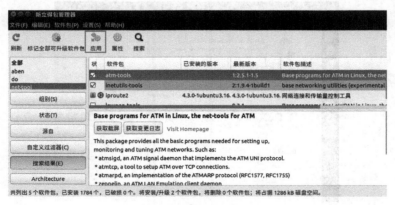

图3-1-20　应用标记

（4）使用Synaptic卸载软件

如果想要卸载软件可以在搜索框中搜索想要删除的软件，选中并执行"标记以便彻底删除"，单击"应用"按钮进行卸载变更处理，即可进行软件卸载，如图3-1-21所示。

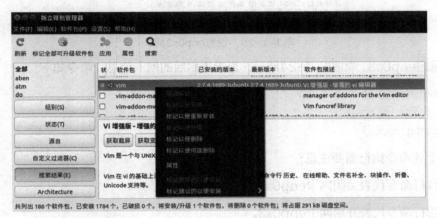

图3-1-21　卸载软件

4. Ubuntu网络管理

使用ifconfig命令及ping命令进行网络管理。

（1）用ifconfig命令管理网络接口

1）查看enp0s3网卡的信息，如图3-1-22所示，命令如下：

ifconfig enp0s3

```
nle@nle-VirtualBox:~$ ifconfig enp0s3
enp0s3    Link encap:以太网  硬件地址 08:00:27:61:14:a6
          inet 地址:10.0.2.15  广播:10.0.2.255  掩码:255.255.255.0
          inet6 地址: fe80::f975:a81:fd61:39a6/64 Scope:Link
          UP BROADCAST RUNNING MULTICAST  MTU:1500  跃点数:1
          接收数据包:32050 错误:0 丢弃:0 过载:0 帧数:0
          发送数据包:12013 错误:0 丢弃:0 过载:0 载波:0
          碰撞:0 发送队列长度:1000
          接收字节:29864202 (29.8 MB)  发送字节:748111 (748.1 KB)
```

图3-1-22　查看enp0s3网卡信息

2）将enp0s3的IP地址设置为192.168.1.2，如图3-1-23所示，查看修改后的网卡信息，命令如下：

1. sudo ifconfig enp0s3 192.168.1.2 netmask 255.255.255.0
2. ifconfig enp0s3

对于上述命令执行需要注意：

① 第1行命令使用ifconfig设置网卡enp0s3的IP地址为192.168.1.2，子网掩码为255.255.255.0，需要注意的是用该种方式设置的IP地址仅当前环境有效，如需设置为永久生效，则需更改系统配置文档。

② ifconfig命令进行网卡设置时需要管理员权限，因此需要在命令前加sudo，以管理员身份运行此命令。

```
nle@nle-VirtualBox:~$ sudo ifconfig  enp0s3  192.168.1.2 netmask 255.255.255.0
[sudo] nle 的密码：
nle@nle-VirtualBox:~$ ifconfig enp0s3
enp0s3    Link encap:以太网  硬件地址 08:00:27:61:14:a6
          inet 地址:192.168.1.2  广播:192.168.1.255  掩码:255.255.255.0
          inet6 地址: fe80::f975:a81:fd61:39a6/64 Scope:Link
          UP BROADCAST RUNNING MULTICAST  MTU:1500  跃点数:1
          接收数据包:32050 错误:0 丢弃:0 过载:0 帧数:0
          发送数据包:12054 错误:0 丢弃:0 过载:0 载波:0
          碰撞:0 发送队列长度:1000
          接收字节:29864202 (29.8 MB)  发送字节:751936 (751.9 KB)
```

图3-1-23　设置enp0s3网卡

3）重启enp0s3，如图3-1-24所示，查看重启后的网卡信息，命令如下：

1. sudo ifconfig enp0s3 down
2. sudo ifconfig enp0s3 up
3. ifconfig enp0s3

对于上述命令执行需要注意：

① 第1行命令代表关闭网卡enp0s3。

② 第2行命令代表开启网卡enp0s3。

③ 使用ifconfig命令设置网卡的IP地址及子网掩码为255.255.255.0，仅当前环境有效，系统DHCP服务开启的情况下（默认为开启状态），重启后会重新分配IP地址。

```
nle@nle-VirtualBox:~$ sudo ifconfig enp0s3  down
nle@nle-VirtualBox:~$ sudo ifconfig enp0s3  up
nle@nle-VirtualBox:~$ ifconfig enp0s3
enp0s3    Link encap:以太网  硬件地址 08:00:27:61:14:a6
          inet 地址:10.0.2.15  广播:10.0.2.255  掩码:255.255.255.0
          inet6 地址: fe80::f975:a81:fd61:39a6/64 Scope:Link
          UP BROADCAST RUNNING MULTICAST  MTU:1500  跃点数:1
          接收数据包:32061 错误:0 丢弃:0 过载:0 帧数:0
          发送数据包:12103 错误:0 丢弃:0 过载:0 载波:0
          碰撞:0 发送队列长度:1000
          接收字节:29865975 (29.8 MB)  发送字节:758010 (758.0 KB)
```

图3-1-24　重启enp0s3网卡

（2）用ping命令测试网络连通性

用ping命令测试Ubuntu与www.baidu.com的网络连通性，并尝试4次，命令如下：

ping –c 4 www.baidu.com

如图3-1-25所示，成功收到4次应答，说明网络是连通的。

```
nle@nle-VirtualBox:~$ ping  -c  4  www.baidu.com
PING www.wshifen.com (103.235.46.39) 56(84) bytes of data.
64 bytes from 103.235.46.39: icmp_seq=1 ttl=43 time=106 ms
64 bytes from 103.235.46.39: icmp_seq=2 ttl=43 time=130 ms
64 bytes from 103.235.46.39: icmp_seq=3 ttl=43 time=44.5 ms
64 bytes from 103.235.46.39: icmp_seq=4 ttl=43 time=170 ms

--- www.wshifen.com ping statistics ---
4 packets transmitted, 4 received, 0% packet loss, time 3004ms
rtt min/avg/max/mdev = 44.500/112.907/170.066/45.576 ms
```

图3-1-25　测试网络连通性

 任务小结

本任务针对智慧交通——社区安防监测管理系统的服务器Ubuntu操作系统进行讲解并安装配置。通过介绍Linux系统的发展、特点及文件系统结构，建立对Linux的初步认识。对目前最流行的Linux桌面系统——Ubuntu系统的安装方法进行了介绍，搭建了相应的环境，实现对Ubuntu系统的基本桌面管理、文件管理、软件管理等网络管理进行基本配置，以便于后续任务的开展。本任务相关知识技能小结思维导图如图3-1-26所示。

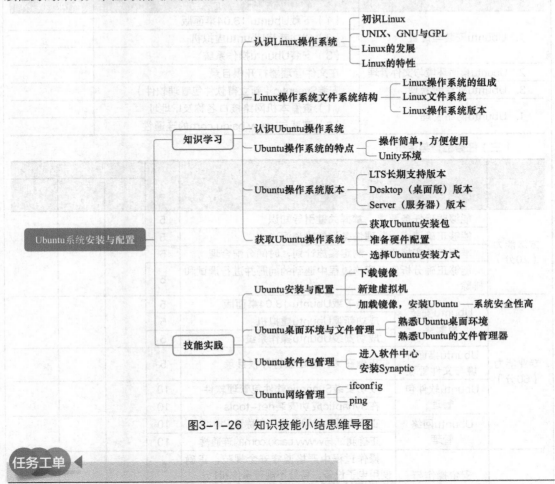

图3-1-26 知识技能小结思维导图

任务工单

项目3 智慧社区——社区安防监测系统部署与运维	任务1 Ubuntu系统安装与配置
班级：	小组：
姓名：	学号：
分数：	

（一）关键知识引导

请列出Linux的目录存放的内容。

目 录	内 容
/etc	存放系统配置文件
/home	各个用户的主目录，其中的子目录名称即为各用户名
/dev	存放设备文件
/bin	存放用于系统管理维护的常用实用命令文件
/lib	存放动态链接共享库
/mnt	为某些设备提供的默认挂载点

（续）

（二）任务实施完成情况

任　务	任　务　内　容	完成情况
1．Ubuntu安装与配置	（1）下载Ubuntu 18.04桌面版	
	（2）成功新建Ubuntu虚拟机	
	（3）安装Ubuntu操作系统	
2．Ubuntu桌面环境与文件管理	在文件管理器打开根目录	
3．Ubuntu软件包管理	安装Synaptic（新立得软件包管理软件）	
4．Ubuntu网络管理	（1）查看本机网络接口名称及IP地址	
	（2）测试与www.baidu.com的连通性	

（三）任务检查与评价

评价项目	评价内容		配分	评价方式		
				自我评价	互相评价	教师评价
方法能力 （20分）	能够明确任务要求，掌握关键引导知识		5			
	能够正确清点、整理任务设备或资源		5			
	掌握任务实施步骤，制定实施计划，时间分配合理		5			
	能够正确分析任务实施过程中遇到的问题并进行调试和排除		5			
专业能力 （60分）	Ubuntu安装与配置	正确下载Ubuntu 18.04桌面版	5			
		成功新建Ubuntu虚拟机	5			
		成功安装Ubuntu操作系统	5			
	Ubuntu桌面环境与文件管理	正确在文件管理器打开根目录	5			
	Ubuntu软件包管理	成功安装Synaptic软件包管理软件	10			
		在Synaptic成功安装net-tools	10			
	Ubuntu网络管理	正确查看本机网络接口名称及IP地址	10			
		正确测试与www.baidu.com的连通性	10			
素养能力 （20分）	安全操作与工作规范	操作过程中严格遵守安全规范，正确使用电子设备，每处不规范操作扣1分	5			
		严格执行6S管理规范，积极主动完成工具设备整理	5			
	学习态度	认真参与教学活动，课堂互动积极	3			
		严格遵守学习纪律，按时出勤	3			
	合作与展示	小组之间交流顺畅，合作成功	2			
		语言表达能力强，能够正确陈述基本情况	2			
合　　计			100			

（四）任务自我总结

过程中的问题	解　决　方　式

任务2　　社区安防监测系统数据库部署

- 能根据MySQL安装说明，成功在Ubuntu系统部署MySQL数据库。

- 能利用第三方软件MySQL Workbench，成功测试MySQL数据库。

- 能使用命令，成功对MySQL数据库进行备份与还原。

　　任务描述： 小新所在的项目组已完成社区安防监测系统在Ubuntu上的安装部署，现需要进行小区社区安防监测系统数据库搭建，以实现数据的管理。项目组根据客户提出的需求，选择MySQL数据库作为数据平台，小新需要在Ubuntu上安装MySQL数据库，并进行基础配置，开启远程访问功能，方便远程维护。

　　任务要求：

- 完成MySQL数据库的安装，并通过基础配置实现远程访问。

- 完成第三方数据库管理软件MySQL Workbench的安装与基本配置。

- 实现MySQL数据库内容的备份与还原。

- 对MySQL数据库内容进行备份与还原。

3.2.1　Ubuntu中MySQL数据库安装方法

　　开源数据库由于其免费使用、配置简单、稳定性好、性能优良等优势，在近几年得到快速发展，在中低端应用中占据了很大的市场份额。MySQL作为应用最广泛的开源关系数据库，是很多常见网站、应用程序和商业产品主要使用的存储数据库。

基于Ubuntu操作系统的MySQL服务搭建

　　基于Ubuntu的MySQL安装文件有三个版本，分别是DPKG软件包、Generic Binaries软件包和源码包，具体介绍如下：

　　1）DPKG软件包是一种Debian系平台下的安装文件，通过相关命令可以很方便地安装与卸载。

　　2）Generic Binaries软件包是一个二进制软件包，经过编译生成二进制文件的软件包。

3）源码包是MySQL数据库的源代码，用户需要自己编译生成二进制文件后才能安装。

DPKG（Debian package）是专门为Debian操作系统开发的套件管理系统，可用于软件的安装、更新和删除。Debian系所有Linux的发行版都使用DPKG，例如Ubuntu。DPKG提供了在线升级机制，能够从指定的服务器自动下载安装包，并能自动处理依赖关系，且可以一次性自动安装软件及其依赖的软件。在DPKG中，使用APT（通过apt命令）进行软件安装、依赖管理、在线升级等。本任务采用在线管理的方式安装MySQL，安装前可对网络进行测试，确保网络联通。

1. 检查是否已安装MySQL

在安装之前，首先要检查当前系统是否已经安装了MySQL，否则在安装时可能产生冲突。具体的查看命令如下：

```
sudo dpkg –l | grep mysql
```

上述命令中的"dpkg"是DPKG离线管理命令，它可以建立、安装、请求、确认和卸载软件包。-l命令用于列出查找的相应文件，它与grep mysql组合在一起就是用于显示所有名称中包含mysql字符的软件。

执行完上述命令后，如果出现MySQL的相关信息，例如mysql-server-5.7，则说明当前系统已经安装了MySQL。

2. 安装MySQL

本书主要介绍apt命令安装MySQL的方法。APT（Advanced Packaging Tool）是Linux系统下的一款安装包管理工具。最初在Linux系统中安装软件，需要自行编译各类软件，缺乏一个统一管理软件包的工具。当Debian系统出现后，DPKG管理工具也就被设计出来了，此后为了更加快捷、方便地安装各类软件，便出现了DPKG的前端工具APT，APT工具的功能可通过apt命令实现。apt命令提供了查找、安装、升级、卸载软件包的命令，apt命令执行需要超级管理员（root）权限。

使用apt命令安装MySQL的命令如下：

```
sudo apt install mysql–server
```

上述命令中的apt install表示在线安装软件，mysql-server则表示要安装的软件名称为mysql服务端。使用apt install安装软件会自动安装其依赖的软件，等待软件安装完成可以使用命令sudo dpkg -l | grep mysql 查看MySQL服务端及其依赖软件。

3. 查看数据库版本

通过命令行方式查看已安装数据库版本信息，在Ubuntu系统命令行中运行如下命令，即可查看MySQL的版本号。

```
mysql –V
```

上述命令中-V表示版本version，V需大写。该命令也可写为：

```
mysql ––version
```

此时version为小写，且需要双横线。

4．启动MySQL服务

MySQL安装完成后，还需要启动MySQL服务才可使用MySQL服务端。需要强调的是，MySQL服务和MySQL数据库不同，MySQL服务是一系列后台进程，而MySQL数据库则是一系列的数据目录和数据文件，MySQL数据库必须在MySQL服务启动之后才可以进行访问。具体命令如下：

```
sudo service mysql start
```

上述命令用于开启MySQL服务，MySQL的服务命令实际上有4个参数，这4个参数分别代表不同的意义，具体如下：

start：启动服务。

stop：停止服务。

restart：重启服务。

status：查看服务状态。

3.2.2 登录与测试MySQL数据库

当MySQL服务开启后，就可以通过客户端来登录MySQL数据库了。在Ubuntu操作系统下可以使用命令登录数据库，也可以借助第三方数据库管理软件进行登录及管理，这里将介绍使用命令方式登录MySQL数据库的方法，以及基于第三方软件MySQL Workbench的登录及测试方法。

1．命令方式登录数据库

（1）登录MySQL

MySQL数据库的登录命令如下：

```
mysql –h hostname –u username –p
```

上述命令中，MySQL为登录命令，-h后面的参数是服务器的主机地址，由于客户端和服务器在同一台机器上，因此输入localhost或者IP地址127.0.0.1都可以，如果是本地登录可以省略该参数，-u后面的参数是登录数据库的用户名，-p后面是登录密码。

初次登录可以用root用户，即输入以下命令：

```
mysql –u root –p
```

此时的MySQL数据库是没有密码的，在Enter password：处直接按<Enter>键，就能够进入MySQL数据库。

（2）初始化MySQL

为确保数据库的安全性和正常运转，需要对数据库进行初始化操作。初始化命令如下：

```
sudo mysql_secure_installation
```

在终端输入上述命令即可对MySQL进行初始化设置，初始化操作涉及下面4个步骤：

1）安装验证密码插件。

输入初始化命令后，系统会询问是否需要安装验证密码插件，信息如下：

```
1. Would you like to setup VALIDATE PASSWORD plugin?
2. Press y|Y for Yes, any other key for No: n
```

上述命令的含义说明如下：

① 第1行命令表示：是否需要安装验证密码插件。

② 第2行命令表示：需要则输入y或者Y，否则输入其他任意键。

验证密码插件的作用是验证设置的密码是否符合当前已设置的密码强度规则，用户可以根据自己的需求设定密码强度。为了方便操作，在学习MySQL时可暂时不安装此插件。

2）设置root管理员在数据库中的专有密码。

```
1. Please set the password for root here.
2. New password:
3. Re-enter new password:
```

上述命令的含义说明如下：

① 第1行命令提示在此为root用户设置密码。

② 在New password：后输入要为root管理员设置的数据库密码。

③ Re-enter new password：表示再次输入密码。

④ 输入密码过程中不予显示，输入完成按<Enter>键即可，两次密码需要一致方可设置成功。

3）随后删除匿名账户，并使用root管理员从远程登录数据库，以确保数据库上运行的业务的安全性。

```
1. Remove anonymous users? (Press y|Y for Yes, any other key for No): y
2. Disallow root login remotely? (Press y|Y for Yes, any other key for No) : n
```

上述命令的含义说明如下：

① 第1行命令表示：是否删除匿名账户，需要则输入y或者Y，否则输入其他任意键。

② 第2行命令表示：是否允许root管理员从远程登录，允许则输入y或者Y，否则输入其他任意键。

4）删除默认的测试数据库，取消测试数据库的一系列访问权限，并刷新授权列表，让初始化的设定立即生效。

```
1. Remove test database and access to it? (Press y|Y for Yes, any other key for No): y
2. Reload privilege tables now? (Press y|Y for Yes, any other key for No):y
```

上述命令的含义说明如下：

① 第1行命令表示：是否删除test数据库并取消对它的访问权限，需要则输入y或者Y，否则输入其他任意键。

② 第2行命令表示：刷新授权表，让初始化后的设定立即生效。

（3）修改密码

初次登录MySQL除了以root用户身份进行登录外，还可以使用安装数据库时自动生成的用户debian-sys-maint。debian-sys-maint可用于重启及运行MySQL服务，如果忘了root密码，可以利用该用户进行密码重设。debian-sys-maint用户的登录密码可以通过/etc/mysql/debian.cnf文件查看，命令如下：

```
sudo cat /etc/mysql/debian.cnf
```

/etc/mysql/debian.cnf文件内容的参数说明如下：

host：登录主机，为localhost即本机。

user：用户，默认账户为debian-sys-maint。

password：密码，为安装MySQL时随机生产。

socket：套接字文件所在目录。

根据查询的密码信息，以debian-sys-maint用户身份登录mysql命令行界面，登录成功后系统标识符变为mysql>表示进入交互模式，即可进行更改密码的操作。

```
1. use mysql
2. update user set authentication_string=PASSWORD("新密码") where user='用户名';
3. update user set plugin="mysql_native_password";
4. update user set host="%" where user="root";
5. flush privileges;
6. exit;
```

上述命令说明如下：

① use mysql表示连接至MySQL数据库。

② 第2行命令用于设置具体用户的密码。

③ 第3行命令代表修改密码为native方式。

④ 第4行命令代表设置root支持所有权限访问。

⑤ flush privileges表示更新数据库，使更改的设定生效。

⑥ exit命令表示退出数据库。

（4）MySQL基本操作命令

1）数据库操作。

登录数据库后，即可输入MySQL命令进行数据库操作，常用数据库操作命令如下：

1. show databases;
2. create database <数据库名>;
3. use <数据库名>;
4. select database();
5. show tables;
6. drop database <数据库名>;

上述命令说明如下：

① 第1行命令表示显示所有的数据库。

② 第2行命令表示创建数据库。

③ 第3行命令表示连接数据库。

④ 第4行命令表示查看当前使用的数据库。

⑤ 第5行命令表示当前数据库包含的表信息。

⑥ 第6行命令表示删除数据库。

2）表操作。

表（TABLE）是数据库中用来存储数据的对象，是有结构数据的集合，是整个数据库系统的基础。进行表操作之前需使用"use 数据库名"连接至某个具体的数据库，常用表操作命令如下：

① 建表。在MySQL中创建表的命令格式如下：

create table <表名> (<字段名 1> <类型 1> [,..<字段名 n> <类型 n>]);

示例：创建一个包含3个字段的表user，字段分别为id、name、password。

```
create table user(
    ->id int(4) not null primary key auto_increment,
    ->name char(20) not null,
    ->password char(10) not null);
```

② 插入数据。命令格式如下：

create table <表名> (<字段名 1> <类型 1> [,..<字段名 n> <类型 n>]);

示例：在user表中添加3组数据。

insert into user values(1,'Tom',123456),(2,'Joan',666666),(3,'Wang',888888);

③ 删除表。命令格式如下：

drop table <表名>;

示例：删除表user。

drop table user;

④ 查询所有行。命令格式如下：

```
select * from <表名>;
```

示例：查询表user所有行。

```
select * from user;
```

⑤ 删除表中数据。命令格式如下：

```
delete from <表名> where <表达式>;
```

示例：删除表user中编号为2的记录。

```
delete from user where id=2;
```

⑥ 修改表中数据。命令格式如下：

```
update <表名> set <字段=新值>,… where <条件>;
```

示例：将user表中编号为1的行中name字段的值设置为Mary。

```
update user set name='Mary' where id=1;
```

⑦ 在表中增加字段。命令格式如下：

```
alter table <表名> add <字段> <类型> <其他>;
```

示例：在表user中添加了一个字段passtest，类型为int（4），默认值为0。

```
alter table user add passtest int(4) default '0';
```

⑧ 更改表名。命令格式如下：

```
rename table <原表名> to <新表名>;
```

示例：把表user的名字更改为newuser。

```
rename table user to newuser;
```

2. 利用数据库管理软件进行测试

MySQL Workbench是MySQL官方推出的一款可视化数据库设计软件。MySQL Workbench具有先进的数据建模、灵活的SQL编辑器和全面的管理工具，为数据库管理员、开发人员提供了统一的可视化数据库操作环境。MySQL Workbench具有开源和商业化两个版本，支持Windows、Linux和Mac等操作系统。主要功能包含以下三个方面：

1）数据建模：提供完整的数据建模工程功能，包括创建复杂的ER模型、正向和逆向数据库工程等。此外，MySQL Workbench还提供变更管理和文档任务功能。

2）SQL编辑器：可视化SQL编辑工具，用于SQL语句的创建、执行、查询及优化。此外，还提供了语法高亮显示、代码复用等功能。

3）管理工具：可视化的控制台实现MySQL数据库环境的便捷管理，提供可视化工具进行服务器配置，实现用户管理和数据库状态监控。

MySQL Workbench的初始界面如图3-2-1所示。

图3-2-1　MySQL Workbench的初始界面

（1）MySQL Workbench的配置

使用MySQL Workbench，首先需要创建一个连接，通过创建完成的连接控制MySQL数据库。Workbench支持三种连接方式，分别是标准TCP连接、本地socket/pipe连接以及通过SSL的标准TCP连接，基本覆盖了目前使用环境下的连接方式。

单击初始界面中的"+"号即可新建连接，根据需求设定连接名称、选择连接方式及数据库的主机地址即可。连接成功则表示MySQL数据库远程连接成功，说明数据库的基本配置已完成，如图3-2-2所示。

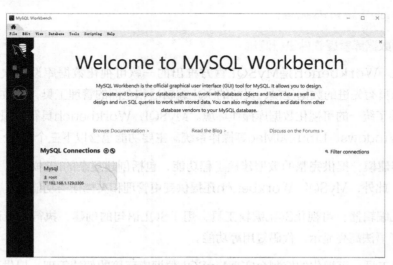

图3-2-2　连接新建成功

（2）MySQL Workbench的功能区域

通过连接进入MySQL数据库，Workbench界面包含6个区域，如图3-2-3所示。

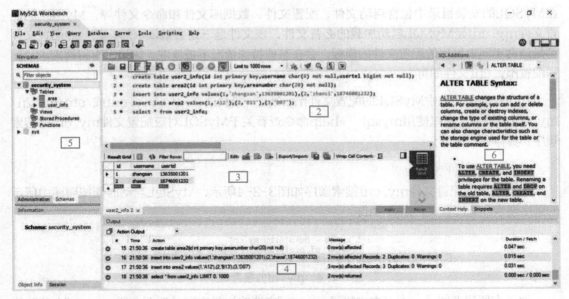

图3-2-3　Workbench操作区域

1）执行命令的按钮区域：

该区域主要包含常用的命令执行按钮。闪电图标表示执行区域2所选的SQL语句，如果不选择将全部执行；闪电图标旁带有游标的按钮表示执行当前光标行的语句；带放大镜的按钮可以显示查询语句的执行计划。

2）命令输入区域：

该区域提供命令输入功能，可直接输入SQL语句进行数据库创建，也可输入查询语句进行信息查询。该区域可以自动保存输入的查询语句，下次打开连接时，会自动显示之前的语句。

3）查询结果显示区域：

该区域主要显示查询的结果。利用右侧的一系列按钮选择不同的格式显示结果。

4）状态信息显示区域：

该区域默认输出最后一次查询的状态信息，包括何时执行查询、查询内容、找到的行数以及执行它所花费的时间。

5）帮助文档：

默认显示的帮助文档，用户可以直接在该区域获得关于MySQL的相关帮助内容。

6）管理、模式、对象信息及当前会话的信息：

主要包括管理、模式、对象和当前会话的信息。可通过模式的下拉菜单，快速查询详细内容。

3.2.3　MySQL数据库配置文件解析

MySQL安装完成后，自动在磁盘上生成一个目录，该目录被称为MySQL的安装目录。

在MySQL的安装目录中包含启动文件、配置文件、数据库文件和命令文件等，MySQL的配置文件my.cnf是MySQL启动加载的必备文件，该文件是一定会被读取的，其他的配置文件都是适合不同数据库的配置文件的模板，会在某些特殊情况下被读取，如果没有特殊需求，只需配置my.cnf文件即可。

Linux操作系统中MySQL的配置文件my.cnf一般会放在/etc/my.cnf或/etc/mysql/my.cnf目录下。可以使用mysql --help命令查看关于MySQL对应配置文件my.cnf的搜索顺序。具体命令如下：

mysql --help|grep my.cnf

当前系统的配置文件my.cnf搜索顺序如图3-2-4所示，MySQL启动时便按照图中所示的顺序搜索加载配置文件my.cnf。

```
nle@nle-VirtualBox:~$ mysql --help|grep my.cnf
                order of preference, my.cnf, $MYSQL_TCP_PORT,
/etc/my.cnf /etc/mysql/my.cnf ~/.my.cnf
```
图3-2-4　my.cnf的搜索顺序

为了方便读者阅读，本书中省略了my.cnf文件的注释内容。下面介绍my.cnf中参数的具体意义，文件内容如下：

1. [client]
2. port=3306
3. socket=/var/run/mysql/mysql.sock
4. [mysqldump]
5. quick
6. max_allowed_packet = 16M

以上参数会被MySQL客户端应用读取，参数说明如下：

port：MySQL客户端连接服务器端时使用的端口号，默认为3306。

socket：套接字文件所在目录。

quick：支持较大的数据库转储，导出大型表时需要此项。

max_allowed_packet：服务所能处理的请求包的最大大小以及服务所能处理的最大的请求大小。

注意：只有MySQL附带的客户端应用程序保证可以读取这段内容。如果想要自己的MySQL应用程序获取这些值，需要在MySQL客户端库初始化的时候指定这些选项。

1. [mysqld]
2. user = mysql
3. basedir = /usr/local/mysql
4. datadir = /mydata/mysql/data
5. port=3306
6. server-id = 1
7. socket=/var/run/mysql/mysql.sock

参数说明如下：

user：mysqld程序在启动后将在给定UNIX/Linux账户下执行。mysqld必须从root账户启动才能在启动后切换到另一个账户下执行。mysqld_safe脚本将默认使用user=mysql选项来启动mysqld程序。

basedir：指定MySQL安装的绝对路径。

datadir：指定MySQL数据存放的绝对路径。

port：服务端口号，默认为3306。

server-id：MySQL服务的唯一编号，每个MySQL服务的id需要唯一。

socket：socket文件所在目录。

1. character-set-server = utf8mb4
2. collation-server = utf8mb4_general_ci
3. init_connect='SET NAMES utf8mb4'
4. lower_case_table_names = 1
5. key_buffer_size=16M
6. max_allowed_packet=8M
7. no-auto-rehash
8. sql_mode=TRADITIONAL

参数说明如下：

character-set-server：数据库默认字符集，主流字符集支持一些特殊表情符号（特殊表情符占用4个字节）。

collation-server：数据库字符集对应一些排序等规则，注意要和character-set-server对应。

init_connect：设置client连接MySQL时的字符集，防止乱码。

lower_case_table_names：是否对SQL语句大小写敏感，1表示不敏感。

key_buffer_size：用于指定索引缓冲区的大小。

max_allowed_packet：设置一次消息传输的最大值。

no-auto-rehash：仅允许使用键值的UPDATES和DELETES。

sql_mode：表示SQL模式的参数，通过这个参数可以设置检验SQL语句的严格程度。

上述内容因不同的环境和版本等原因可能与实际的配置文件存在差异，当有需求时，复制使用相应的参数即可。

3.2.4　MySQL编译常见参数选项说明

对于初学者来说，需要通过查看MySQL的帮助信息来使用MySQL数据库，首先登录到MySQL数据库，然后在命令行窗口中输入help或者\h命令，此时窗口显示MySQL的帮助信息，如图3-2-5所示。

```
mysql> \h

For information about MySQL products and services, visit:
    http://www.mysql.com/
For developer information, including the MySQL Reference Manual, visit:
    http://dev.mysql.com/
To buy MySQL Enterprise support, training, or other products, visit:
    https://shop.mysql.com/

List of all MySQL commands:
Note that all text commands must be first on line and end with ';'
?         (\?) Synonym for `help'.
clear     (\c) Clear the current input statement.
connect   (\r) Reconnect to the server. Optional arguments are db and host.
delimiter (\d) Set statement delimiter.
edit      (\e) Edit command with $EDITOR.
ego       (\G) Send command to mysql server, display result vertically.
exit      (\q) Exit mysql. Same as quit.
go        (\g) Send command to mysql server.
help      (\h) Display this help.
nopager   (\n) Disable pager, print to stdout.
notee     (\t) Don't write into outfile.
pager     (\P) Set PAGER [to_pager]. Print the query results via PAGER.
print     (\p) Print current command.
prompt    (\R) Change your mysql prompt.
quit      (\q) Quit mysql.
rehash    (\#) Rebuild completion hash.
source    (\.) Execute an SQL script file. Takes a file name as an argument.
status    (\s) Get status information from the server.
system    (\!) Execute a system shell command.
tee       (\T) Set outfile [to_outfile]. Append everything into given outfile.
use       (\u) Use another database. Takes database name as argument.
charset   (\C) Switch to another charset. Might be needed for processing binlog with multi-byte charsets.
warnings  (\W) Show warnings after every statement.
nowarning (\w) Don't show warnings after every statement.
resetconnection(\x) Clean session context.

For server side help, type 'help contents'
```

图3-2-5　MySQL的帮助信息

图3-2-5中列出了MySQL的所有命令，这些命令既可以利用一个单词来表示，也可以通过"右斜杠和字母组合"的方式来表示。为了更好地掌握MySQL相关命令，接下来通过一张表列举MySQL中的常用命令，见表3-2-1。

表3-2-1　MySQL的常用命令

命　　令	简　　写	具　体　含　义
?	(\?)	显示帮助信息
clear	(\c)	明确当前输入语句
connect	(\r)	连接到服务器，可选参数为数据库和主机
delimiter	(\d)	设置语句分隔符
ego	(\G)	发送命令到MySQL服务器，并显示结果
exit	(\q)	退出MySQL
go	(\g)	发送命令到MySQL服务器
help	(\h)	显示帮助信息
notee	(\t)	不写输出文件
print	(\p)	打印当前命令
prompt	(\R)	改变 MySQL提示信息
quit	(\q)	退出MySQL
Rehash	(\#)	重建完成散列
source	(\.)	执行一个SQL脚本文件，以一个文件名作为参数
status	(\s)	从服务器获取MySQL的状态信息
tee	(\T)	设置输出文件（输出文件），并将信息添加到所有给定的输出文件

示例：

1. 查看数据库状态信息

可用status命令或者其简写\s查看数据库状态信息，如图3-2-6所示，登录数据库，在提示符mysql>后输入如下命令：

```
\s
```

```
mysql> \s
--------------
mysql  Ver 14.14 Distrib 5.7.33, for Linux (x86_64) using  EditLine wrapper

Connection id:          4
Current database:
Current user:           debian-sys-maint@localhost
SSL:                    Not in use
Current pager:          stdout
Using outfile:          ''
Using delimiter:        ;
Server version:         5.7.33-0ubuntu0.16.04.1 (Ubuntu)
Protocol version:       10
Connection:             Localhost via UNIX socket
Server characterset:    latin1
Db     characterset:    latin1
Client characterset:    utf8
Conn.  characterset:    utf8
UNIX socket:            /var/run/mysqld/mysqld.sock
Uptime:                 5 min 5 sec

Threads: 1  Questions: 5  Slow queries: 0  Opens: 107  Flush tables: 1  Open tables: 26  Queries per second avg: 0.016
--------------
```

图3-2-6　查看数据库状态信息

从上述信息可以看出，使用\s命令显示了MySQL当前的版本，字符集编码以及端口号等信息。需要注意的是，上述信息中有4个字符集编码，其中Server characterset为数据库服务器的编码、Db characterset为数据库的编码、Client characterset为客户端的编码、Conn. characterset为建立连接使用的编码。

2. 修改提示信息

在登录MySQL数据库后，MySQL的初始提示符为"mysql>　"，没有其他任何信息。通过prompt命令可以自定义提示信息，通过配置显示登入的主机地址、用户名、当前时间、当前数据库schema等待等内容。

如果要设置提示信息，直接用prompt命令添加提示符即可，例如将提示符改为"localhost>"，如图3-2-7所示，可使用如下命令：

```
prompt localhost>
```

```
mysql> prompt localhost>
PROMPT set to 'localhost>'
localhost>
```

图3-2-7　修改提示符

如果要将提示符恢复为默认值，则直接输入prompt命令即可，如图3-2-8所示，命令如下：

```
prompt
```

```
localhost>prompt
Returning to default PROMPT of mysql>
mysql>
mysql>
```

图3-2-8　恢复提示符

3.2.5 MySQL数据库备份与还原

1. 数据库备份

数据库备份是指通过导出数据或者复制表文件的方式来制作数据库的副本。当数据库出现故障、数据文件发生损坏、MySQL服务出现错误、系统内核崩溃、计算机硬件损坏或者数据被误删等事件时，将备份的数据库加载到系统，从而使数据库从错误状态恢复到备份时的正确状态。

（1）备份方案

MySQL提供了多种备份方案，包括逻辑备份、物理备份、全备份以及增量备份。

物理备份主要是对数据库的物理对象提供的备份方案，包括数据库的物理数据文件、日志文件以及配置文件等。典型的物理备份就是复制MySQL数据库的部分或全部目录，该方式适用于要求快速还原的大型数据库备份，备份前需要MySQL处于关闭状态或者对数据库进行锁操作，防止在备份的过程中发生数据改变。

逻辑备份主要是对数据库结构及数据内容的描述信息进行备份，适用于小型数据库的备份与还原。逻辑备份通过查询MySQL服务器获取数据结构及内容信息并将其转换为逻辑格式，因此相较物理备份而言其备份速度更慢。逻辑备份是以逻辑格式存储的，所以这种备份与系统、硬件无关，消除了底层数据存储的不同。

全备份也称为完全备份，是对整个数据库某一时刻所有的数据进行备份。通过物理或逻辑备份工具就可实现完全备份。完全备份的优势在于当对丢失数据进行恢复时，只需要对一个完整的备份进行操作就能够恢复整个数据库，极大地加快了数据恢复的时间。

增量备份是指系统在进行一次完全备份后针对变化的数据进行的备份。增量备份在备份前会判断数据是否发生变化，并仅记录每次变化情况，所以在数据库变化相同的情况下相较于完全备份其所需存储空间更少，备份速度更快。但在进行数据库还原时，增量备份的恢复时间更长，效率较低。恢复数据时，需要在第一次完全备份的基础上，整合每一次的增量备份情况，而且一旦其中某个环节的增量备份损坏，那么其后的所有增量备份也无法还原。增量备份需要开启MySQL二进制日志，通过日志记录数据的改变，从而实现增量差异备份。

（2）常见的备份方法

物理冷备：备份时数据库处于关闭状态，直接使用tar命令打包数据库文件，备份速度快，恢复时也是最简单的。

专用工具备份：可用专用工具对数据库进行备份，常用的逻辑备份工具有mysqldump、mysqlhotcopy。

启用二进制日志进行增量备份：需要刷新二进制日志才能进行增量备份。

第三方工具备份：免费的MySQL热备份软件Percona XtraBackup、MySQL Workbench也具有数据库备份的功能。

（3）mysqldump备份数据表

mysqldump是MySQL自带的工具，可以用来实现MySQL数据库的备份和数据导出，通过该命令工具可以将指定的库、表或全部的库导出为SQL脚本，用于在需要恢复时进行数据恢复。

1）备份数据库。

用mysqldump进行数据库备份的命令如下：

mysqldump –u 用户名 –p [密码] [选项] [库名] > /备份路径/备份文件名

如将数据库csdb备份到/backup目录下保存为文件csdb.sql可用如下命令，其中root表示以root用户的身份对数据库进行操作。

```
1.  mysqldump –u root –p csdb > /backup/csdb.sql
```

2）备份数据表。

在生产环境中，存在对某个特定表的维护操作，mysqldump同样可以实现对数据表的备份操作，具体命令如下：

mysqldump –u 用户名 –p [密码] [选项] 数据库名 表名 > /备份路径/备份文件名

如将数据库csdb中的数据表class备份到/backup目录下保存为文件csdb-class.sql可用如下命令：

mysqldump –u root –p csdb class > /backup/csdb-class.sql

2. MySQL数据还原

通过mysqldump命令导出的SQL备份脚本，在进行数据恢复时可直接使用source命令或者mysql命令。

1）用source命令还原数据库。

source命令对MySQL数据库进行恢复的使用方法如下：

source 库备份脚本的路径;

执行上述命令时需要注意，库备份脚本的路径需要使用绝对路径的表示方法。例如将/backup/csdb.sql备份数据库进行恢复可用如下命令：

source /backup/csdb-class.sql;

无论是恢复数据库还是恢复表，均可使用source或者mysql命令，source恢复表的操作与恢复库的操作相同。

source 表备份脚本的路径;

2）mysql命令还原数据库。

mysql命令对MySQL数据库及数据表进行恢复的使用方法如下：

```
1.  mysql –u 用户名 –p [密码] < 库备份脚本的路径
```

任务实施前需先准备好以下设备和资源。

序　号	设备/资源名称	数　量	是否准备到位（√）
1	虚拟机软件	1	□是　　□否
2	Ubuntu操作系统	1	□是　　□否

1. 安装与配置MySQL数据库

（1）检查是否已安装MySQL

安装前可以先查询系统中是否已安装MySQL，命令如下：

sudo dpkg –l | grep mysql

（2）安装MySQL

检查Ubuntu的网络连接状态，用Ubuntu的在线软件管理命令apt安装MySQL，如图3-2-9所示。

sudo apt install mysql–server

```
nle@nle-VirtualBox:~$ sudo apt install mysql-server
正在读取软件包列表... 完成
正在分析软件包的依赖关系树
正在读取状态信息... 完成
将会同时安装下列软件：
  apparmor libaio1 mysql-client-5.7 mysql-client-core-5.7 mysql-common mysql-server-5.7 mysql-server-core-5.7
建议安装：
  apparmor-profiles apparmor-profiles-extra apparmor-docs apparmor-utils mailx tinyca
下列【新】软件包将被安装：
  apparmor libaio1 mysql-client-5.7 mysql-client-core-5.7 mysql-common mysql-server mysql-server-5.7 mysql-server-core-5.7
升级了 0 个软件包，新安装了 8 个软件包，要卸载 0 个软件包，有 189 个软件包未被升级。
需要下载 17.8 MB 的归档。
解压缩后会消耗 157 MB 的额外空间。
您希望继续执行吗？ [Y/n] y
获取:1 http://cn.archive.ubuntu.com/ubuntu xenial-updates/main amd64 mysql-common all 5.7.33-0ubuntu0.16.04.1 [14.8 kB]
获取:2 http://cn.archive.ubuntu.com/ubuntu xenial-updates/main amd64 apparmor amd64 2.10.95-0ubuntu2.11 [451 kB]
3% [2 apparmor 35.7 kB/451 kB 8%]
```

图3-2-9　安装MySQL

（3）查看数据库版本

在Ubuntu系统终端输入mysql –V命令，查看已安装数据库版本信息，如图3-2-10所示。

mysql –V

```
nle@nle-VirtualBox:~$ mysql -V
mysql  Ver 14.14 Distrib 5.7.33, for Linux (x86_64) using  EditLine wrapper
```

图3-2-10　查看数据库版本

（4）登录数据库

以debian-sys-maint用户身份登录数据库。

1）查看用户信息：

sudo cat /etc/mysql/debian.cnf

2）登录MySQL：

根据查询的debian-sys-maint用户，输入以下命令登录数据库：

mysql –u debian–sys–maint –p

需要注意的是，输入上述登录命令后，系统会提示输入密码，此时需输入debian-sysmaint用户的密码，图3-2-11所示的用户密码为DWDp3oTuKXqPR9nX，直接输入后按<Enter>键即可完成登录，读者可根据查询的具体密码进行输入以登录MySQL。

```
nle@nle-VirtualBox:~$ sudo cat /etc/mysql/debian.cnf
# Automatically generated for Debian scripts. DO NOT TOUCH!
[client]
host     = localhost
user     = debian-sys-maint
password = DWDp3oTuKXqPR9nX
socket   = /var/run/mysqld/mysqld.sock
[mysql_upgrade]
host     = localhost
user     = debian-sys-maint
password = DWDp3oTuKXqPR9nX
socket   = /var/run/mysqld/mysqld.sock
```

图3-2-11　查看数据库登录用户信息

（5）更改root用户密码

切换数据库，通过命令更改root用户密码为123456，设置访问方式为允许任何地址访问。

1. use mysql
2. update user set authentication_string=PASSWORD("123456") where user='root';
3. update user set plugin="mysql_native_password";
4. update user set host="%" where user="root";
5. flush privileges;
6. exit;

对于上述命令需要注意：

① 第2行命令代表将root用户的密码设置为123456。

② 第4行命令代表设置root支持所有主机访问。

（6）更改配置文件，开启远程访问

回到Ubuntu系统终端，输入命令，找到bind-address命令行，在该命令前加上注释符号#，再保存退出，如图3-2-12所示。

sudo gedit /etc/mysql/mysql.conf.d/mysqld.cnf

```
user              = mysql
pid-file          = /var/run/mysqld/mysqld.pid
socket            = /var/run/mysqld/mysqld.sock
port              = 3306
basedir           = /usr
datadir           = /var/lib/mysql
tmpdir            = /tmp
lc-messages-dir   = /usr/share/mysql
skip-external-locking
#
# Instead of skip-networking the default is now to listen only on
# localhost which is more compatible and is not less secure.
#bind-address          = 127.0.0.1
#
# * Fine Tuning
#
key_buffer_size       = 16M
max_allowed_packet    = 16M
thread_stack          = 192K
thread_cache_size     = 8
```

图3-2-12　开启远程访问

（7）重新启动并查看MySQL

在Ubuntu系统终端输入命令，重启数据库并查看数据库是否在运行状态，如图3-2-13所示。

1. sudo service mysql restart
2. sudo service mysql status

```
nle@nle-VirtualBox:~$ sudo service mysql restart
nle@nle-VirtualBox:~$ sudo service mysql status
● mysql.service - MySQL Community Server
   Loaded: loaded (/lib/systemd/system/mysql.service; enabled; vendor pres
   Active: active (running) since 二 2022-02-15 13:49:50 CST; 10s ago
  Process: 6406 ExecStartPost=/usr/share/mysql/mysql-systemd-start post (c
  Process: 6398 ExecStartPre=/usr/share/mysql/mysql-systemd-start pre (coc
 Main PID: 6405 (mysqld)
   CGroup: /system.slice/mysql.service
           └─6405 /usr/sbin/mysqld

2月 15 13:49:49 nle-VirtualBox systemd[1]: Starting MySQL Community Server
2月 15 13:49:50 nle-VirtualBox systemd[1]: Started MySQL Community Server.
```

图3-2-13　数据库运行状态

2. 安装与配置第三方数据库管理软件

（1）安装MySQL Workbench

MySQL Workbench的安装包可从官网下载：https://dev.mysql.com/downloads/ workbench/。本书以mysql-workbench-community-8.0.21版本为例，对其安装方法进行说明。

1）双击mysql-workbench-community-8.0.21-winx64.msi软件，进入Workbench安装向导，单击"Next"按钮，如图3-2-14所示，选择好安装路径后，单击"Next"按钮。

2）选择"Complete"安装，如图3-2-15所示，单击"Next"按钮，再单击"Install"按钮开始安装。

3）安装中会提示确认信息，单击"yes"按钮。等待几分钟后单击"Finish"按钮即可完成安装，如图3-2-16所示。

（2）配置MySQL Workbench

1）在终端输入ifconfig命令查看Ubuntu的IP地址，如图3-2-17所示。

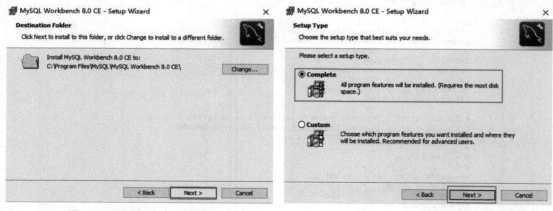

图3-2-14　安装路径设置　　　　　　　　图3-2-15　安装类型

<table>
<tr><td>

```
nie@nle-VirtualBox:~$ ifconfig
enp0s3    Link encap:以太网  硬件地址 08:00:27:61:14:a6
          inet 地址:10.0.2.15  广播:10.0.2.255  掩码:255.255.255.0
          inet6 地址: fe80::1975:a81:fd61:39a6/64 Scope:Link
          UP BROADCAST RUNNING MULTICAST  MTU:1500  跃点数:1
          接收数据包:50683 错误:0 丢弃:0 过载:0 帧数:0
          发送数据包:16383 错误:0 丢弃:0 过载:0 载波:0
          碰撞:0 发送队列长度:1000
          接收字节:60896274 (60.8 MB)  发送字节:1032305 (1.0 MB)

lo        Link encap:本地环回
          inet 地址:127.0.0.1  掩码:255.0.0.0
          inet6 地址: ::1/128 Scope:Host
          UP LOOPBACK RUNNING  MTU:65536  跃点数:1
          接收数据包:360 错误:0 丢弃:0 过载:0 帧数:0
          发送数据包:360 错误:0 丢弃:0 过载:0 载波:0
          碰撞:0 发送队列长度:1000
          接收字节:44759 (44.7 KB)  发送字节:44759 (44.7 KB)
```

</td></tr>
</table>

图3-2-16　完成安装　　　　　　　　　　　图3-2-17　查询Ubuntu的IP地址

2）打开MySQL Workbench软件，进入软件主界面，单击界面中的"+"号，新建连接窗口，将Workbench与数据库建立连接，如图3-2-18所示。

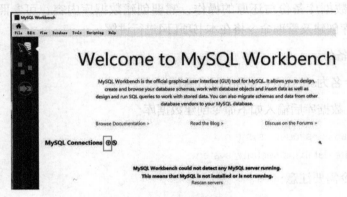

图3-2-18　新建连接

3）在弹出的窗口中进行连接设置。新建连接名称为SecuritySystem，在Hostname中输入Ubuntu的IP地址，如图3-2-19所示。

图3-2-19　配置新连接

（3）测试数据库连接

单击"Test Connection"测试按钮。若出现图3-2-20所示界面，则说明测试成功。

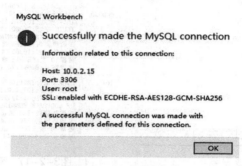

图3-2-20 测试连接

3. 备份与还原MySQL数据库

为方便体验数据库备份与还原的操作，需要创建数据库内容，可参照如下步骤进行创建，详细的数据库创建及管理命令将在本书项目4进行讲解。

（1）数据库备份

1）创建一个名为security_system的库。

登录MySQL数据库后输入如下命令创建数据库：

```
1.  create database security_system;
2.  show create database security_system;
```

对于上述命令需要注意：

① 第1行命令表示创建数据库security_system。

② 第2行命令表示查看数据库security_system。

查看创建的数据库如图3-2-21所示。

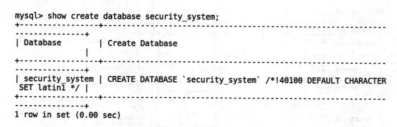

图3-2-21 查看创建的数据库

2）连接到security_system数据库。

```
use security_system;
```

3）使用SQL语句创建security_system数据库的user_info表和area表，并插入数据。

user_info表属性和area表属性见表3-2-2和表3-2-3。

表3-2-2 user_info表属性

字　　段	类　　型	约 束 条 件	备　　注
id	int	主键	用户编号
username	char(8)	不能为空	用户名称
usertel	bigint	不能为空	联系方式

表3-2-3 area表属性

字　　段	类　　型	约 束 条 件	备　　注
id	int	主键	区域编号
areanumber	char(20)	不能为空	区域代码

1. create table user_info(id int primary key,username char(8) not null,usertel bigint not null);
2. create table area(id int primary key,areanumber char(20) not null);
3. insert into user_info values(1,'zhangsan',13635001201),(2,'zhaosi',18746001232);
4. insert into area values(1,'A12'),(2,'B13'),(3,'D07');

对于上述命令需要注意：

① 第1、2行命令分别表示添加表user_info、area。

② 第3、4行命令分别表示为表格user_info和area插入数据。

4）查看两个表的数据。

1. select * from user_info;
2. select * from area;

对于上述命令需要注意：

① 第1行命令表示创建数据库security_system。

② 第2行命令表示查看数据库security_system。

查看表格如图3-2-22所示。

```
mysql> select * from sapces;
ERROR 1146 (42S02): Table 'security_system.sapces' doesn't exist
mysql>  select * from user_info;
+----+----------+-------------+
| id | username | usertel     |
+----+----------+-------------+
|  1 | zhangsan | 13635001201 |
|  2 | zhaosi   | 18746001232 |
+----+----------+-------------+
2 rows in set (0.00 sec)

mysql> select * from area;
+----+------------+
| id | areanumber |
+----+------------+
|  1 | A12        |
|  2 | B13        |
|  3 | D07        |
+----+------------+
3 rows in set (0.00 sec)
```

图3-2-22 查看表格

5）备份数据库。

前期工作准备完毕，接下来通过mysqldump命令将其备份到/tmp目录下，备份文件名为security_system.sql，退出MySQL回到Ubuntu终端，在终端窗口下输入备份指令，并查看/tmp目录下文件，验证备份security_system.sql文件是否成功：

1. mysqldump –u root –p security_system > /tmp/security_system.sql

2. ls /tmp

注意，输入mysqldump备份命令后还需进一步输入数据库root用户的密码进行验证，才能执行备份操作。备份数据并查看如图3-2-23所示。

```
nle@nle-VirtualBox:~$ mysqldump  -u root -p security system > /tmp/security system.sql
Enter password:
nle@nle-VirtualBox:~$ ls /tmp
config-err-YB88Yp    fcitx-socket-:0      security system.sql
crm2.sql             gnome-software-EK0QD1 systemd-private-9afc1cd512784bc0a835106d419237df
fcitx-qimpanel:0.pid gnome-software-G8DEG1 systemd-private-9afc1cd512784bc0a835106d419237df
nle@nle-VirtualBox:~$
```

图3-2-23　备份数据并查看

（2）数据库还原

1）登录MySQL，删除原有security_system数据库，如图3-2-24所示。

1. drop database security_system;

2. show create database security_system;

对于上述命令需要注意：

① 第1行命令表示删除数据库security_system。

② 第2行命令表示查看数据库security_system，此时系统报错，提示security_system为未知数据库，表明删除成功。

```
nle@nle-VirtualBox:~$ mysql -u root -p
Enter password:
Welcome to the MySQL monitor.  Commands end with ; or \g.
Your MySQL connection id is 6
Server version: 5.7.33-0ubuntu0.16.04.1 (Ubuntu)

Copyright (c) 2000, 2021, Oracle and/or its affiliates.

Oracle is a registered trademark of Oracle Corporation and/or its
affiliates. Other names may be trademarks of their respective
owners.

Type 'help;' or '\h' for help. Type '\c' to clear the current input statement.

mysql> drop database security system;
Query OK, 2 rows affected (0.07 sec)

mysql> show create database security system;
ERROR 1049 (42000): Unknown database 'security_system'
```

图3-2-24　删除原数据库security_system

2）新建空白数据库security_system，将备份数据库恢复至新建的security_system中，如图3-2-25所示。

1. create database security_system;

2. exit;

```
mysql> create database security_system;
Query OK, 1 row affected (0.05 sec)

mysql> exit;
Bye
```

图3-2-25　新建空白数据库

3）将/tmp/security_system.sql恢复至 security_system。

```
mysql –u root –p security_system < /tmp/security_system.sql
```

4）登录MySQL，连接至security_system数据库，使用命令show tables查看数据库恢复情况，可以看到已成功恢复spaces和user_info两个表，如图3-2-26所示。

```
1. use security_system;
2. show tables;
```

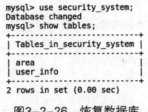

```
mysql> use security_system;
Database changed
mysql> show tables;
+------------------------+
| Tables_in_security_system |
+------------------------+
| area                   |
| user_info              |
+------------------------+
2 rows in set (0.00 sec)
```

图3-2-26　恢复数据库

任务小结

本任务主要为社区安防监测管理系统Ubuntu服务器数据库实现搭建平台。MySQL数据库是开源数据库中的杰出代表，具有免费使用、配置简单、稳定性好、性能优良等优点，在物联网中具有广泛的应用。本任务对MySQL在Ubuntu中的安装进行了详细介绍，并对数据库用户添加、远程登录等配置进行说明，以实现数据库管理人员远程维护。此外，本任务还对第三方数据库管理软件MySQL Workbench的配置及测试方法进行了说明，实现了MySQL Workbench与Ubuntu系统中MySQL的连接，为后续停车系统管理平台的数据库创建准备好平台环境。本任务相关知识技能小结思维导图如图3-2-27所示。

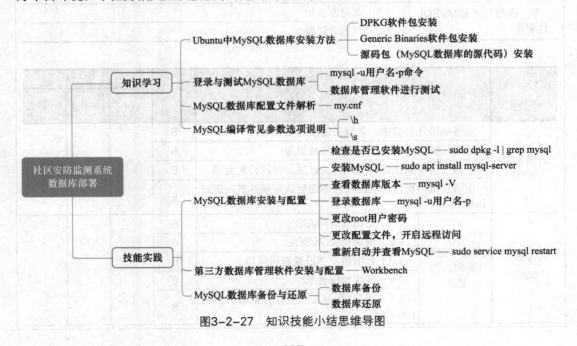

图3-2-27　知识技能小结思维导图

任务工单 ◀

项目3　智慧社区——社区安防监测系统部署与运维	任务2　社区安防监测系统数据库部署
班级：	小组：
姓名：	学号：
分数：	

（一）关键知识引导

1. 安装并查看MySQL数据库版本的操作

在终端程序中输入以下命令：

安装：sudo apt install mysql-server

查看版本：mysql -V

2. 初次登录MySQL的方式

先查看配置文件debian.cnf，确认默认登录用户的名称及密码，用mysql -u用户名-p登录数据库。

（二）任务实施完成情况

任　　务	任 务 内 容	完 成 情 况
1. 安装与配置MySQL数据库	（1）安装MySQL	
	（2）登录MySQL	
	（3）新增用户	
	（4）更改配置文件实现远程登录	
	（5）重启MySQL服务，并查看状态	
2. 安装与配置第三方数据库管理软件	（1）安装Workbench	
	（2）配置Workbench	
	（3）测试连接	
3. 备份与还原MySQL数据库	（1）数据库备份	
	（2）数据库还原	

（三）任务检查与评价

评价项目	评 价 内 容		配分	评 价 方 式		
				自我评价	互相评价	教师评价
方法能力（20分）	能够明确任务要求，掌握关键引导知识		5			
	能够正确清点、整理任务设备或资源		5			
	掌握任务实施步骤，制定实施计划，时间分配合理		5			
	能够正确分析任务实施过程中遇到的问题并进行调试和排除		5			
专业能力（60分）	安装与配置MySQL数据库	（1）正确安装MySQL	6			
		（2）成功登录MySQL	6			
		（3）新增用户并设置密码成功	6			
		（4）实现远程登录	6			
		（5）重启MySQL服务，并查看状态为running	6			

（续）

（续）

评价项目	评价内容		配分	评价方式		
				自我评价	互相评价	教师评价
专业能力（60分）	安装与配置第三方数据库管理软件	（1）成功安装Workbench	6			
		（2）能正确配置Workbench	6			
		（3）连接测试成功	6			
	备份与还原MySQL数据库	（1）数据库备份成功	6			
		（2）数据库还原成功	6			
素养能力（20分）	安全操作与工作规范	操作过程中严格遵守安全规范，正确使用电子设备，每处不规范操作扣1分	5			
		严格执行6S管理规范，积极主动完成工具设备整理	5			
	学习态度	认真参与教学活动，课堂互动积极	3			
		严格遵守学习纪律，按时出勤	3			
	合作与展示	小组之间交流顺畅，合作成功	2			
		语言表达能力强，能够正确陈述基本情况	2			
合　　计			100			

（四）任务自我总结

过程中的问题	解决方式

任务3　基于Nginx的社区安防监测管理系统部署

职业能力目标

- 能根据Nginx安装说明，成功在Ubuntu系统安装Nginx服务。
- 能根据Nginx配置文档，成功实现Nginx缓存服务配置。
- 能测试Nginx服务，成功实现Nginx的Web访问。

任务描述与要求

任务描述：小陆所在的项目组已完成社区安防监测系统Ubuntu操作系统的安装及MySQL

数据库的搭建,现需搭建社区安防监测管理系统的Web服务器,以保障系统的正常运行。项目组根据社区安防监测系统支持高并发连接、成本低廉、稳定性高、支持热部署等需求,选择Nginx为Web服务器平台,小陆需要在Ubuntu上安装Nginx,并进行基础缓存服务配置,以实现社区安防监测管理系统的部署。

任务要求:

- 完成Nginx安装,并成功启动Nginx服务。
- 完成Nginx基础缓存服务配置。
- 测试Nginx,完成Nginx的Web访问。
- 对MySQL数据库内容进行备份与还原。

3.3.1 认识Nginx

1. Nginx概述

Nginx是一款集Web服务器、反向代理服务器、邮件代理服务器等功能为一体的多功能架构组件,同时还提供缓存服务功能。Nginx的第一个公开版本发布于2004年,其源代码以类BSD许可证的形式发布,因其功能丰富、运行稳定且系统资源消耗低等特性得到广泛应用。

2019年3月,著名硬件负载均衡厂商F5以6.7亿美元收购Nginx。2019年底,Nginx为超过4.75亿个网站提供支持,到2021年,Nginx成为世界上使用最广泛的Web服务器之一。据W3Techs统计,截至2022年1月,Nginx在全球Web服务器占有率达33%的份额,超过Apache排名第一。得益于云计算和微服务的快速发展,Nginx因在其中发挥了自身优势而得到广泛应用,且有望在未来占有更多的市场份额。

Nginx之所以能够如此迅速地发展成为全球Web服务器使用者青睐的对象,很重要的一个原因是其利用软件开源的优势,汇集全球技术人员的智慧,快速修复缺陷,更新功能,实现优化设计。Nginx的官方网站http:/trac.nginx.org/nginx/browser中提供Nginx源代码,所有人员均可通过官网获取源码并进行进一步的开发和修改。

Nginx的系统架构如图3-3-1所示。

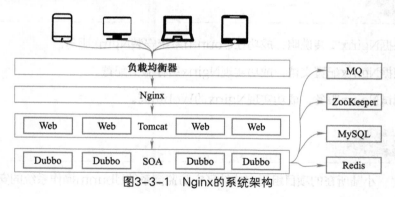

图3-3-1 Nginx的系统架构

2. Nginx常用功能

（1）HTTP代理和反向代理

Nginx提供HTTP服务，作为HTTP代理服务器和反向代理服务器，主要功能包括：通过缓存加速访问、包过滤功能、SSL证书、URL重定向、网络监控、流媒体传输等。代理服务器是客户端与目标服务器的中介，客户端发送的请求经代理服务器再传递给目标服务器，可分为正向代理服务器和反向代理服务器，如图3-3-2所示。

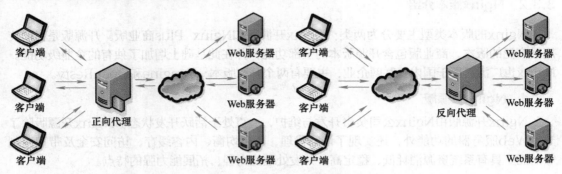

图3-3-2　正向代理和反向代理

正向代理是对客户端的代理，客户端委托一个代理服务器作为代表，向目标服务器发起请求。由于是代理服务器代表客户端发起请求，隐蔽了客户端的信息，所以目标服务器并不知晓真正的客户端。因此，使用正向代理可实现突破访问限制、使用缓冲特性提高访问速度、对服务器隐藏客户端IP从而避免受到可能的攻击等目的。正向代理的典型应用是为在防火墙内的局域网客户端提供访问Internet的途径。正向代理允许客户端通过Nginx访问任意网站并且隐藏客户端的地址，因此用户必须采取安全措施以确保仅为经过授权的客户端提供服务。

反向代理是对服务器的代理，由代理服务器接收客户端的请求，将请求转发至内部网络的服务器，并将从服务器上得到的结果返回至客户端。由于代理服务器隐蔽了服务器的地址等相关信息，客户端并不清楚真正的服务器是谁。因此，使用反向代理可实现负载均衡、保障服务端安全、对客户端隐藏服务器IP等目的。反向代理的典型应用是将防火墙之后的服务器提供给Internet用户访问。在提供反向代理服务时，Nginx提供性能稳定的前端请求转发功能，并且支持灵活配置，配置后端转发请求无需考虑网络环境，可以指定任意的IP地址和端口号，或其他类型的链接、请求等。

（2）负载均衡

Nginx服务器的负载均衡主要是通过实现Nginx软件将大量的前端并发访问分担到多个后端网络节点上分别处理，提供了一种经济有效方法扩展网络设备和服务器的带宽、增加吞吐量、加强网络数据处理能力，同时能够提高网络的灵活性和可用性。

Nginx安装和配置比较简单、测试方便、对网络稳定性的依赖非常小。Nginx支持灵活的分流策略，其负载均衡策略主要分为两类：内置策略和扩展策略。内置策略主要包含轮询、加权轮询和IP hash三种；扩展策略主要通过第三方模块实现，种类比较丰富，常见的有URL hash、fair等。

（3）Web缓存

Nginx服务器通过对用户访问过的内容在Nginx建立副本，以减少Nginx与后端服务之间的网络交互，减轻网络的压力，提升用户访问速度，同时提高后端服务的稳定性。Nginx支持对不同的文件做不同的缓存设置，并且支持FastCGI_Cache，主要用于对FastCGI的动态程序进行缓存。配合第三方的ngx_cache_purge，对制定的URL缓存内容可以进行增删管理。Nginx的重点缓存是反向代理缓存的应用，官方也一直在不断地增强该功能。Nginx反向代理缓存是目前网站架构中最常用的缓存方式，该方式不仅被网站架设者用以提高访问速度，降低应用服务器的负载，同时也被广泛应用于CDN的缓存服务器中。

3.3.2 Nginx版本介绍

Nginx的版本类型主要分为两类：Nginx开源版和Nginx Plus商业版。开源版是目前应用最广泛的版本，商业版包含开源版本的全部功能，并在此基础上增加了独有的企业级功能。Nginx也广泛应用于国内互联网企业，主要有两个开源版本：Tengine和OpenResty。

1. Nginx开源版

Nginx开源版由Nginx公司负责开发与维护，一直处于活跃开发状态。Nginx开源版除了支持Web服务器的功能外，还实现了访问代理、负载均衡、内容缓存、访问安全及带宽控制等功能。具有系统资源消耗低、稳定高、并发处理能力强、拓展能力强的特点。

Nginx开源版本可在官网http://www.nginx.org免费获取，主要分为主线（mainline）、稳定（stable）、过期（legacy）三个版本分支，其中主要维护的是主线分支和稳定分支。主线分支是Nginx目前主力在做的版本，即开发版，会不定期增加最新的功能并进行错误修复。稳定分支是最新稳定版，会集成修复严重错误的代码，但不会增加新的功能，在实际生产环境上一般建议使用稳定分支的版本。主线分支和稳定分支可根据Nginx版本号的第二位数进行区分，主线分支为奇数，稳定分支为偶数。

2. Nginx Plus商业版

Nginx Plus是面向企业用户推出的商业版本，相对开源版增加了很多专属特性功能，并提供更全面的技术支持。为方便用户更轻松地实现对Nginx管理和监控，Nginx Plus在开源版本的基础上提供了许多适合生产环境的专有功能，包括实时活动监视数据、通过API配置上游服务器负载平衡、session一致性、实时更新API配置、主动健康检查等，其代码在单独的私有代码库中维护。Nginx Plus商业版始终基于最新版本的Nginx开源版本主线分支，并包含一些封闭源代码特性和功能，商业版本的功能比开源版本更加完善，为用户提供了更多的技术解决方案和支持。

3. 分支版本Tengine

Tengine是由淘宝网技术团队基于Nginx开发的轻量级开源Web服务器，它在开源版Nginx的基础上，针对大访问量网站的需求，添加了很多针对互联网中使用Nginx应对高并发负载、安全及维护等的功能和特性，其开源版本可在https://github.com/alibaba/tengine获取。Tengine的最终目标是打造一个高效、稳定、安全、易用的Web平台，目前已广泛应用于淘宝网、天猫商城、大众点评、携程等平台，其性能和稳定性等得到了很好的检验。从2011年12月开始，Tengine成为一个开源项目，由Tengine团队开发和维护，其团队的核心成员来自于淘宝、搜狗等互联网企业。Tengine继承了Nginx的所有特性，100%兼容Nginx的配置，并提供更加强大的负载均衡能力，包括一致性hash模块、会话保持模块，还可以对后端的服务器进行主动健康检查。此外Tengine还提供更强大的防攻击模块、监控系统的负载和资源占用从而对系统进行保护等功能。Tengine作为阿里巴巴流量入口的核心系统，已顺利支撑阿里巴巴平稳度过"双11"等大促销活动，在高性能、高并发方面取得了重大突破。

4. 扩展版本OpenResty

OpenResty是基于Nginx开源版本的扩展版本，利用Nginx的模块特性，使Nginx支持Lua语言的脚本编程，是一个基于Nginx与Lua的高性能Web平台。OpenResty内部集成了大量精良的Lua库、第三方模块以及大多数的依赖项，用于方便地搭建能够处理超高并发、扩展性极高的动态Web应用、Web服务和动态网关，提供一流的分布式网络流量管理能力。简单地说，OpenResty的目标是让Web服务直接跑在Nginx服务内部，充分利用Nginx的非阻塞I/O模型，不仅对HTTP客户端请求，甚至于对远程后端如MySQL、Redis等都进行一致的高性能响应。Web开发人员和系统工程师可以使用Lua脚本语言调动Nginx支持的各种C模块及Lua模块，快速构造出足以胜任上万乃至百万以上单机并发连接的高性能Web应用系统。据OpenResty官网介绍，目前已成功应用于Tic Tok、TED、shopify等大流量网站。

3.3.3 Nginx多进程模型

进程（Process）是程序在计算机上的一次执行活动，是操作系统进行资源分配和调度的最小单位。多线程是为了同步完成多项任务，提高资源使用效率来提高系统的效率。在操作系统的管理下，所有正在运行的进程轮流使用CPU，CPU通过时间片轮转进行进程调度，轮流为多个进程服务。系统在进行进程调度和资源分配时，需执行保存当前进程上下文、更新控制信息、选择另一就绪进程、恢复就绪进程上下文等一系列操作。

Nginx默认采用多进程模型，如图3-3-3所示，由一个主进程（Master Process）和多个工作进程（Worker Process）构成，工作进程的数量可以设置，通常与CPU核数相同，充分利用CPU和进程的亲缘性（affinity）将工作进程与CPU绑定，从而最大限度地发挥多核CPU的处理能力。主进程主要负责工作进程的管理，包括接受来自外界的信号，向各工作进程发送信号，监控工作进程的运行状态，当工作进程退出后，会自动重新启动新的工作进程。真正处理客户端请求由工作进程负责处理，比如accept()。各工作进程间同等竞争来自客户端的请求，每个连接由一个工作进程全权处理，无需切换进程，从而避免由进程切换引起的资源消耗问题。工作进程间的资源都是独立的，不会相互影响，若一个进程退出，其他进程会继续保持工作，以保障服务不会中断，主进程则会很快启动新的工作进程。

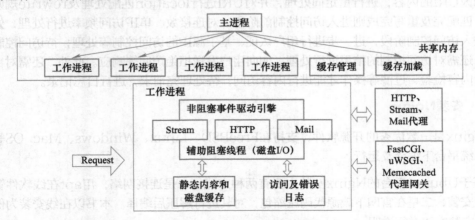

图3-3-3　Nginx多进程模型

Nginx主进程负责监听外部控制信号，通过频道机制将相关信号操作传递给工作进程，多个工作进程间通过共享内存来共享数据和信息。

1）在Linux系统下可以通过kill命令向Nginx进程发送信号指令，命令如下：

```
kill –HUP 'cat nginx.pid
```

执行以上命令需要注意：nginx. pid表示nginx的pid（进程号），可通过进程管理命令ps进行查看。

2）在Linux系统下也可以通过nginx -s命令行参数实现信号指令的发送，命令如下：

```
nginx –s reload
```

3.3.4 Nginx工作流机制

Nginx在处理客户端请求时，每个连接由一个工作进程全权处理，每个请求仅运行在一个工作流中。Nginx工作流可以分为HTTP请求的处理阶段和TCP/UDP处理阶段，且两个处理阶段可以进一步细分为多个子阶段，在不同阶段由不同的功能模块对连接请求进行数据处理，处理结果异常或处理流程结束则将结果返回客户端，否则将进入下一处理阶段。图3-3-4所示为HTTP请求阶段的工作流，以HTTP请求处理为例对其工作流说明如下。

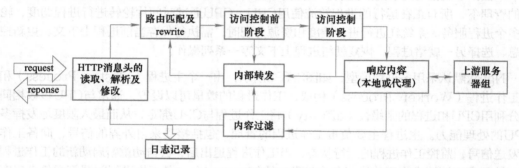

图3-3-4　HTTP请求阶段的工作流

当Nginx接收到客户端请求时，首先进入HTTP读取请求阶段，进行HTTP请求头的读取和解析处理。然后进入server重定向及rewrite阶段，该阶段主要实现在URI进入location路由前修改URI的内容，进行重定向处理，并对URI进行location匹配处理及rewrite规则修改处理。匹配完及重写完成则进入访问控制前阶段，对连接数、单IP访问频率进行处理；处理完成则进入访问控制阶段，进一步进行用户认证、基于源IP的访问控制等处理；待访问控制结束阶段，还需对访问控制的结果进行处理，如向用户发送拒绝访问等响应。此外，还需对目标数据进行内容检验、过滤等操作才能进行内容访问，待处理完请求，进行日志记录。

3.3.5 安装Nginx

Nginx是一款优秀的开源软件，支持在FreeBSD、Linux、Windows、Mac OS等多种操作系统平台下编译及运行。

基于Ubuntu平台的Nginx安装主要有两种方式：一是连接网络，用apt在线软件管理命令进行安装；二是在官网下载源代码压缩包，对其进行解压后编译。本书以在线安装为例，对Nginx安装方法进行说明。

在Ubuntu系统终端，在线安装Nginx命令如下：

```
sudo apt install nginx
```

Nginx在系统中的存放位置如下：

/usr/sbin/nginx：主程序。

/etc/nginx：存放配置文件。

/usr/share/nginx：存放静态文件。

/var/log/nginx：存放日志。

安装完成后可以通过以下命令查看Nginx版本信息：

```
nginx –V
```

3.3.6 Nginx配置文件解析

1. 配置文件nginx.conf

Nginx安装后，配置文件都会默认保存在/etc/nginx目录下，在配置文件目录下，Nginx默认的主配置文件是nginx.conf，这也是Nginx唯一的默认配置入口，其文件结构如下：

```
1.  ...                    #全局块
2.
3.  events {               #events块
4.
5.  ...                    
6.  }
7.
8.  http                   #http块
9.  {
10. ...                    #http全局块
11. server                 #server块
12. {
13. ...    #server全局块
14. location [PATTERN]     #location块
15. {
16. ...
17. }
18. location [PATTERN]
19. {
20. ...
21. }
22. }
23. server
24. {
25. ...
26. }
27. ...    #http全局块
28. }
```

nginx.conf的结构主要由三部分构成，分别为全局块、events块和http块。其中，http块包含http全局块、多个server块；每个server块中，可以包含server全局块和多个location块。需要注意的是，在同一配置块中嵌套的配置块，各个之间不存在次序关系。各块主要内容如下：

全局块：默认配置文件从开始到events块之间的一部分内容，主要设置一些影响Nginx服务器整体运行的配置指令，指令的作用域是Nginx服务器全局。包括配置运行Nginx服务器的用户组、Nginx进程pid存放路径、日志存放路径，配置文件引入，允许生成Worker Process数等。

events块：配置影响Nginx服务器或与用户的网络连接。常用设置包括开启对多工作进程下的网络连接进行序列化，每个工作进程的最大连接数，选取哪种事件驱动模型处理连接请求等。

http块：可以嵌套多个server，配置代理、缓存、日志定义等功能，还可以进行第三方模块的配置，是Nginx服务器配置中的重要部分。

server块：配置虚拟主机的相关参数，一个http块中可以有多个server块，server全局块指令的作用域仅为本server块内，不会影响到其他的server块。

location块：配置请求的路由以及各种页面的处理情况。

需要注意的是在用指令对配置文件进行设置时，指令所在块的层级不同，其作用域也不同。一般情况下，高级块中的指令可以作用于自身所在的块以及包含的所有低层级块。若某个指令同时出现在两个不同层级的块中，则以较低层级块中的配置为准。比如，某指令同时出现在http全局块中和server块中，并且配置不同，则应该以server块中的配置为准。

配置文件内容解析如下：

1. ########## 每个指令必须由分号结束。################
2. #user administrator administrators；   #配置用户或者组，默认为nobody nobody
3. #worker_processes 2；   #允许生成的进程数，默认为1
4. #pid /nginx/pid/nginx.pid；   #指定Nginx进程运行文件存放地址
5. error_log log/error.log debug；   #制定日志路径、级别。这个设置可以放入全局块、http块、server块，级别依次为：debug|info|notice|warn|error|crit|alert|emerg
6. events {
7. accept_mutex on；   #设置网络连接序列化，防止惊群现象发生，默认为on
8. multi_accept on；   #设置一个进程是否同时接受多个网络连接，默认为off
9. #use epoll；   #事件驱动模型，select|poll|kqueue|epoll|resig|/dev/poll|eventport
10. worker_connections 1024；   #最大连接数，默认为512
11. }
12. http {
13. include   mime.types；   #文件扩展名与文件类型映射表
14. default_type application/octet-stream；   #默认文件类型，默认为text/plain
15. #access_log off；   #取消服务日志

16. log_format myFormat '$remote_addr – $remote_user [$time_local] $request $status $body_bytes_sent $http_referer $http_user_agent $http_x_forwarded_for';   #自定义格式

17. access_log log/access.log myFormat;   #combined为日志格式的默认值

18. sendfile on;   #允许sendfile方式传输文件,默认为off,可以在http块、server块、location块

19. sendfile_max_chunk 100k;   #每个进程每次调用传输数量不能大于设定的值,默认为0,即不设上限

20. keepalive_timeout 65;   #连接超时时间,默认为75s,可以在http块、server块、location块

21.

22. upstream mysvr {

23. server 127.0.0.1:7878;

24. server 192.168.10.121:3333 backup;   #热备

25. }

26. error_page 404 https://www.163.com;   #错误页

27. server {

28. keepalive_requests 120;   #单连接请求上限次数

29. listen   4545;   #监听端口

30. server_name 127.0.0.1;   #监听地址

31. location ~*^.+$ {   #请求的url过滤,正则匹配,~为区分大小写,~*为不区分大小写

32. #root path;   #根目录

33. #index vv.txt;   #设置默认页

34. proxy_pass http://mysvr;   #请求转向mysvr 定义的服务器列表

35. deny 127.0.0.1;   #拒绝的IP

36. allow 172.18.5.54;   #允许的IP

37. }

38. }

39. }

部分参数说明如下:

- $remote_addr与$http_x_forwarded_for用以记录客户端的IP地址。

- $remote_user:用来记录客户端用户名称。

- $time_local:用来记录访问时间与时区。

- $request:用来记录请求的URL与HTTP。

- $status:用来记录请求状态;成功是200。

- $body_bytes_sent:记录发送给客户端文件主体内容大小。

- $http_referer:用来记录从哪个页面链接访问过来的。

- $http_user_agent:记录客户端浏览器的相关信息。

- 惊群现象:一个网络请求连接到来,多个等待的进程被同时唤醒,但只有一个进程能获得连接并进行处理,一定程度上降低了系统性能。

- 每个指令必须由分号结束。

2. Nginx配置命令

Nginx执行文件的命令行参数可以通过-h参数获取，Nginx命令行参数如下：

1. Usage： nginx [-?hvVtTq] [-s signal] [-c filename] [-p prefix] [-g directives]
2. Options：
3. -?, -h   : this help
4. -v   : show version and exit
5. -V   : show version and configure options then exit
6. -t   : test configuration and exit
7. -T   : test configuration, dump it and exit
8. -q   : suppress non-error messages during configuration testing
9. -s signal   : send signal to a master process: stop, quit, reopen, reload
10. -p prefix   : set prefix path （default: /usr/share/nginx/ ）
11. -c filename   : set configuration file （default: /etc/nginx/nginx.conf ）
12. -g directives : set global directives out of configuration file

上述代码中的主要参数解释说明如下：

● -v参数：显示Nginx执行文件的版本信息。

● -V参数：显示Nginx执行文件的版本信息和编译配置参数。

● -t参数：进行配置文件语法检查，测试配置文件的有效性。

● -T参数：进行配置文件语法检查，测试配置文件的有效性，同时输出所有有效配置内容。

● -q参数：在测试配置文件有效性时，不输出非错误信息。

● -s参数：发送信号给Nginx主进程，信号可以为以下4个：

> stop：快速关闭。
>
> quit：正常关闭。
>
> reopen：重新打开日志文件。
>
> reload：重新加载配置文件，启动一个加载新配置文件的Worker Process，正常关闭一个加载旧配置文件的Worker Process。

● -p参数：指定Nginx的执行目录，默认为configure时的安装目录，通常为/usr/local/nginx。

● -c参数：指定nginx.conf文件的位置，默认为conf/nginx.conf。

● -g参数：外部指定配置文件中的全局指令。

应用示例如下：

1. nginx -t
2. Nginx -t -q

3. nginx −S stop

4. nginx −S quit

5. nginx −s reload

6. nginx −p /usr/local/newnginx

7. nginx −C /etc/nginx/nginx.conf

对于上述命令需要注意：

① 第一行命令代表执行配置文件检测。

② 第二行命令代表执行配置文件检测，且只输出错误信息。

③ 第三行命令代表快速停止Nginx。

④ 第四行命令代表正常关闭Nginx。

⑤ 第五行命令代表重新加载配置文件。

⑥ 第六行命令代表指定Nginx的执行目录为/usr/local/newnginx。

⑦ 第七行命令代表指定nginx.conf文件的位置为/etc/nginx/nginx.conf。

3.3.7 启动与测试Nginx

1. 启动Nginx

在Linux平台下，启动Nginx服务器有两种方式，可以直接运行安装目录下sbin目录中的二进制文件，也可以用服务管理的命令来启动Nginx服务器。Linux服务管理的两种方式为service和systemctl，systemd是Linux系统最新的初始化系统（init），作用是提高系统的启动速度，尽可能启动较少的进程，尽可能更多进程并发启动；systemctl兼容了service，因此，对于Nignx的启动直接用systemctl命令即可。

启动Nginx服务：

```
sudo systemctl start nginx
```

查看Nginx状态：

```
sudo systemctl status nginx
```

2. 停止Nginx

停止Nginx服务主要有两种方式：快速停止和平缓停止。快速停止是指一旦接到停止命令便立即停止当前Nginx服务正在处理的所有网络请求，立即丢弃连接，停止工作。平缓停止相对于立即停止有一个缓冲时间，在接到停止的命令后允许Nginx服务将当前正在处理的网络请求处理完成，但不再接收新的请求，等当前请求处理完成再关闭连接，停止工作。

停止Nginx服务的操作比较多。可以发送信号：

```
./sbin/Nginx −g TERM | INT |QUIT
```

其中，TERM和INT信号用于快速停止，QUIT用于平缓停止。

kill TERM | INT |QUIT /Nginx/logs/nginx.pid

也可以直接使用命令：

sudo systemctl stop nginx

3. 重启Nginx

如果对Nginx服务器的配置文件进行了更改或者添加了新的模块，则需重启Nginx服务方可生效。可以通过先关闭Nginx服务，然后使用新的Nginx配置文件重启服务，也可以平滑重启Nginx服务。

所谓平滑重启是指Nginx服务进程接收到命令后，加载并检查新的Nginx配置文件，如果配置语法正确，则启动新的Nginx服务，然后平缓关闭旧的服务进程；如果新的Nginx配置文件检查不通过，则仍然使用旧的Nginx进程提供服务，并将错误信息进行显示。

使用以下命令实现Nginx服务的平滑重启：

./sbin/nginx –g HUP [–c newConffile]

HUP信号用于发送平滑重启信号。newConffile为可选项，用于指定新配置文件的路径。或者使用新的配置文件代替了旧的配置文件后，使用以下命令：

sudo systemctl restart nginx

4. 测试Nginx

Nginx测试的目的在于检测Nginx服务是否部署成功，可通过在浏览器访问Nginx服务器，根据其是否能加载Web服务进行判断，如果能通过访问服务器IP地址正确打开Nginx服务器提供的Web页面，如图3-3-5所示，则说明测试通过，Nginx安装成功。

图3-3-5　访问Nginx Web页面

任务实施

　　项目组已完成社区安防监测系统Ubuntu操作系统的安装及MySQL数据库的搭建，现需搭建社区安防监测系统的Web服务器，小陆需要在Ubuntu上安装Nginx，启动Nginx服务并测试，以确认Nginx处于正常运行状态，并进行基础缓存服务配置。任务实施前必须先准备好以下设备和资源。

序　号	设备/资源名称	数　量	是否准备到位（√）
1	虚拟机软件	1	□是　　□否
2	Ubuntu操作系统	1	□是　　□否

1. Nginx安装与配置

（1）安装Nginx

在Ubuntu系统终端输入命令，安装Nginx服务，如图3-3-6所示。安装完成后输入nginx -V命令查看版本信息，如图3-3-7所示。

1. sudo apt install nginx
2. nginx –V

基于Ubuntu操作系统
的Nginx服务搭建

```
nle@nle-VirtualBox:~$ sudo apt install nginx
正在读取软件包列表... 完成
正在分析软件包的依赖关系树
正在读取状态信息... 完成
将会同时安装下列软件：
  nginx-common nginx-core
建议安装：
  fcgiwrap nginx-doc
下列【新】软件包将被安装：
  nginx nginx-common nginx-core
升级了 0 个软件包，新安装了 3 个软件包，要卸载 0 个软件包，有 189 个软件包未被升级。
需要下载 460 kB 的归档。
解压缩后会消耗 1,485 kB 的额外空间。
您希望继续执行吗？ [Y/n] Y
获取:1 http://cn.archive.ubuntu.com/ubuntu xenial-updates/main amd64 nginx-common all 1.10.3-0ubuntu0.16.04.5 [26.9 kB]
获取:2 http://cn.archive.ubuntu.com/ubuntu xenial-updates/main amd64 nginx-core amd64 1.10.3-0ubuntu0.16.04.5 [429 kB]
获取:3 http://cn.archive.ubuntu.com/ubuntu xenial-updates/main amd64 nginx all 1.10.3-0ubuntu0.16.04.5 [3,494 B]
已下载 460 kB，耗时 5秒 (89.9 kB/s)
```

图3-3-6　安装Nginx

```
nle@nle-VirtualBox:~$ nginx -V
nginx version: nginx/1.10.3 (Ubuntu)
built with OpenSSL 1.0.2g  1 Mar 2016
TLS SNI support enabled
```

图3-3-7　查询Nginx版本

（2）启动Nginx

在Ubuntu系统终端输入命令，启动Nginx服务并查看状态，如图3-3-8所示。

1. sudo systemctl start nginx
2. sudo systemctl status nginx

```
nle@nle-VirtualBox:~$ sudo systemctl start nginx
nle@nle-VirtualBox:~$ sudo systemctl status nginx
● nginx.service - A high performance web server and a reverse proxy server
   Loaded: loaded (/lib/systemd/system/nginx.service; enabled; vendor preset: en
   Active: active (running) since 一 2022-01-24 11:45:03 CST; 3min 14s ago
 Main PID: 10159 (nginx)
   CGroup: /system.slice/nginx.service
           ├─10159 nginx: master process /usr/sbin/nginx -g daemon on; master_pr
           └─10160 nginx: worker process

1月 24 11:45:03 nle-VirtualBox systemd[1]: Starting A high performance web serve
1月 24 11:45:03 nle-VirtualBox systemd[1]: nginx.service: Failed to read PID fro
1月 24 11:45:03 nle-VirtualBox systemd[1]: Started A high performance web server
1月 24 11:48:07 nle-VirtualBox systemd[1]: Started A high performance web server
```

图3-3-8　启动Nginx并查看状态

（3）测试Nginx

在Ubuntu系统或Windows系统中打开浏览器，输入Ubuntu的IP地址。例如此处Ubuntu的IP地址为192.168.0.100，则在浏览器地址栏输入http://192.168.0.100，如图3-3-9所示。如果不清楚IP地址，可以用ifconfig命令进行查询。

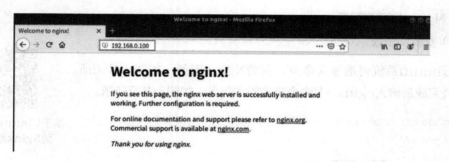

图3-3-9　测试Nginx

（4）修改Nginx访问端口

1）编辑etc/nginx/sites-enabled/default配置文件，把listen后默认的80端口改为90端口，如图3-3-10所示。

```
sudo gedit /etc/nginx/sites-enabled/default
```

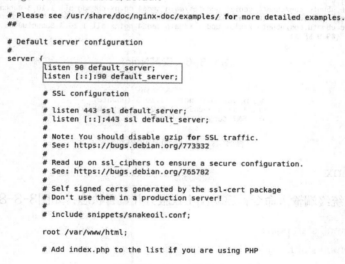

图3-3-10　修改监听端口

2）重启Nginx服务，使配置生效。

```
sudo systemctl restart nginx
```

3）使用浏览器访问服务器IP地址，注意，此时Web服务的端口号已经改为90，因此需在IP地址后加上端口号，IP地址和端口号间用"："隔开，例如http://192.168.0.100:90，如图3-3-11所示。

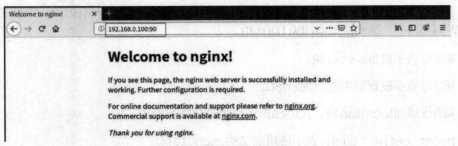

图3-3-11　访问修改后的端口

2. Nginx缓存服务配置与管理

1）Nginx的缓存服务配置需更改配置文件nginx.conf，可用sudo nginx -t查询配置文件具体路径。如图3-3-12所示，查询结果显示配置文件路径为/etc/nginx/nginx.conf。

sudo nginx -t

```
nle@nle-VirtualBox:~$ sudo nginx -t
nginx: the configuration file /etc/nginx/nginx.conf syntax is ok
nginx: configuration file /etc/nginx/nginx.conf test is successful
```

图3-3-12　nginx.conf所在路径

2）创建缓存目录。

sudo mkdir -pv /tmp/nginx/cache

```
nle@nle-VirtualBox:~$ sudo mkdir -pv /tmp/nginx/cache
mkdir: 已创建目录 '/tmp/nginx'
mkdir: 已创建目录 '/tmp/nginx/cache'
```

图3-3-13　创建缓存目录

3）打开配置文件/etc/nginx/nginx.conf。

sudo gedit /etc/nginx/nginx.conf

4）在http块中添加以下代码，在/etc/nginx/nginx.conf中添加配置，设置缓存路径为/tmp/nginx/cache，缓存有效期为1h。

```
1.  proxy_cache_path /tmp/nginx/cache levels=1:2 keys_zone=cache:100m;
2.  server {
3.          Listen 8080;
4.          server_name localhost;
5.          location / {
6.                  root /var/www/html;
7.                  proxy_cache cache;
8.                  proxy_pass http://127.0.0.1:8000;
9.                  proxy_cache_key $request_uri;
10.                 proxy_cache_valid 200 206  1h;
11.                 proxy_cache_valid any 1m;
12.         }
13.     }
```

在以上配置文件的代码中需要注意：

① 第1行定义缓存存放路径，其中proxy_cache_path表示缓存路径，cache：100m表示键的值为cache，键的使用空间为100MB。

② 第2行表示设置server块。

③ 第3行表示设置监听端口为8080。

④ 第5行添加location块，在location块中进行缓存设置。

⑤ proxy_cache，cache表示使用定义的cache缓存。

⑥ proxy_pass表示代理转发路径，此location处理的所有请求传递到指定地址 http://127.0.0.1:8000处的代理服务器。

⑦ 第9行命令表示设置缓存key。

⑧ 第10行命令表示响应状态码为200及206的内容缓存有效期为1h。

⑨ 第11行命令表示除200及206外的响应码都缓存1min。

添加缓存设置的代码显示如图3-3-14所示。

```
http {
    ##
    # Basic Settings
    ##
    sendfile on;
    tcp_nopush on;
    tcp_nodelay on;
    keepalive_timeout 65;
    types_hash_max_size 2048;
    # server_tokens off;
    # server_names_hash_bucket_size 64;
    # server_name_in_redirect off;
    include /etc/nginx/mime.types;
    default_type application/octet-stream;
    ##
    # SSL Settings
    ##
    ssl_protocols TLSv1 TLSv1.1 TLSv1.2; # Dropping SSLv3, ref: POODLE
    ssl_prefer_server_ciphers on;
    ##
    # Logging Settings
    ##
    access_log /var/log/nginx/access.log;
    error_log /var/log/nginx/error.log;
    ##
    # Gzip Settings
    ##
    gzip on;
    gzip_disable "msie6";

    proxy_cache_path  /tmp/nginx/cache  levels=1:2  keys_zone=cache:100m;
    server {
    listen      8080;
    server_name  localhost;
    location / {
        root /var/www/html;
        proxy_cache cache;
        proxy_pass http://127.0.0.1:8000;
        proxy_cache_key $request_uri;
        proxy_cache_valid 200 206  1h;
        proxy_cache_valid any 1m;
    }
    }
```

图3-3-14　添加缓存设置

5）检测修改后的配置文件，如果检测通过则表示修改成功，如图3-3-15所示。

sudo nginx –t

```
nle@nle-VirtualBox:~$ sudo nginx -t
nginx: the configuration file /etc/nginx/nginx.conf syntax is ok
nginx: configuration file /etc/nginx/nginx.conf test is successful
```

图3-3-15　检测配置文件

6）重启Nginx并查看运行状态，如图3-3-16所示。

1. sudo systemctl restart nginx

2. sudo systemctl status nginx

```
nle@nle-VirtualBox:~$ sudo systemctl restart nginx
nle@nle-VirtualBox:~$ sudo systemctl status nginx
● nginx.service - A high performance web server and a reverse proxy server
   Loaded: loaded (/lib/systemd/system/nginx.service; enabled; vendor preset: enabled)
   Active: active (running) since 二 2022-02-15 11:14:24 CST; 36s ago
  Process: 5783 ExecStop=/sbin/start-stop-daemon --quiet --stop --retry QUIT/5 --pidfile /run/nginx.
  Process: 5789 ExecStart=/usr/sbin/nginx -g daemon on; master_process on; (code=exited, status=0/Su
  Process: 5784 ExecStartPre=/usr/sbin/nginx -t -q -g daemon on; master_process on; (code=exited, st
 Main PID: 5793 (nginx)
   CGroup: /system.slice/nginx.service
           ├─5793 nginx: master process /usr/sbin/nginx -g daemon on; master_process on
           ├─5794 nginx: worker process
           ├─5796 nginx: cache manager process
           └─5797 nginx: cache loader process

2月 15 11:14:23 nle-VirtualBox systemd[1]: Stopped A high performance web server and a reverse proxy
2月 15 11:14:23 nle-VirtualBox systemd[1]: Starting A high performance web server and a reverse prox
2月 15 11:14:24 nle-VirtualBox systemd[1]: nginx.service: Failed to parse PID from file /run/nginx.p
2月 15 11:14:24 nle-VirtualBox systemd[1]: Started A high performance web server and a reverse proxy
```

图3-3-16　重启Nginx

3. 社区安防监测系统配置与管理

（1）复制Web项目Ubuntu

在Ubuntu虚拟机中需要安装WinSCP才能实现与Windows主机间直接进行文件复制传递，若没有安装WinSCP，则可以借助移动存储设备（如U盘）进行文件复制。

Linux系统的软件一般装在/usr，第三方软件或程序等文件一般装在/opt目录中，本任务可将Web项目代码复制到/opt目录。

（2）修改Nginx访问端口及站点

1）打开Nginx配置文件/etc/nginx/nginx.conf。

sudo gedit /etc/nginx/nginx.conf

2）删除缓存设置添加的代码，重新在http块中添加server块，把listen后的端口号改为8100，root设置为Web项目文件所在路径，如图3-3-17所示。

1. server {

2. listen 8100;

3. server_name localhost;

4. autoindex on;

5. location / {

6. root /opt/LayuiCMSluyun-master;

7. index index.html index.htm;

8. }

9. }

在以上配置文件代码中需要注意：

① 设置server块监听端口为8100，虚拟主机服务名称为localhost。

② autoindex on表示启用目录浏览。

③ 通过location块设置Web项目的路径，配置默认首页为index.html、index.htm。

```
http {
    ##
    # Basic Settings
    ##
    sendfile on;
    tcp_nopush on;
    tcp_nodelay on;
    keepalive_timeout 65;
    types_hash_max_size 2048;
    # server_tokens off;
    # server_names_hash_bucket_size 64;
    # server_name_in_redirect off;

    include /etc/nginx/mime.types;
    default_type application/octet-stream;

    ##
    # SSL Settings
    ##
    ssl_protocols TLSv1 TLSv1.1 TLSv1.2; # Dropping SSLv3, ref: POODLE
    ssl_prefer_server_ciphers on;

    ##
    # Logging Settings
    ##
    access_log /var/log/nginx/access.log;
    error_log /var/log/nginx/error.log;

    ##
    # Gzip Settings
    ##

    gzip on;
    gzip_disable "msie6";

    proxy_cache_path /tmp/nginx/cache levels=1:2 keys_zone=cache:100m;
    server {
        listen 8100;
        server_name localhost;
        autoindex on;

        location / {
            root /opt/LayuiCMSluyun-master;
            index index.html index.htm;
        }
```

图3-3-17　添加server块

（3）测试新站点

1）重启Nginx。

1. sudo systemctl restart nginx

2）使用浏览器访问http://localhost:8100，如图3-3-18所示。

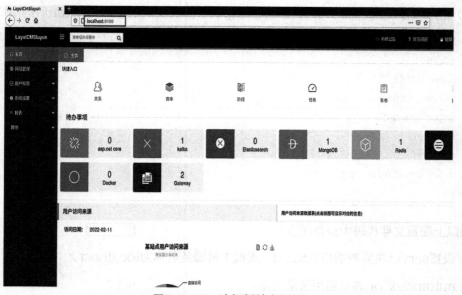

图3-3-18　访问新站点页面

任务小结

　　本任务选择Nginx作为社区安防监测管理系统的Web服务器平台，对Nginx的优势进行了分析，并对工作机制进行了介绍，详细地讲解了Nginx安装部署的方法，并对其基本配置方式进行了说明，满足对Nginx服务的日常维护需求。本任务相关知识技能小结思维导图如图3-3-19所示。

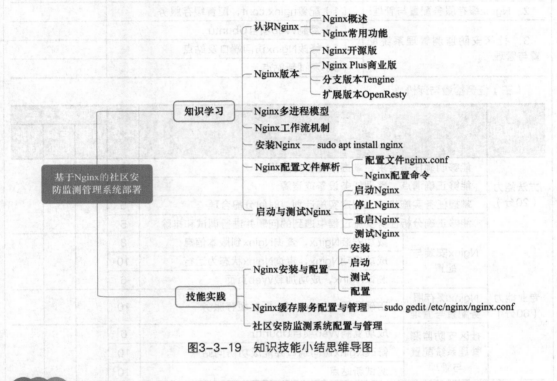

图3-3-19　知识技能小结思维导图

任务工单

项目3　智慧社区——社区安防监测系统部署与运维	任务3　基于Nginx的社区安防监测管理系统部署
班级：	小组：
姓名：	学号：
分数：	

（一）关键知识引导

1. 简述Nginx的功能

Nginx常用的功能有：http代理和反向代理、负载均衡及Web缓存。

2. 简述Nginx的启动、停止与重启的方法

启动：sudo systemctl start nginx

停止：sudo systemctl stop nginx

重启：sudo systemctl restart nginx

（续）

（二）任务实施完成情况

任　　务	任　务　内　容	完　成　情　况
1. Nginx安装与配置	（1）安装Nginx，查询Nginx版本	
	（2）启动Nginx，查询Nginx运行状态	
	（3）测试Nginx	
2. Nginx缓存服务配置与管理	（1）配置nginx.conf，配置缓存服务	
3. 社区安防监测管理系统配置与管理	（1）复制Web项目Ubuntu	
	（2）修改Nginx访问端口及站点	
	（3）测试新站点	

（三）任务检查与评价

评价项目	评价内容		配分	评价方式		
				自我评价	互相评价	教师评价
方法能力（20分）	能够明确任务要求，掌握关键引导知识		5			
	能够正确清点、整理任务设备或资源		5			
	掌握任务实施步骤，制定实施计划，时间分配合理		5			
	能够正确分析任务实施过程中遇到的问题并进行调试和排除		5			
专业能力（60分）	Nginx安装与配置	成功安装Nginx，查询Nginx到版本信息	8			
		成功启动Nginx，查询Nginx状态为运行	10			
		测试Nginx，成功加载Web页面	6			
	Nginx缓存服务配置与管理	正确配置nginx.conf，配置缓存服务	10			
	社区安防监测管理系统配置与管理	成功复制Web项目Ubuntu	6			
		修改Nginx访问端口并能成功访问站点	10			
		测试新站点	10			
素养能力（20分）	安全操作与工作规范	操作过程中严格遵守安全规范，正确使用电子设备，每处不规范操作扣1分	5			
		严格执行6S管理规范，积极主动完成工具设备整理	5			
	学习态度	认真参与教学活动，课堂互动积极	3			
		严格遵守学习纪律，按时出勤	3			
	合作与展示	小组之间交流顺畅，合作成功	2			
		语言表达能力强，能够正确陈述基本情况	2			
合　　计			100			

（四）任务自我总结

过程中的问题	解　决　方　式

Project 4

项目④

智慧交通——停车场管理系统部署与运维

项目引入

随着经济不断发展和人民生活水平稳步提高，我国汽车数量逐年增多，传统的停车场缺乏人性化的管理运行机制，大多数停车场因面对日益增长的停车需求而变得"手足无措"，车辆进出管理、收费过程、车位查询等变得越来越困难，费时费力的同时也极其不便利。智慧交通——停车场管理系统是现代化城市建设中不可或缺的设施，它可以有效地解决乱停造成的停车混乱问题，促使停车正规化，也能减少车主担心车被盗的担忧。智慧交通——停车场管理系统直接影响停车场管理的便捷性与高效性，直接关系着城市的现代化程度。

基于智慧交通的停车场管理系统包含车辆计费管理、车库停车位管理、楼宇管理、安防管理等功能。为了顺利部署上线智慧交通——停车场管理系统，在Ubuntu操作系统安装完成后，需要完成Ubuntu操作系统文件、权限、进程的管理和操作系统的网络服务搭建工作，以确保运维人员能高效管理服务器操作系统。停车场管理系统中涵盖了许多功能模块，各个功能模块之间需要实时存储和处理大量的数据流，运维人员需要在MySQL数据库中使用SQL语句创建停车场管理系统数据库表，来实现停车场管理系统的数据存储。由于停车场管理系统软件结构采用的是B/S模式，完成服务器操作系统配置和MySQL数据库搭建后，最后的工作任务就是使用Docker容器技术搭建能支撑B/S模式的Nginx平台，如图4-0-1所示。

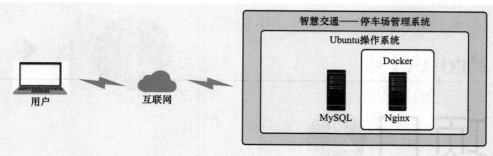

图4-0-1 停车场管理系统部署结构

任务1 Ubuntu系统管理与网络服务搭建

职业能力目标

- 能在Ubuntu操作系统下，正确使用Linux命令，实现用户管理和文件目录管理。
- 能在Ubuntu操作系统下，正确使用Linux命令，实现权限管理和进程管理。
- 能在Ubuntu操作系统下，正确搭建常用网络服务，实现操作系统资源共享。

任务描述与要求

任务描述：目前公司运维部一共有6名员工和3个小组（其中1小组为系统组），每个小组有2人，为了便于运维部门员工高效管理Ubuntu操作系统，需要搭建SSH服务和文件传输服务。LA先生作为公司系统运维工程师要完成用户和组管理、文件目录权限管理、系统进程运行状态查看以及网络服务安装配置工作。

任务要求：

- 使用Xshell软件远程登录Ubuntu系统。
- 实现用户/组/文件/目录的创建与管理。
- 实现系统进程监控。
- 实现在Ubuntu操作系统上部署SSH和FTP服务。

知识储备

4.1.1 Ubuntu文件与目录管理

Linux文件管理

在Ubuntu系统中，文件系统是核心内容之一，可以简单理解为Ubuntu系统中一切都是文件，而文件系统就是文件的组织和管理方式。而Ubuntu系统目录组织参考了UNIX系统特性，所有的存储空间和设备通过挂载形式共享一个根目录。

1. 文件管理

在Ubuntu系统中最小的数据存储单位为文件。"一切都是文件"是Linux和UNIX一直贯彻的原则，所有的数据都是以文件的形式存在的，如图4-1-1所示。在Ubuntu系统创建文件系统时至少需要一个根文件系统作为整个文件系统树的根结点。

图4-1-1　Ubuntu部分文件系统层次结构

（1）pwd命令（见表4-1-1）

pwd命令是"print working directory"中每个单词的首字母缩写，该命令用于显示用户当前所处的目录路径。例如需要查看当前所处的目录路径时可以使用pwd命令。

表4-1-1　pwd命令

语 法 格 式	常 用 参 数	说　　明
pwd [参数]	-L	显示逻辑路径

（2）ls命令（见表4-1-2）

ls命令是Linux下最常用的命令之一。ls命令为英文单词list的缩写，其功能是列出指定目录下的内容及其相关属性信息。

表4-1-2　ls命令

语 法 格 式	常 用 参 数	说　　明
ls [参数] [文件]	-a	显示所有文件及目录
	-l	使用长格式列出文件及目录信息
	-t	根据最后的修改时间排序
	-S	根据文件大小排序
	-R	递归列出所有子目录

（3）cd命令（见表4-1-3）

cd命令是"change directory"中单词的首字母缩写，其英文释义是改变目录，所以该命令的功能是从当前目录切换到指定目录。其中，目录的路径可分为绝对路径和相对路径，若命令使用时目录名称省略，则切换至使用者的用户目录。

表4-1-3　cd命令

语 法 格 式	常 用 参 数	说　　　明
cd [参数] [目录名]	~	切换至当前用户目录
	..	切换至当前目录位置的父目录
	-	切换至上一次所在目录

（4）浏览文件命令

Linux系统中有很多个用于查看文件内容的命令，每个命令又都有自己的特点，比如cat命令（见表4-1-4）就是用于查看内容较少的纯文本文件的。对于较长文件内容则用more命令（见表4-1-5），它将内容较长的文本文件内容进行分屏显示，并且支持在显示时定位关键字。

表4-1-4　cat命令

语 法 格 式	常 用 参 数	说　　　明
cat [参数] [目录名]	-n	对输出内容中的所有行标注行号
	-b	对输出内容中的非空行标注行号

表4-1-5　more命令

语 法 格 式	常 用 参 数	说　　　明
more [参数] [目录名]	-num	指定每屏显示的行数
	+num	从第num行开始显示

（5）文件编辑器

vi编辑器可以执行输出、删除、查找、替换、块操作等众多文本操作。vi包含命令模式（Command mode）、输入模式（Insert mode）和底线命令模式（Last line mode）这三种模式。

1）命令模式（见表4-1-6）：用户刚刚启动vi，便进入了命令模式。此状态下按键盘动作会被vi识别为命令，而非输入字符。若进入其他模式想返回命令模式则可以按<ESC>键返回。

表4-1-6　vi命令模式

按　　　键	功　　　能
I	切换到输入模式，以输入字符
X	删除当前光标所在处的字符
H	光标向左移动一个字符
J	光标向下移动一个字符
K	光标向上移动一个字符
L	光标向右移动一个字符

2）输入模式：在命令模式下按<I>键就进入了输入模式。在输入模式中，可以对文件内容进行添加、修改和删除等常规操作。内容编辑完成后可以按<ESC>键返回命令模式。

3）底线命令模式（见表4-1-7）：在命令模式下按< : >键（注意：一般键盘需要通过<Shift + ; >组合键形式输出: 符号）就可以进入底线命令模式。进入底线命令模式时光标会在vi底部闪烁。

表4-1-7　底线命令模式

按　键	功　能
W	将编辑的文件保存到硬盘中
W!	将编辑的文件强行储存到硬盘中（注：还需满足用户权限条件）
Q	退出vi编辑器
Q!	强制退出vi编辑器
WQ	储存后退出vi编辑器
WQ!	强制储存并退出vi编辑器

参考实例：

创建hello.c文件，输入helloworld后保存并退出vi编辑器，命令如下：

vi hello.c

上述命令执行后需要注意：

① 按<I>键进入输入模式。

② 按<ESC>键进入命令模式。

③ 在命令模式中按<Shift +; >组合键进入底行命令模式，再输入wq!强制保存退出。

查看hello.c文件内容，如图4-1-2所示。

cat hello.c

```
nle@nle-VirtualBox:~$ vi hello.c
nle@nle-VirtualBox:~$ cat hello.c
hello world
```

图4-1-2　vi编辑器创建文件

2. 目录管理

（1）mkdir命令（见表4-1-8）

mkdir命令是make directories的缩写，用来创建目录。

表4-1-8　mkdir命令

语 法 格 式	常 用 参 数	说　明
mkdir [参数] [目录名]	−p	递归创建多级目录
	−m	建立目录的同时设置目录的权限
	−v	显示目录的创建过程

（2）rmdir命令（见表4-1-9）

rmdir命令是remove directory的缩写，只能删除空目录。

表4-1-9　rmdir命令

语 法 格 式	常 用 参 数	说　　明
rmdir [参数] [目录名]	-p	用递归的方式删除多级目录
	-v	显示命令的详细执行过程

（3）cp命令（见表4-1-10）

cp命令可以理解为英文单词copy的缩写，功能是复制文件或目录。cp命令可以将多个文件复制到已经存在的目录中。

表4-1-10　cp命令

语 法 格 式	常 用 参 数	说　　明
cp [参数] 源文件 目标文件	-f	若目标文件已存在，则会直接覆盖原文件
	-i	若目标文件已存在，则会询问是否覆盖
	-r	递归复制文件和目录

（4）mv命令（见表4-1-11）

mv命令是单词move的缩写，可以移动文件或改文件名。

表4-1-11　mv命令

语 法 格 式	常 用 参 数	说　　明
mv[参数] 源文件或目录 目标文件或目录	-i	若存在同名文件，则向用户询问是否覆盖
	-f	覆盖已有文件时，不进行任何提示
	-b	当文件存在时，覆盖前为其创建一个备份
	-u	当源文件比目标文件新，或者目标文件不存在时才执行此操作

（5）rm命令（见表4-1-12）

rm是常用的命令，该命令的功能为删除一个目录中的一个或多个文件或目录，也可以将某个目录及其下的所有文件及子目录均删除。

表4-1-12　rm命令

语 法 格 式	常 用 参 数	说　　明
rm [参数] 文件名或目录名	-r/R	递归删除
	-f	忽略不存在的文件，不会出现警告信息
	-i	删除前会询问用户是否操作

4.1.2　Ubuntu用户与权限管理

Ubuntu操作系统是多用户多任务的操作系统，允许多个用户同时登录到系统并使用系统资源。用户账户是用户的身份标识，Ubuntu系统下的用户账户分为两种：普通用户账户和超级用户账户（root）。普通用户在系统中只能进行普通工作，如访问他们拥有的或者有权限执行的文件。超级用户账户对系统具有绝对的控制权，能够对系统进行一切操作，如果操作不当很容易对系统造成损坏。

1. 查看用户和用户组信息

在Ubuntu系统中，为了方便人员对操作系统的管理，建立了组群的概念。组群是具有相同特性的用户逻辑集合，使用组群有利于系统管理员按照用户的特性组织和管理用户，提高工作效率。有了组群，在做资源授权时可以把权限赋予某个组群，组群中的成员即可自动获得这种权限。一个用户账户可以同时是多个组群的成员。

（1）查看Ubuntu系统用户账户信息

在Ubuntu系统中，所创建的用户账户及其相关信息（密码除外）均放在/etc/passwd配置文件中，用cat或more命令可查看passwd文件。passwd文件中的每一行用"："分隔为7个域，分别是"用户名:加密口令:UID:GID:用户的描述信息:主目录:命令解释器"。

参考实例：

查看Ubuntu系统用户账户信息文件，命令如下：

cat /etc/passwd

上述命令执行后需要注意（以root账号为例root:x:0:0:root:/root:/bin/bash）：

① root代表用户名。

② x代表加密口令。

③ 0:0代表UID（用户标识）：GID（组群标识）。

④ root代表用户的描述信息。

⑤ /root代表主目录。

⑥ /bin/bash代表命令解释器。

（2）查看Ubuntu系统组群账户信息

在Ubuntu系统中，组群账户的信息存放在/etc/group文件中，每个组群账户在group文件中占用一行，并且用"："分隔为4个域。分别是"组群名称:组群口令:GID:组群成员列表"。

参考实例：

查看Ubuntu系统组群账户信息文件，命令如下：

cat /etc/group

上述命令执行后需要注意（以root账号为例root:x:0）：

① root代表组群名称。

② x代表组群口令。

③ 0代表GID（组群标识）。

④ 最后区域代表组群成员列表，因root组还未添加其他成员所以显示为空。

2. 管理用户账户

（1）新建用户

在系统中新建用户可以使用adduser命令来创建用户，见表4-1-13。

表4-1-13　adduser命令

语 法 格 式	常 用 参 数	说　　明
adduser [参数] 用户名	-g	指定用户对应的用户组GID
	-u	指定用户UID
	-e	用户终止日期，日期的格式为YYYY-MM-DD

（2）用户账户密码设置

指定和修改用户账户密码的命令是passwd，见表4-1-14。超级用户可以为自己和其他用户设置密码，而普通用户只能为自己设置密码。

表4-1-14　passwd命令

语 法 格 式	常 用 参 数	说　　明
passwd [参数] 用户名	-d	删除密码
	-l	锁定用户密码，无法被用户自行修改
	-u	解开已锁定的用户密码，允许用户自行修改

（3）删除用户账户

userdel命令用于删除指定的用户及与该用户相关的文件，见表4-1-15。userdel命令实际上是修改系统的用户账号文件/etc/passwd、/etc/shadow以及/etc/group文件。

表4-1-15　userdel命令

语 法 格 式	常 用 参 数	说　　明
userdel [参数] 用户名	-f	强制删除用户账号
	-r	删除用户主目录及其中的任何文件
	-h	显示命令的帮助信息

（4）用户切换

su命令用于切换当前用户身份到指定用户或者以指定用户的身份执行命令或程序，见表4-1-16。

表4-1-16　su命令

语 法 格 式	常 用 参 数	说　　明
su [参数] 用户名	-c	执行完指定的命令后，即恢复原来的身份
	-help	显示帮助信息

（5）sudo命令

sudo是一种权限管理机制，管理员可以授权于一些普通用户去执行一些root执行的操作，而不需要知道root的密码。

参考实例：

显示sudo命令版本信息，命令如下：

sudo –V

3. 组管理

组管理包括新建组群、维护组群账户和为组群添加用户等内容。

（1）创建工作组

groupadd命令用于创建一个新的工作组，见表4-1-17，新工作组的信息将被添加到系统文件中。

表4-1-17　groupadd命令

语 法 格 式	常 用 参 数	说　　　明
groupadd [参数] 组名	–g	指定新建工作组的GID
	–r	创建系统工作组，系统工作组的组ID小于500

（2）删除工作组

groupdel命令用于删除指定的工作组，见表4-1-18，本命令要修改的系统文件包括/ect/group和/ect/gshadow。

表4-1-18　groupdel命令

语 法 格 式	常 用 参 数	说　　　明
groupdel [参数] 组名	–h	显示帮助信息

（3）添加用户到工作组

gpasswd命令是Ubuntu系统中工作组文件/etc/group和/etc/gshadow的管理工具，见表4-1-19。

表4-1-19　gpasswd命令

语 法 格 式	常 用 参 数	说　　　明
gpasswd [参数]	–a	添加用户到组
	–d	从组删除用户
	–A	委派组管理员
	–r	删除组密码

4. 权限管理

（1）ll命令（见表4-1-20）

ll命令可以列出当前文件或目录的详细信息，含有时间、读写权限、大小、时间等信息，类似于Windows显示的详细信息。

表4-1-20　ll命令

语 法 格 式	常 用 参 数	说　　明
ll [参数] [文件]	-a	列出目录下的所有文件
	-t	以时间排序

参考实例:

切换用户到nle,查看当前路径下hello.c文件详细信息,如图4-1-3所示,命令如下:

1. su nle
2. ll

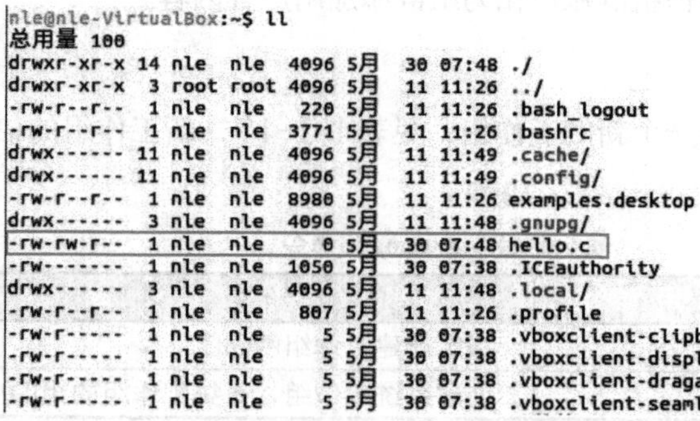

```
nle@nle-VirtualBox:~$ ll
总用量 100
drwxr-xr-x 14 nle  nle  4096 5月  30 07:48 ./
drwxr-xr-x  3 root root 4096 5月  11 11:26 ../
-rw-r--r--  1 nle  nle   220 5月  11 11:26 .bash_logout
-rw-r--r--  1 nle  nle  3771 5月  11 11:26 .bashrc
drwx------ 11 nle  nle  4096 5月  11 11:49 .cache/
drwx------ 11 nle  nle  4096 5月  11 11:49 .config/
-rw-r--r--  1 nle  nle  8980 5月  11 11:26 examples.desktop
drwx------  3 nle  nle  4096 5月  11 11:48 .gnupg/
-rw-rw-r--  1 nle  nle     0 5月  30 07:48 hello.c
-rw-------  1 nle  nle  1650 5月  30 07:38 .ICEauthority
drwx------  3 nle  nle  4096 5月  11 11:48 .local/
-rw-r--r--  1 nle  nle   807 5月  11 11:26 .profile
-rw-------  1 nle  nle     5 5月  30 07:38 .vboxclient-clipboard.pid
-rw-------  1 nle  nle     5 5月  30 07:38 .vboxclient-display-svga-x11.pid
-rw-------  1 nle  nle     5 5月  30 07:38 .vboxclient-draganddrop.pid
-rw-------  1 nle  nle     5 5月  30 07:38 .vboxclient-seamless.pid
```

图4-1-3　ll命令执行结果

上述命令执行后需要注意:

① -rw-rw-r--代表文件类型权限。

② 1代表连接数。

③ nle代表文件拥有者和所属群组。

④ 0代表文件容量。

(2)文件类型权限

上一步用ll命令查询hello.c文件看到的-rw-rw-r--代表文件类型权限。其中第一个字符用来区分文件的类型,一般取值为d(表示是一个目录)、-(表示该文件是一个普通的文件)、l(表示该文件是一个符号链接文件)、b(该文件为区块设备)、c(其他的外围设备)、s(数据结构)、p(管道)。每一行的第2~10个字符表示文件的访问权限。这9个字符每3个为一组,左边"rw-"这3个字符表示用户权限,中间"rw-"这3个字符表示与用户隶属同一组的用户的权限,右边"r--"这3个字符是其他用户的权限。这9个字符根据权限种类的不同,也分为3种类型。r(read,读取)、w(write,写入)、x(execute,执行)、-(表示不具有该项权限)。

参考实例:

-rw-r--r--表示该文件是普通文件,该用户具有读取、写入权限,隶属同一组用户具备读取权限,其他用户具备读取权限。

drwx--x--x表示该文件是目录文件,该用户具有读取、写入、执行权限,隶属同一组用户具备执行权限,其他用户具备执行权限。

（3）文件权限修改

chmod命令的英文是change the permissions mode of a file，该命令用来改变文件或目录权限的命令，但是只有文件的属主和超级用户root才能执行这个命令，见表4-1-21。chmod命令有两种模式：一种是采用权限字母表示法修改权限，另一种是采用数字表示法修改权限。

表4-1-21　chmod命令

语 法 格 式	常 用 参 数	说　明
chmod [参数] 文件	-v	显示权限变更的详细资料
	-c	若该文件权限确实已经更改，才显示其更改动作

使用权限的文字表示法时，系统用4种字母来表示不同的用户。u=：表示用户权限。g=：表示属组权限。o=：表示其他用户权限。a=：表示以上3种用户权限。

参考实例：

把hello.c文件权限修改为该用户rwx，组用户rw，其他用户r，命令如下：

```
1.  chmod u=rwx,g=rw,o=r hello.c
2.  ll
```

数字表示法是指将读取（r）、写入（w）和执行（x）分别以数字4、2、1来表示，没有授予的部分就表示为0，然后把用户权限中包含的3种权限类型对应的数字相加就得到用户权限数字值，同理同一组用户权限和其他用户权限值也按照此方法计算。

参考实例：

把hello.c文件权限修改为该用户rwx，组用户rw，其他用户没有权限，命令如下：

```
1.  chmod 760 hello.c
2.  ll
```

上述命令执行后需要注意：

① 7表示当前用户权限是rwx。

② 6表示隶属同一组用户权限是rw。

③ 0表示其他用户没有权限。

（4）改变文件或目录用户和用户组

Linux属于多用户多任务操作系统，所有的文件皆有使用者。利用chown [参数] 命令可以将指定文件的使用者改为指定的用户或组。一般来说，这个指令仅限系统管理者(root)所使用，普通用户没有权限改变文件所属者及所属组。

参考实例：

把nlehello文件的使用者设置为root，群体使用者为root组，命令如下：

```
1.  mkdir nlehello
2.  sudo chown -R root:root nlehello
3.  ll
```

上述命令执行后需要注意：

① -R表示chown处理指定目录以及其子目录下的所有文件。

② 第一个root代表设置拥有者用户。

③ 第二个root代表设置群体使用者组。

4.1.3 Ubuntu进程管理

Ubuntu系统执行中的程序称作进程。当程序运行的时候，每个进程会被动态分配系统资源、内存、安全属性和与之相关的状态。可以有多个进程关联到同一个程序，并同时执行不会互相干扰。

1. 系统进程状态查询

（1）ps命令（见表4-1-22）

ps命令是process status的缩写，ps命令是非常强大的进程查看命令，使用该命令可以确定有哪些进程正在运行和运行的状态、进程是否结束、进程有没有僵死、哪些进程占用了过多的资源等。ps命令可以搭配kill命令随时中断、删除不必要的程序。

表4-1-22　ps命令

语 法 格 式	常 用 参 数	说　明
ps [参数]	-a	显示所有终端机下执行的程序
	-e	列出程序时，显示每个程序所使用的环境变量
	-u	列出属于该用户的程序的状况
	-g	列出属于该群组的程序的状况

（2）pidof命令（见表4-1-23）

pidof命令用于检索指定的命令，返回相应的进程ID。

表4-1-23　pidof命令

语 法 格 式	常 用 参 数	说　明
pidof [参数]	-s	当系统中存在多个同名进程时，仅返回一个进程ID
	-c	仅返回当前正在运行且具有同一根目录的进程PID

（3）top命令（见表4-1-24）

top命令是Linux下常用的性能分析工具，能够实时显示系统中各个进程的资源占用状况，常用于服务端性能分析。

表4-1-24　top命令

语 法 格 式	常 用 参 数	说　明
top [参数]	-d	改变显示的更新速度
	-n	更新的次数，完成后将会退出

参考实例：

刷新10次后自动关闭top，命令如下：

```
top –n 10
```

2. 系统进程管理

（1）kill命令（见表4-1-25）

Linux系统中kill命令用来删除执行中的程序或工作。

表4-1-25　kill命令

语 法 格 式	常 用 参 数	说　　明
kill [参数] [进程号]	–l	列出系统支持的信号
	–s	指定向进程发送的信号

参考实例：

显示系统所有进程，命令如下：

```
kill –l
```

上述命令执行后需要注意：

kill –l命令显示所能发送的信号种类，每个信号都有一个数值对应，例如SIGKILL信号值为9可以用于结束进程。

参考实例：

查看bash进程号，然后结束该进程，命令如下：

```
1. pidof bash
2. kill –9 2112
```

上述命令执行后需要注意：

2112进程ID是通过pidof查询得到，有可能读者的bash进程ID号和本书有所不同，请自行填写查询后的ID号。

（2）killall命令（见表4-1-26）

killall命令使用进程的名称来"杀死"进程，使用此指令可以"杀死"一组同名进程。

表4-1-26　killall命令

语 法 格 式	常 用 参 数	说　　明
killall [参数] [进程名称]	–l	显示所有已知信号列表
	–i	"杀死"进程前需要进行确认

参考实例：

显示"杀死"bash程序所有进程，命令如下：

```
killall –9 bash
```

上述命令执行后需要注意：

信号值为9表示结束进程，可以通过killall -l命令查询kill信号种类。

4.1.4　Ubuntu网络服务管理

Linux网络管理

Ubuntu操作系统为局域网或互联网提供许多重要的网络服务业务，管理网络服务也是学习Linux操作系统的重要内容之一。这里主要介绍SSH服务、FTP文件传输服务和NFS网络文件服务。

1. SSH服务

（1）SSH协议介绍

SSH（Secure Shell）由IETF的网络小组所制定，是建立在应用层基础上的安全协议。SSH协议主要提供远程登录会话和为其他网络服务提供安全性，利用SSH协议可以有效防止远程管理过程中的信息泄露。SSH最初是UNIX系统上的一个程序，后来又迅速扩展到其他操作平台。SSH一般是使用22端口，提供包括公共密钥认证、密钥交换、对称密钥加密和非安全连接。

常见的客户端有Putty、Xshell和SecureCRT等软件，这些都是图形界面的SSH客户端。客户端SSH可以用于和服务端之间进行远程复制、远程登录、安全文件传输等操作。

（2）SSH结构

SSH包含客户端和服务端。服务端是一个守护进程，在后台运行并响应来自客户端的连接请求。服务端一般是SSHD进程，提供了对远程连接的处理，一般包括公共密钥认证、密钥交换、对称密钥加密和非安全连接。客户端包含SSH程序以及像远程复制、远程登录（slogin）、安全文件传输（SFTP）等其他应用程序。

SSH工作机制是本地的客户端发送一个连接请求到远程的服务端，服务端检查申请的包和IP地址再发送密钥给SSH的客户端，本地再将密钥发回给服务端，自此连接建立。一旦建立一个安全传输层连接，客户机就发送一个服务请求。当用户认证完成之后，会发送第二个服务请求。

2. FTP服务

（1）FTP服务介绍

FTP是网络上历史最悠久的网络工具之一，从1971年由AKBHUSHAN提出第一个FTP的RFC至今，FTP凭借其独特的优势一直都是互联网中最重要、最广泛的服务之一。

FTP主要功能是在网络上面传输各类文件，默认情况下FTP使用TCP/UDP中的20和21这两个端口，其中20端口用于传输数据，21端口用于传输控制信息。FTP包括FTP服务器和FTP客户端两个部分。

（2）FTP工作原理

FTP的独特优势同时也是与其他客户服务器程序最大的不同点就在于它在两台通信的主机之间使用了两条TCP连接，一条是数据连接，用于数据传送；另一条是控制连接，用于传送控制信息，这种将命令和数据分开传送的思想大大提高了FTP的效率，而其他客户服务器应用程序一般只有一条TCP连接。

（3）vsftpd

vsftpd是一款在Linux发行版中最受推崇的FTP服务器程序。特点是小巧轻快，安全易用。vsftpd是完全免费的、开放源代码的软件包，支持很多其他FTP服务器所不支持的特征，例如高安全性需求、带宽限制、良好的可伸缩性、可创建虚拟用户、支持IPv6以及高速率等。

任务实施前必须先准备好以下设备和资源。

序　号	设备/资源名称	数　量	是否准备到位（√）
1	虚拟机软件	1	□是　　□否
2	Ubuntu操作系统	1	□是　　□否
3	计算机（联网）	1	□是　　□否
4	Xshell软件	1	□是　　□否

1. 远程连接Ubuntu操作系统

（1）安装SSH服务

SSH服务可以使用apt install命令在线安装，首先进入Ubuntu操作系统终端，更新Ubuntu操作系统源文件，再下载并安装openssh-server服务，如图4-1-4所示，命令如下：

1. sudo apt update
2. sudo apt install openssh-server

上述命令执行后需要注意：

① 若输入安装命令时提示"被占用"错误信息，可尝试重启Ubuntu系统。

② 安装中会提示是否希望继续执行，按<Y>键即可继续。

```
nle@nle-VirtualBox:~$ sudo apt install openssh-server
正在读取软件包列表... 完成
正在分析软件包的依赖关系树
正在读取状态信息... 完成
建议安装：
  molly-guard monkeysphere rssh ssh-askpass
下列【新】软件包将被安装：
  openssh-server
升级了 0 个软件包，新安装了 1 个软件包，要卸载 0 个软件包，
需要下载 333 kB 的归档。
解压缩后会消耗 898 kB 的额外空间。
获取:1 http://cn.archive.ubuntu.com/ubuntu bionic-updates/
已下载 333 kB，耗时 2秒 (136 kB/s)
正在预设定软件包 ...
正在选中未选择的软件包 openssh-server。
(正在读取数据库 ... 系统当前共安装有 170153 个文件和目录。
正准备解包 .../openssh-server_1%3a7.6p1-4ubuntu0.3_amd64.d
正在解包 openssh-server (1:7.6p1-4ubuntu0.3) ...
正在设置 openssh-server (1:7.6p1-4ubuntu0.3) ...
正在处理用于 man-db (2.8.3-2ubuntu0.1) 的触发器 ...
正在处理用于 ufw (0.36-0ubuntu0.18.04.1) 的触发器 ...
正在处理用于 ureadahead (0.100.0-21) 的触发器 ...
正在处理用于 systemd (237-3ubuntu10.42) 的触发器 ...

进度: [ 83%] [#########################################
```

图4-1-4　安装SSH服务

（2）配置SSH服务

默认情况下安装完SSH服务后，使用SSH软件可以直接连接Ubuntu操作系统。若要修改默认配置信息可进入/etc/ssh目录中，SSH软件的客户端配置文件名称为ssh_config，服务端的配置文件名称为sshd_config。通过cat命令查看客户端的ssh_config配置文件，如图4-1-5所示，命令如下：

cat /etc/ssh/ssh_config

```
Host *
#    ForwardAgent no
#    ForwardX11 no
#    ForwardX11Trusted yes
#    PasswordAuthentication yes
#    HostbasedAuthentication no
#    GSSAPIAuthentication no
#    GSSAPIDelegateCredentials no
#    GSSAPIKeyExchange no
#    GSSAPITrustDNS no
#    BatchMode no
#    CheckHostIP yes
#    AddressFamily any
#    ConnectTimeout 0
#    StrictHostKeyChecking ask
#    IdentityFile ~/.ssh/id_rsa
#    IdentityFile ~/.ssh/id_dsa
#    IdentityFile ~/.ssh/id_ecdsa
#    IdentityFile ~/.ssh/id_ed25519
#    Port 22
#    Protocol 2
#    Ciphers aes128-ctr,aes192-ctr,aes256-ctr,aes128-cbc,3des-cbc
#    MACs hmac-md5,hmac-sha1,umac-64@openssh.com
#    EscapeChar ~
#    Tunnel no
#    TunnelDevice any:any
#    PermitLocalCommand no
#    VisualHostKey no
#    ProxyCommand ssh -q -W %h:%p gateway.example.com
#    RekeyLimit 1G 1h
     SendEnv LANG LC_*
     HashKnownHosts yes
     GSSAPIAuthentication yes
```

图4-1-5　SSH客户端配置文件

上述命令执行后需要注意：

① Host *代表匹配所有的计算机。

② Protocol 2代表SSH协议版本号。

通过cat命令查看服务端的sshd_config配置文件，如图4-1-6所示，命令如下：

cat /etc/ssh/sshd_config

```
#Port 22
#AddressFamily any
#ListenAddress 0.0.0.0
#ListenAddress ::

#HostKey /etc/ssh/ssh_host_rsa_key
#HostKey /etc/ssh/ssh_host_ecdsa_key
#HostKey /etc/ssh/ssh_host_ed25519_key

# Ciphers and keying
#RekeyLimit default none

# Logging
#SyslogFacility AUTH
#LogLevel INFO

# Authentication:

#LoginGraceTime 2m
#PermitRootLogin prohibit-password
#StrictModes yes
#MaxAuthTries 6
#MaxSessions 10

#PubkeyAuthentication yes

# Expect .ssh/authorized_keys2 to be disregarded by default in future.
#AuthorizedKeysFile     .ssh/authorized_keys .ssh/authorized_keys2

#AuthorizedPrincipalsFile none
```

图4-1-6　SSH服务端配置文件

上述命令执行后需要注意：

① Port 22代表SSH预设使用22端口号，若需要修改端口号，可去掉本行前的#并把22修改为相应的端口。

② ListenAddress 0.0.0.0代表支持所有主机访问，若只需指定地址访问，可把0.0.0.0改成对应的IP地址。

③ MaxAuthTries 6代表每个连接最大允许的认证次数为6。

④ MaxSessions 10代表同一地址的最大连接数为10。

（3）启动SSH服务

完成配置文件查看后，使用systemctl start命令开启SSH服务，再使用systemctl status命令查看SSH服务运行状态，若出现绿色文字代表正常启动SSH服务，命令如下：

```
1. sudo systemctl start ssh
2. sudo systemctl status ssh
```

输入ip addr show命令查看虚拟机IP地址，如图4-1-7所示。命令如下：

```
ip addr show
```

```
nle@nle-VirtualBox:~$ ip addr show
1: lo: <LOOPBACK,UP,LOWER_UP> mtu 65536 qdisc noqueue state UNKNOWN group defau
lt qlen 1000
    link/loopback 00:00:00:00:00:00 brd 00:00:00:00:00:00
    inet 127.0.0.1/8 scope host lo
       valid_lft forever preferred_lft forever
    inet6 ::1/128 scope host
       valid_lft forever preferred_lft forever
2: enp0s3: <BROADCAST,MULTICAST,UP,LOWER_UP> mtu 1500 qdisc fq_codel state UP g
roup default qlen 1000
    link/ether 08:00:27:28:ff:e9 brd ff:ff:ff:ff:ff:ff
    inet 192.168.0.32/24 brd 192.168.0.255 scope global dynamic noprefixroute e
np0s3
       valid_lft 5918sec preferred_lft 5918sec
    inet6 fe80::5dad:bb92:a0f1:fd8f/64 scope link noprefixroute
       valid_lft forever preferred_lft forever
```

图4-1-7　查看Ubuntu操作系统IP地址

（4）Xshell连接Ubuntu

Xshell是一个强大的安全终端模拟软件，可以通过互联网实现远程主机的安全连接。Xshell支持SSH1、SSH2以及Microsoft Windows平台的TELNET协议。读者访问Xshell官方网站即可下载Xshell，安装步骤非常简单，可自行安装，完成安装后启动Xshell软件，如图4-1-8所示。

单击Xshell软件菜单栏中的"文件"→"新建"命令，弹出"新建会话属性"窗口，如图4-1-9所示。其中新建会话窗口中的"主机"需要填写Ubuntu的IP地址，"端口号"需要填写Ubuntu中SSH服务的端口号22。单击"连接"按钮后，输入Ubuntu用户名和密码即可远程连接到Ubuntu操作系统。

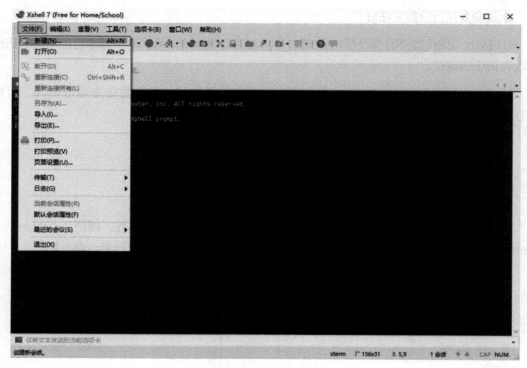

图4-1-8　Xshell软件界面

图4-1-9　Xshell新建会话属性窗口

2. 用户账户和群组管理

（1）创建部门群组

Xshell连接到Ubuntu操作系统后，根据公司部门规划要求运维部需要创建两个普通组groupA和groupB，这两组以一般权限方式管理Ubuntu操作系统。

查看当前工作目录路径，命令如下：

pwd

创建两个普通组groupA和groupB，命令如下：

1. sudo groupadd −g 1010 groupA

2. sudo groupadd −g 1011 groupB

上述命令执行后需要注意：−g代表指定新建工作组的GID。

再创建系统组groupsys，此组用于运维部高级别权限管理Ubuntu操作系统，如图4-1-10所示，命令如下：

```
nle@nle-VirtualBox:~$ sudo groupadd -g 1010 groupA
[sudo] nle 的密码：
nle@nle-VirtualBox:~$ sudo groupadd -g 1011 groupB
nle@nle-VirtualBox:~$ sudo groupadd -g 301 groupsys
```

1. sudo groupadd −r −g 301 groupsys

图4-1-10　创建运维部门组

上述命令执行后需要注意：

① −r代表创建系统工作组。

② −g代表系统工作组ID，由于是系统工作组所以ID值小于500。

（2）创建用户并加入群组

为公司普通组创建两个用户usera1和usera2，两个用户划分为一般权限组groupA中，命令如下：

1. sudo adduser usera1

2. sudo adduser usera2

3. sudo gpasswd −a usera1 groupA

4. sudo gpasswd −a usera2 groupA

为公司普通组再创建两个用户userb1和userb2，两个用户划分为一般权限组groupB中，如图4-1-11所示，命令如下：

```
nle@nle-VirtualBox:~$ sudo gpasswd -a userb1 groupB
正在将用户"userb1"加入到"groupB"组中
nle@nle-VirtualBox:~$ sudo gpasswd -a userb2 groupB
正在将用户"userb2"加入到"groupB"组中
```

1. sudo adduser userb1

2. sudo adduser userb2

图4-1-11　创建运维部门管理用户

3. sudo gpasswd −a userb1 groupB

4. sudo gpasswd −a userb2 groupB

再创建两个用户usersys1和usersys2，其中usersys1和usersys2主要用于Ubuntu系统的高级别权限管理，然后把两个用户加入groupsys，命令如下：

1. sudo adduser usersys1

2. sudo adduser usersys2

3. sudo gpasswd −a usersys1 groupsys

4. sudo gpasswd −a usersys2 groupsys

（3）查看用户和组信息

完成用户和组的创建后，可以使用cat命令查询刚才创建的用户和组是否成功，如图4-1-12所示，命令如下：

1. cat /etc/passwd

2. cat /etc/group

```
nle:x:1000:1000:nle,,,:/home/nle:/bin/bash
vboxadd:x:999:1::/var/run/vboxadd:/bin/false
usera1:x:1001:1001:,,,:/home/usera1:/bin/bash
usera2:x:1002:1002:,,,:/home/usera2:/bin/bash
userb1:x:1003:1003:,,,:/home/userb1:/bin/bash
userb2:x:1004:1004:,,,:/home/userb2:/bin/bash
usersys1:x:1005:1005:,,,:/home/usersys1:/bin/bash
usersys2:x:1006:1006:,,,:/home/usersys2:/bin/bash
```

图4-1-12　查看创建的用户信息

3. 系统文件目录管理

（1）文件目录创建

为了方便公司运维部成员存储数据，需要在Ubuntu操作系统中创建公司运维部iotnle目录，如图4-1-13所示，命令如下：

1. mkdir iotnle

2. ls -l

上述命令执行后需要注意：ls -l代表采用长格式显示目录信息。

```
nle@nle-VirtualBox:~$ mkdir iotnle
nle@nle-VirtualBox:~$ ls -l
总用量 48
-rw-r--r-- 1 nle nle 8980 5月  11 11:26 examples.desktop
drwxr-xr-x 2 nle nle 4096 6月   7 15:28 iotnle
drwxr-xr-x 2 nle nle 4096 5月  11 11:48 公共的
drwxr-xr-x 2 nle nle 4096 5月  11 11:48 模板
drwxr-xr-x 2 nle nle 4096 5月  11 11:48 视频
drwxr-xr-x 2 nle nle 4096 5月  11 11:48 图片
drwxr-xr-x 2 nle nle 4096 5月  11 11:48 文档
drwxr-xr-x 2 nle nle 4096 5月  11 11:48 下载
drwxr-xr-x 2 nle nle 4096 5月  11 11:48 音乐
drwxr-xr-x 2 nle nle 4096 5月  11 11:48 桌面
```

图4-1-13　创建iotnle目录

（2）设置目录拥有者

把iotnle目录使用者修改为root并把组使用者修改为公司运维部groupsys组，如图4-1-14所示，命令如下：

1. sudo chown -R root:groupsys iotnle

2. ls -l

```
nle@nle-VirtualBox:~$ sudo chown -R root:groupsys iotnle
nle@nle-VirtualBox:~$ ls -l
总用量 48
-rw-r--r-- 1 nle nle      8980 5月  11 11:26 examples.desktop
drwxr-xr-x 2 root groupsys 4096 6月   7 15:28 iotnle
drwxr-xr-x 2 nle  nle      4096 5月  11 11:48 公共的
drwxr-xr-x 2 nle  nle      4096 5月  11 11:48 模板
drwxr-xr-x 2 nle  nle      4096 5月  11 11:48 视频
drwxr-xr-x 2 nle  nle      4096 5月  11 11:48 图片
drwxr-xr-x 2 nle  nle      4096 5月  11 11:48 文档
drwxr-xr-x 2 nle  nle      4096 5月  11 11:48 下载
drwxr-xr-x 2 nle  nle      4096 5月  11 11:48 音乐
drwxr-xr-x 2 nle  nle      4096 5月  11 11:48 桌面
```

图4-1-14　修改iotnle目录使用者

（3）目录访问权限管理

设置iotnle目录权限为只有root用户和groupsys组具备读、写和执行权限，其他用户无权限，如图4-1-15所示，命令如下：

1. sudo chmod 770 iotnle
2. ls -l

```
nle@nle-VirtualBox:~$ sudo chmod 770 iotnle
nle@nle-VirtualBox:~$ ls -l
总用量 48
-rw-r--r-- 1 nle  nle      8980 5月  11 11:26 examples.desktop
drwxrwx--- 2 root groupsys 4096 6月   7 15:28 iotnle
drwxr-xr-x 2 nle  nle      4096 5月  11 11:48 公共的
drwxr-xr-x 2 nle  nle      4096 5月  11 11:48 模板
drwxr-xr-x 2 nle  nle      4096 5月  11 11:48 视频
drwxr-xr-x 2 nle  nle      4096 5月  11 11:48 图片
```

图4-1-15　修改iotnle目录访问权限

上述命令执行后需要注意：770代表当前用户和所在组具备读、写、执行权限，其他用户无权限。

（4）测试目录访问权限

完成配置后切换到usera1用户来测试是否具备访问iotnle目录的权限，若出现权限不够代表配置成功，如图4-1-16所示，命令如下：

1. sudo passwd usera1

2. su usera1

3. ls -l

4. cd iotnle

```
usera1@nle-VirtualBox:/home/nle$ cd iotnle
bash: cd: iotnle: 权限不够
```

图4-1-16　测试目录访问权限

4. 系统进程管理

（1）查看系统进程状态

完成用户、组和目录设置后，可以查看Ubuntu操作系统当前进程运行状态，使用ps命令可以确定有哪些进程正在运行和运行的状态、进程是否结束、进程有没有僵死、哪些进程占用了过多的资源等，命令如下：

ps –a

（2）设置显示系统进程刷新频率

Ubuntu操作系统进程状态查看后，通过top命令设置进程刷新频率，实时显示系统中各个进程的资源占用状况，分析服务端性能。命令如下：

top –d 5

上述命令执行后需要注意：

① 查看完进程信息后可以按<Ctrl+Z>组合键结束。

② –d 5代表改变显示的更新速度为5s。

5. 搭建FTP服务

（1）安装FTP服务

重新打开系统终端或Xshell重新连接Ubuntu，使用apt install命令来安装vsftpd服务，如图4-1-17所示，命令如下：

sudo apt install vsftpd

```
nle@nle-VirtualBox:~$ sudo apt install vsftpd
正在读取软件包列表... 完成
正在分析软件包的依赖关系树
正在读取状态信息... 完成
下列【新】软件包将被安装：
  vsftpd
升级了 0 个软件包，新安装了 1 个软件包，要卸载 0 个软件包，有 73 个软件包未被升级。
需要下载 115 kB 的归档。
解压缩后会消耗 334 kB 的额外空间。
获取:1 http://cn.archive.ubuntu.com/ubuntu bionic/main amd64 vsftpd amd64 3.0.3-9build1 [115 kB]
已下载 115 kB，耗时 1秒 (91.7 kB/s)
正在预设定软件包 ...
正在选中未选择的软件包 vsftpd。
(正在读取数据库 ... 系统当前共安装有 170117 个文件和目录。)
正准备解包 .../vsftpd_3.0.3-9build1_amd64.deb ...
正在解包 vsftpd (3.0.3-9build1) ...
正在设置 vsftpd (3.0.3-9build1) ...
正在处理用于 man-db (2.8.3-2ubuntu0.1) 的触发器 ...
正在处理用于 ureadahead (0.100.0-21) 的触发器 ...
正在处理用于 systemd (237-3ubuntu10.42) 的触发器 ...
```

图4-1-17　安装vsftpd服务

上述命令执行后需要注意：确保Ubuntu操作系统能连接互联网。

完成安装后，使用systemctl命令启动vsftpd服务，如图4-1-18所示，命令如下：

1. sudo systemctl start vsftpd
2. sudo systemctl status vsftpd

```
nle@nle-VirtualBox:~$ sudo systemctl start vsftpd
nle@nle-VirtualBox:~$ sudo systemctl status vsftpd
● vsftpd.service - vsftpd FTP server
   Loaded: loaded (/lib/systemd/system/vsftpd.service; enabled; vendor preset: enabled)
   Active: active (running) since Mon 2021-05-17 15:42:01 CST; 1min 15s ago
 Main PID: 4649 (vsftpd)
    Tasks: 1 (limit: 3533)
   CGroup: /system.slice/vsftpd.service
           └─4649 /usr/sbin/vsftpd /etc/vsftpd.conf

5月 17 15:42:01 nle-VirtualBox systemd[1]: Starting vsftpd FTP server...
5月 17 15:42:01 nle-VirtualBox systemd[1]: Started vsftpd FTP server.
```

上述命令执行后需要注意：

① systemctl start代表启动程序。

② systemctl status代表查看程序运行状态。

图4-1-18　启动vsftpd服务

③ active (running) 代表程序运行正常。

（2）配置vsftpd服务

vsftpd服务安装完成后默认的配置文件为/etc/vsftpd.conf。使用cat或more命令可以查看vsftpd配置文件信息。命令如下：

cat /etc/vsftpd.conf

上述命令执行后需要注意：文件中的anonymous_enable=NO代表不允许匿名登录，若要开启匿名，应把NO设置为YES。

开启vsftpd服务的本地用户访问功能，命令如下：

sudo vi /etc/vsftpd.conf

上述命令执行后需要注意：

① vi编辑器操作方式参考4.1.1的文件编辑器部分内容。

② 文件中的local_enable值设置为YES (local_enable=YES)。

设置完成后，退出vi编辑器并重启vsftpd服务即可生效刚才配置的内容，命令如下：

systemctl restart vsftpd

（3）测试FTP服务

以物理机（宿主机）的操作系统Win10为例测试访问虚拟机FTP服务流程，打开物理机（宿主机）操作系统桌面上的"此电脑"，在"此电脑"窗口中的地址栏输入ftp://Ubuntu IP，如图4-1-19所示。

图4-1-19　测试FTP服务

输入Ubuntu系统用户名和密码，如图4-1-20所示。例如输入nle用户名和对应密码，再单击"登录"按钮。

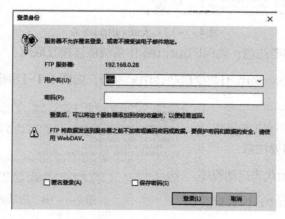

图4-1-20　输入登录信息

任务小结

　　本任务围绕运维人员在安装完成一个全新的Ubuntu操作系统后，以如何高效管理Ubuntu操作系统为出发点，采用运维工作中的实际技能点，对操作系统中常见的运维技能，如用户和组管理、文件目录权限管理、系统进程运行状态以及网络服务安装等展开讲解。让读者能掌握物联网应用系统的服务器部署能力，本任务相关知识技能小结思维导图如图4-1-21所示。

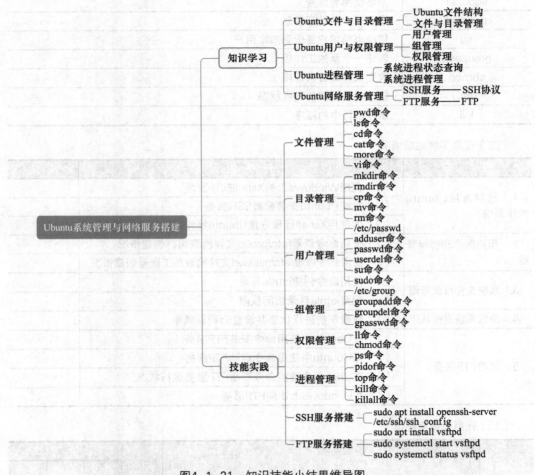

图4-1-21　知识技能小结思维导图

任务工单

项目4　智慧交通—— 停车场管理系统部署与运维	任务1　Ubuntu系统管理与网络服务搭建
班级：	小组：
姓名：	学号：
分数：	

（续）

（一）关键知识引导

请补充Ubuntu系统操作命令。

命　　令	功　　能
ls	列出指定目录下的内容及其相关属性信息
cd	从当前目录切换到指定目录
mkdir	创建目录
adduser	新增使用者账号
passwd	设置用户的认证信息
su	切换当前用户身份到指定用户
groupadd	创建一个新的工作组
chmod	改变文件或目录权限
ps	显示当前系统的进程状态
kill	删除执行中的程序

（二）任务实施完成情况

任　　务	任　务　内　容	完成情况
1. 远程连接Ubuntu操作系统	（1）完成Windows上的Xshell软件安装	
	（2）完成Ubuntu安装配置SSH服务	
	（3）能使用Xshell远程连接Ubuntu操作系统	
2. 用户账户和群组管理	（1）使用命令查看/etc/group文件检查组群创建情况	
	（2）使用命令查看/etc/passwd文件检查员工账号创建情况	
3. 系统文件目录管理	（1）使用命令创建iotnle目录	
	（2）设置iotnle目录访问权限	
4. 查看系统进程状态	（1）查看系统进程状态并设置5s刷新频率	
5. 搭建FTP服务	（1）在Ubuntu中使用命令安装FTP服务	
	（2）在Ubuntu中使用命令启动FTP服务	
	（3）在Ubuntu中使用命令查看FTP服务运行状态	
	（4）在Windows上访问FTP服务	

（三）任务检查与评价

评价项目	评价内容		配分	评价方式		
				自我评价	互相评价	教师评价
方法能力（20分）	能够明确任务要求，掌握关键引导知识		5			
	能够正确清点、整理任务设备或资源		5			
	掌握任务实施步骤，制定实施计划，时间分配合理		5			
	能够正确分析任务实施过程中遇到的问题并进行调试和排除		5			
专业能力（60分）	远程连接Ubuntu操作系统	查看是否能正常启动SSH服务	5			
		查看是否能正常远程连接系统	5			

（续）

（续）

评价项目	评价内容		配分	评价方式		
				自我评价	互相评价	教师评价
专业能力（60分）	用户账户和组群管理	查看是否能成功创建groupA、groupB、groupsys组群	4			
		查看是否成功创建用户userA1、userA2、userB1、userB2、usersys1和usersys2	5			
		查看用户是否成功加入组群中	6			
	系统文件目录管理	能成功创建iotnle目录	4			
		能成功设置iotnle目录访问权限	6			
	查看系统进程状态	能成功查看系统进程状态	4			
		能成功设置系统进程显示周期为5s	6			
	搭建FTP服务	能成功安装FTP服务	6			
		能成功启动FTP服务	3			
		查看FTP服务运行状态是否为正常状态	2			
		能成功访问FTP服务	4			
素养能力（20分）	安全操作与工作规范	操作过程中严格遵守安全规范，正确使用电子设备，每处不规范操作扣1分	5			
		严格执行6S管理规范，积极主动完成工具设备整理	5			
	学习态度	认真参与教学活动，课堂互动积极	3			
		严格遵守学习纪律，按时出勤	3			
	合作与展示	小组之间交流顺畅，合作成功	2			
		语言表达能力强，能够正确陈述基本情况	2			
合　计			100			

（四）任务自我总结

过程中的问题	解决方式

任务2　停车场管理系统数据库操作与管理

职业能力目标

● 能在MySQL下正确使用SQL语句实现创建和管理数据库。

- 能在MySQL下正确使用SQL语句实现创建和管理数据库表。

- 能在MySQL下正确使用SQL语句实现数据查询和数据管理。

任务描述与要求

任务描述：完成了Ubuntu系统管理与网络服务搭建任务后，公司运维部需要使用SQL语句创建MySQL数据库，然后在该库中创建停车场管理系统数据库表，使用SQL语句对停车场管理系统数据库表添加数据，通过SQL语句对表中数据开展查询和管理操作任务，最后应用索引技术优化数据查询。

任务要求：

- 使用SQL语句实现停车场管理系统数据库、数据库表及数据的创建和管理。

- 使用SQL语句实现停车场管理系统数据库表的数据添加、查询和删除操作。

- 使用SQL语句创建索引来优化数据查询内容。

知识储备

4.2.1 认识SQL

1. 什么是SQL

结构化查询语言（Structured Query Language，SQL）可以用来对关系型数据库中的数据进行存取、查询、更新和管理操作，它也是大多数关系型数据库管理系统所支持的工业标准语言。SQL属于高级的非过程化编程语言，允许用户在高层数据结构上工作，从而让用户不必指定对数据的存放方法，也不必了解底层的存储方式。

1974年，SQL语言由Boyce和Chamberlin提出并首先在IBM公司研制的关系数据库系统SystemR上实现。由于它具有功能丰富、使用方便灵活、语言简洁易学等优点，深受计算机工业界和计算机用户的欢迎。1980年10月，经美国国家标准局的数据库委员会批准，将SQL作为关系数据库语言的美国标准，同年公布了标准SQL。

2. SQL的结构

结构化查询语言包含6个部分：

（1）数据查询语言（DQL）

DQL用于获取数据库表中的数据。SQL语法中数据查询的保留字有SELECT、WHERE、ORDER BY、GROUP BY和HAVING等。这些保留字常与其他类型的SQL语句一起使用。

（2）数据操作语言（DML）

DML主要应用在数据操作中，保留字有INSERT、UPDATE和DELETE，它们分别用于添加、修改和删除数据。

（3）事务控制语言（TCL）

TCL能确保被DML语句影响的表数据及时得以更新，包括COMMIT、SAVEPOINT、ROLLBACK关键字。

（4）数据控制语言（DCL）

DCL主要通过GRANT或REVOKE实现权限控制，确定单个用户和用户组对数据库对象的访问。

（5）数据定义语言（DDL）

DDL包括动词CREATE、ALTER和DROP，在数据库中创建新表或修改、删除表、加入索引等。

（6）指针控制语言（CCL）

CCL使用DECLARE CURSOR，FETCH INTO和UPDATE WHERE CURRENT对一个或多个表单独行的操作。

3. SQL特点与功能

SQL语言语法简单，能独立完成数据库生命周期中的全部活动，通过9个动词就能完成数据定义、数据操纵和数据控制功能。SQL具体特点包括：

1）SQL进行数据操作时具有高度非过程化特点。用户只需提出"做什么"，而不必指明"怎么做"，因此用户无需了解存取路径。SQL语句的操作过程由系统自动完成，这不但大大减轻了用户负担，而且有利于提高数据独立性。

2）SQL包括定义关系模式、录入数据、建立数据库、查询、更新、维护、数据库重构、数据库安全性控制等一系列操作。SQL为数据库应用系统开发提供了良好的环境，在数据库投入运行后，还可根据需要随时逐步修改模式，且不影响数据库的运行，从而使系统具有良好的可扩充性。

3）SQL既是自含式语言，也是嵌入式语言。作为自含式语言，它能够独立地用于联机交互的使用方式，用户可以在终端键盘上直接输入SQL命令对数据库进行操作。作为嵌入式语言，SQL语句能够嵌入到高级语言（如C、C#、JAVA）程序中，供程序员设计程序时使用。

SQL的功能包括数据定义功能、数据操纵功能和数据控制功能。

（1）SQL数据定义功能

SQL数据定义能够定义数据库的三级模式结构，即外模式、全局模式和内模式结构。在SQL中，外模式又叫作视图（View），全局模式简称模式（Schema），内模式由系统根据数据库模式自动实现，一般无需用户过问。

（2）SQL数据操纵功能

能使用SQL对数据库表和视图进行数据插入、删除和修改操作，特别是具有很强的数据查询功能。

（3）SQL的数据控制功能

SQL语句可以对用户的访问权限加以控制，以保证系统的安全性。

4. SQL执行流程

在MySQL中执行SQL语句时需要经过一系列的处理流程才能将数据操作或查询结果返回给客户端，如图4-2-1所示。

首先客户端发送一条SQL语句给MySQL服务器，MySQL服务器先检查查询缓存，如果查询缓存中存在待查询的结果数据，则会立刻返回查询缓存中的结果数据，否则执行下一阶段的处理。然后MySQL服务器通过解析器和预处理器对SQL语句进行解析和预处理，并将生成的SQL语句解析树传递给查询优化器。查询优化器将SQL解析树进行处理，生成对应的执行计划。MySQL服务器根据查询优化器生成的执行计划，通过查询执行引擎调用存储引擎来执行查询操作。最后存储引擎查询数据库中的数据，并将结果返回给查询执行引擎。查询执行引擎将结果保存在查询缓存中，通过数据库线程返回给客户端。

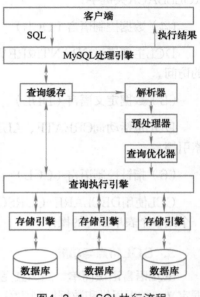

图4-2-1　SQL执行流程

4.2.2　数据库操作

数据库是一种可以存储数据库对象的容器。可以把数据库想象成一个文件柜，而数据库对象则是存放在文件柜中的各种文件，并且是按照特定规律存放的，这样可以方便管理和处理。

本书介绍了两种主流的数据库操作和管理方法。一种方法是在Ubuntu操作系统中使用终端连接MySQL，该方法连接登录Ubuntu操作系统后可直接管理数据库；另一种方法是使用第三方管理软件DBeaver连接MySQL，该方法需要安装第三方应用程序，在后期管理数据库中更便捷。建议读者根据个人工作场景择优选择MySQL连接方法。

（1）Ubuntu终端连接MySQL方法

进入Ubuntu操作系统终端，输入mysql -u root -p命令进入MySQL数据库，如图4-2-2所示，命令如下：

```
mysql –u root –p
```

上述命令执行后需要注意：

① -u root代表登录用户为root。

② -p代表输入密码。

③ 进入MySQL后命令符变成mysql>表示。

使用SQL语句操作
MySQL数据库

（2）第三方管理软件连接MySQL方法

单击DBeaver的"新建连接"→"MySQL"命令，在弹出的窗口中"服务器地址"处输入Ubuntu系统IP地址，将"数据库"写入MySQL，填写用户名和密码，最后单击"测试链接"按钮。链接后单击菜单栏上的"SQL编辑器"选项，如图4-2-3所示。

图4-2-2　进入MySQL　　　　　　图4-2-3　SQL编辑器

再选择数据源中的"mysql"选项，后续任务中的SQL语句需要在中间空白区域编辑，完成后单击左侧三角形"执行SQL语句"按钮即可运行SQL语句，如图4-2-4所示。本书后续所有SQL语句都在此软件中执行。

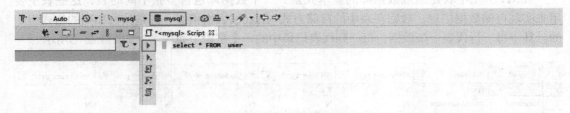

图4-2-4　选择数据源

1. 创建数据库

在MySQL中通过create database语句来创建数据库，见表4-2-1。

表4-2-1　create database

语 法 格 式	说　明
create database database_name	database_name：需要创建的数据库名称

2. 查看数据库

MySQL中已存在的数据库可以通过show databases语句来查看，见表4-2-2。

表4-2-2　show databases

语 法 格 式	说　明
show databases	查询MySQL中所有数据库

3. 选择数据库

在MySQL中能新建多个数据库，在对数据库进行操作时可以使用use database_name语句选择已存在的数据库，见表4-2-3。

表4-2-3　use database_name

语 法 格 式	说　明
use database_name	database_name：数据库名称

4. 删除数据库

在MySQL中可以对已经创建的数据库进行删除操作，通过使用drop database database_name语句来删除数据库，见表4-2-4。

表4-2-4　drop database

语 法 格 式	说　明
drop database database_name	database_name：需要删除的数据库名称

4.2.3 数据表操作

在MySQL中表是组成数据库的基本元素，一个数据库包含多张不同的表，这些表主要用来实现存储数据信息。数据在表中的存储方式与Excel表格相似，都是按行和列的格式组织的。其中每一行代表一条数据，每一列代表记录中的一个字段（属性），如图4-2-5所示。

	Host	User	Select_priv	Insert_priv	Update_priv	Delete_priv	Create_priv
1	%	root	Y	Y	Y	Y	Y
2	localhost	mysql.session	N	N	N	N	N
3	localhost	mysql.sys	N	N	N	N	N
4	localhost	debian-sys-maint	Y	Y	Y	Y	Y

图4-2-5　关系型数据库表

1. 创建表

在MySQL中使用create table语句来创建表，见表4-2-5。

表4-2-5　create table

语 法 格 式	说　明
create table tablename (	tablename：需要创建的表名称
属性名 数据类型 [完整性约束条件],	属性名：表字段名称（列）
属性名 数据类型 [完整性约束条件],	数据类型：所存储的数据类型
......	
属性名 数据类型 [完整性约束条件]);	完整性约束条件：指定字段的某些约束条件

MySQL数据库中常见的数据类型包括数值类型、字符串类型、日期和时间类型，见表4-2-6～表4-2-8。其中数值数据包括类型INTEGER、SMALLINT、DECIMAL和NUMERIC，以及近似数值数据类型FLOAT、REAL和DOUBLE PRECISION。字符串类型包括CHAR、VARCHAR、BINARY、VARBINARY、BLOB、TEXT、ENUM和SET。日期和时间类型包括DATETIME、DATE、TIMESTAMP、TIME和YEAR。

表4-2-6　常用的数值类型

类　型	大　小	范　围	用　途
TINYINT	1B	（−128，127）	小整数值
SMALLINT	2B	（−32 768，32 767）	大整数值
MEDIUMINT	3B	（−8 388 608，8 388 607）	大整数值
INT或INTEGER	4B	（−2 147 483 648，2 147 483 647）	大整数值
BIGINT	8B	（−9 223 372 036 854 775 808，9 223 372 036 854 775 807）	极大整数值
FLOAT	4B	（−3.402 823 466 E+⊖38，−1.175 494 351 E−38），0，（1.175 494 351 E−38，3.402 823 466 351 E+38）	单精度
DOUBLE	8B	（−1.797 693 134 862 315 7 E+308，−2.225 073 858 507 201 4 E−308)，0，(2.225 073 858 507 201 4 E−308，1.797 693 134 862 315 7 E+308）	浮点数值

表4-2-7　常用的字符串类型

类　型	大　小	用　途
CHAR	0~255B	定长字符串
VARCHAR	0~65535B	变长字符串
TINYBLOB	0~255B	不超过 255 个字符的二进制字符串
TINYTEXT	0~255B	短文本字符串
BLOB	0~65 535B	二进制形式的长文本数据
TEXT	0~65 535B	长文本数据

表4-2-8　常用的日期和时间类型

类　型	大　小	格　式	用　途
DATE	3	YYYY−MM−DD	日期值
TIME	3	HH:MM:SS	时间值或持续时间
YEAR	1	YYYY	年份值
DATETIME	8	YYYY−MM−DD HH:MM:SS	混合日期和时间值

　　完整性约束条件是对字段附加的额外的限制，要求用户对该属性进行的操作符合特定的要求。如果不满足完整性约束条件，数据库系统将不再执行用户的操作。常用的完整性约束条件见表4-2-9。

表4-2-9　常用的完整性约束条件

类　型	用　途
primary key	设置字段为该表的主键（可以唯一地标识记录）
foreign key	设置字段为该表的外键（用来建立表与表的关联关系）
not null	设置该字段不能为空
unique	设置该字段的值是唯一的
auto_increment	设置该字段的值自动增长
default	该字段设置默认值

⊖ 科学计数法，E+38表示10^{38}，E−38表示10^{-38}，后同。

2. 查看表

（1）基本信息查询

在MySQL中，对已创建的表可以使用describe语句来查看表的基本信息，查询结果包括表的字段名、字段数据类型、约束条件等，见表4-2-10。

表4-2-10 describe

语 法 格 式	说 明
describe table_name	table_name：需要查询的表名称

（2）详细信息查询

若要查看表的详细信息，则可以使用show create table语句，见表4-2-11。

表4-2-11 show create table

语 法 格 式	说 明
show create table table_name	table_name：需要查询的表名称

3. 修改表

在MySQL中通过alter table语句对已经创建的数据库表进行修改，包括修改表名、字段数据类型、字段名、增加字段、删除字段等，见表4-2-12。

表4-2-12 alter table

语 法 格 式	说 明
alter table table_name	table_name：需要修改的表名称
alter table table_name rename table_name	rename table_name：修改后的表名称
alter table table_name add name type	add name type：新增name字段和type数据类型
alter table table_name drop name	drop name：需要删除的字段名称

（1）修改表名

使用alter table table_name rename table_name语句修改表名称。

（2）增加字段

如果需要对已创建表新增字段，可以使用alter table table_name add name type语句来实现。

（3）删除字段

在MySQL数据库中删除字段使用alter table table_name drop name语句来实现。

4. 删除表

在数据库管理中，使用drop table tablename语句对已有的表进行删除。需要注意的是删除表的同时还会删除表中的所有数据。

4.2.4 数据操作

在MySQL中通过INSERT语句来实现数据插入，UPDATE语句来实现数据的更新，DELETE语句来实现数据删除。

1. 插入数据

完成数据库表创建后，可以使用SQL语句中的insert into命令插入数据，实现数据存储，见表4-2-13。

表4-2-13　insert into

语 法 格 式	说　　明
insert into tablename（字段名1，字段名2，…） values（数据值1，数据值2，…）	tablename：表名称

2. 更新数据

当需要对已存储在数据库表中的数据进行修改时，可以使用SQL语句中的更新数据update命令来修改数据内容，见表4-2-14。

表4-2-14　update

语 法 格 式	说　　明
update tablename set f1=v1,f2=v2 where f1=v1	tablename：表名称
	f1，f2，…：字段名（列）
	v1，v2，…：数据值
	where f1 =v1，f2=v2，…：条件

3. 删除数据

如果需要删除数据库表中的多余数据，可以使用SQL语句中的delete from命令来删除指定数据内容，见表4-2-15。

表4-2-15　delete from

语 法 格 式	说　　明
delete from tablename where f1=v1	tablename：表名称
	f1：字段名（列）
	v1：数据值
	where f1 =v1：条件

4. 查询数据

查询数据是数据库操作中最常用的操作，用户可以根据自己的需求使用select语句查询数据库数据，见表4-2-16。

表4-2-16　select

语 法 格 式	说　明
select f1,f2··· from tablename [where condition] [group by field] [order by field]	tablename：表名称
	f1，f2：字段名（列）
	where condition：条件查询
	group by field：排序查询
	order by field：分组查询

（1）去掉重复数据

在表中一个字段（列）可能会包含多个重复值，有时希望去掉重复值，可以使用select distinct语句，见表4-2-17。

表4-2-17　select distinct

语 法 格 式	说　明
select distinct f1,f2··· from tablename	tablename：表名称
	f1，f2：字段名（列）
	distinct：去掉重复数据

（2）条件查询

在数据库应用中通常查询数据需要加入筛选条件进行精确查询，MySQL数据库提供select ··· from ··· where ···语句来添加查询条件，见表4-2-18。

表4-2-18　条件查询

语 法 格 式	说　明
select f1,f2··· from tablename where condition	tablename：表名称
	f1，f2：字段名（列）
	condition：条件查询

（3）范围查询

如果要查询指定范围的数据，可以使用select ··· from ··· between ···and···语句，见表4-2-19。

表4-2-19　范围查询

语 法 格 式	说　明
select f1,f2from tablename where f1 between v1 and v2	tablename：表名称
	f1，f2：字段名（列）
	v1 v2：范围条件

（4）模糊查询

数据查询过程中如果不记得完整查询条件，可以使用模糊查询like语句来匹配查询内容，见表4-2-20。

表4-2-20　模糊查询

语 法 格 式	说　　明
select f1 from tablename where f1 like v1 通配符	tablename：表名称
	f1：字段名（列）
	v1：模糊查询条件
	–：–通配符匹配单个字符
	%：%通配符匹配任意长度字符

（5）结果排序查询

使用order by语句可以使用户查询出来的数据按照特定顺序排列，见表4-2-21。

表4-2-21　结果排序查询

语 法 格 式	说　　明
select f1 from tablename order by f1 [ASC|DESC]	tablename：表名称
	f1：字段名（列）
	ASC：按照升序排列
	DESC：按照降序排列

（6）简单统计查询

MySQL提供了计数count（）、计算和sum（）、平均值avg（）、最大值max（）和最小值min（）一共五个统计函数来帮助用户统计数据，见表4-2-22。

表4-2-22　简单统计查询

语 法 格 式	说　　明
select function（）from tablename where	tablename：表名称
	function（）：计数count（）、计算和sum（）、平均值avg（）、最大值max（）和最小值min（）

（7）分组查询

GROUP BY语句属于结合合计函数，根据一个或多个列对结果集进行分组查询，见表4-2-23。实际应用中会把分组查询后的结果再进行统计查询。

表4-2-23　分组查询

语 法 格 式	说　　明
select function（）from tablename group by f	tablename：表名称
	function（）：计数count（）、计算和sum（）、平均值avg（）、最大值max（）和最小值min（）
	f：按照字段名分组

4.2.5　数据库索引

1. 索引介绍

索引是对数据库表中一列或多列的值进行排序的一种结构，使用索引可快速访问数据库表中的特定信息。索引就像是一本书的目录，能加快数据库的查询速度。MySQL数据库索引可分为普通索引、唯一性索引、空间索引、组合索引和全文索引。

1）在创建普通索引时，不附加任何限制条件。这类索引可以创建在任何数据类型中，其值是否唯一和非空，要由字段本身的完整性约束条件决定。建立索引以后，可以通过索引进行查询。

2）使用UNIQUE参数可以设置索引为唯一性索引，在创建唯一性索引时，限制该索引的值必须是唯一的。主键是一种特殊的唯一索引，一个表只能有一个主键，不允许有空值。一般是在建表的时候同时创建主键索引。

3）使用参数SPATIAL可以设置索引为空间索引。空间索引只能建立在空间数据类型上，这样可以提高系统获取空间数据的效率。MySQL中的空间数据类型包括GEOMETRY、POINT、LINESTRING和POLYGON等。目前只有MyISAM存储引擎支持空间检索，而且索引的字段不能为空值。

4）组合索引是在表中的多个字段组合上创建的索引，只有在查询条件中使用了这些字段的左边字段时，索引才会被使用，使用组合索引时遵循最左前缀集合。

5）全文索引是使用参数FULLTEXT设置的索引。全文索引只能创建在CHAR、VARCHAR或TEXT类型的字段上，查询数据量较大的字符串类型的字段时，使用全文索引可以提高查询速度。

2. 创建索引并实现索引操作

（1）创建索引

在已存在的表上创建索引，基本格式见表4-2-24。

表4-2-24　创建索引

语 法 格 式	说　　　明
create [UNIQUE|FULLTEXT|SPATIAL] index indexName on table_name (column_name [(length)] [ASC|DESC])	UNIQUE：建立唯一索引
	FULLTEXT：建立全文索引
	SPATIAL：建立空间索引
	indexName：创建索引名字
	table_name：表名字
	column_name：索引对应的字段名
	length：索引字段长度
	ASC|DESC：升降序

（2）修改表结构添加索引

如果需要修改数据库表结构中原有索引，可使用alter table命令来重新添加索引内容，见表4-2-25。

表4-2-25　修改表结构添加索引

语 法 格 式	说　　明
ALTER table tableName ADD [UNIQUE|FULLTEXT|SPATIAL] INDEX indexName(columnName [(length)]) [ASC|DESC])	tableName：表名字
	indexName：创建索引名字
	UNIQUE：建立唯一索引
	FULLTEXT：建立全文索引
	SPATIAL：建立空间索引
	columnName：索引对应的字段名
	length：索引字段长度
	ASC|DESC：升降序

3. 删除索引

对已创建的索引内容不满意，可以使用drop index语句删除索引，见表4-2-26。

表4-2-26　删除索引

语 法 格 式	说　　明
drop index indexName on tableName	tableName：表名字
	indexName：创建索引名字

任务实施前必须先准备好以下设备和资源。

序　号	设备/资源名称	数　量	是否准备到位（√）
1	虚拟机软件	1	□是　　□否
2	Ubuntu操作系统	1	□是　　□否
3	MySQL数据库	1	□是　　□否
4	计算机（联网）	1	□是　　□否
5	DBeaver软件	1	□是　　□否

1. 远程连接MySQL数据库

（1）安装MySQL数据库

运维部门需要部署停车场管理系统。启动Ubuntu操作系统，进入系统终端，输入以下命令来安装MySQL数据库。具体MySQL数据库安装步骤可参考本书项目3的任务2内容。

```
1.  sudo apt install mysql-server
2.  mysql -V
```

3. sudo cat /etc/mysql/debian.cnf

4. mysql –u 查询到的用户名 –p

5. use mysql

6. update user set authentication_string=PASSWORD("123456") where user='root';

7. update user set plugin="mysql_native_password";

8. update user set host="%" where user="root";

9. flush privileges;

10. exit;

上述代码执行后需要注意:

① 第1行代表安装最新版本的MySQL。

② 第2行代表查看已安装的MySQL版本。

③ 第3行代表查看cat/etc/mysql/debian.cnf文档中的初始数据库登录用户信息,特别留意user和password。

④ 第4行代表mysql -u后面填写在debian.cnf文档中user后面的名称信息。

⑤ 读者在输入密码时,系统不会提示输入信息,输入debian.cnf文档中password默认密码后按<Enter>键即可。

⑥ 第6行PASSWORD("123456")代表数据库root用户的密码为123456。

⑦ 第7行代表设置密码方式。

⑧ 第8行代表设置root访问权限。

⑨ 第9行代表刷新数据库。

(2)查看MySQL数据库运行状态

查看MySQL运行状况,如图4-2-6所示,显示running代表启动成功,命令如下:

sudo systemctl status mysql

```
nle@nle-VirtualBox:~$ sudo systemctl status mysql
●mysql.service - MySQL Community Server
   Loaded: loaded (/lib/systemd/system/mysql.service; enabled; vendor preset: e
   Active: active (running) since Mon 2021-06-07 16:49:53 CST; 23s ago
  Process: 10350 ExecStart=/usr/sbin/mysqld --daemonize --pid-file=/run/mysqld/
  Process: 10341 ExecStartPre=/usr/share/mysql/mysql-systemd-start pre (code=ex
 Main PID: 10352 (mysqld)
    Tasks: 27 (limit: 3535)
   CGroup: /system.slice/mysql.service
           └─10352 /usr/sbin/mysqld --daemonize --pid-file=/run/mysqld/mysqld.p

6月 07 16:49:53 nle-VirtualBox systemd[1]: Stopped MySQL Community Server.
6月 07 16:49:53 nle-VirtualBox systemd[1]: Starting MySQL Community Server...
6月 07 16:49:53 nle-VirtualBox systemd[1]: Started MySQL Community Server.
lines 1-13/13 (END)
```

图4-2-6 查看MySQL运行状态

(3)DBeaver远程连接MySQL数据库

确认MySQL运行正常后打开DBeaver软件,单击DBeaver的"新建连接"→"MySQL"命令,在弹出的窗口中"服务器地址"处输入Ubuntu系统IP地址,将"数据库"写入mysql，填写用户名（root）和密码（123456），然后单击"测试链接"按钮，再单击保存密码方式后即可链接到MySQL中。

上述操作执行前需要注意：

① 注释mysql配置文件mysqld.cnf中绑定本机环回地址的语句bind-address=127.0.0.1。

② 使用ufw disable命令关闭防火墙，并重启Ubuntu系统。

2. 创建停车场管理系统数据库

（1）创建停车场管理系统数据库

使用SQL语句创建停车场管理系统数据库Parklot，命令如下：

```
create database Parklot;
```

（2）查看停车场管理系统数据库

使用SQL语句查询停车场管理系统Parklot数据库参数信息，命令如下：

```
show databases ;
```

3. 创建停车场管理系统数据库用户信息表

（1）创建用户信息表

使用SQL语句创建停车场管理系统数据库user_info表，见表4-2-27。

表4-2-27 用户信息表

字　　段	类　　型	约 束 条 件	备　　注
id	int	主键	用户编号
username	varchar(20)	不能为空	用户名
userpasswd	varchar(20)	不能为空	用户密码
useradd	varchar(50)		用户地址
usertel	int		用户电话

操作代码如下：

```
1.  create table user_info (
2.  id int primary key,
3.  username varchar(20) not null,
4.  userpasswd varchar(20) not null,
5.  useradd varchar(50),
6.  usertel int
7.  )
```

输入完代码后选择"mysql"数据库，再单击"执行SQL语句"，执行结果如图4-2-7所示。

物联网系统部署与运维

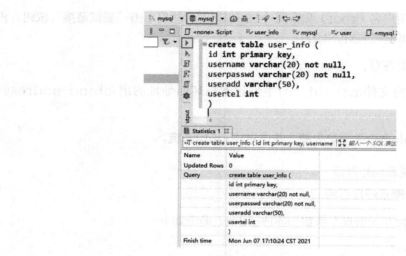

图4-2-7　停车场管理系统数据库user_info表

（2）查看用户信息表

使用SQL语句查看停车场管理系统数据库user_info表信息，如图4-2-8所示，命令如下：

show create table user_info ;

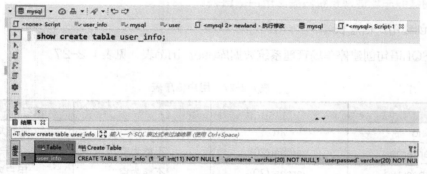

图4-2-8　查看user_info表

4.创建停车场管理系统数据库楼宇信息表

（1）创建楼宇信息表

使用SQL语句创建停车场管理系统数据库building_info表，见表4-2-28。

表4-2-28　楼宇信息表

字　段	类　型	约束条件	备　注
id	int	主键	楼宇编号
buildingname	varchar(20)	不能为空	楼宇名称
buildingfloor	int		楼宇楼层
buildingadministrator	varchar(50)		楼宇管理员
buildingstatus	int	不能为空	楼宇状态

操作代码如下：

1. create table building_info (
2. id int primary key,
3. buildingname varchar(20),
4. buildingfloor int,
5. buildingadministrator varchar(50) not null,
6. buildingstatus int not null
7.)

（2）查看楼宇信息表

使用SQL语句查看停车场管理系统数据库building_info表信息，命令如下：

show create table building_info;

5. 创建停车场管理系统数据库设备信息表

（1）创建设备信息表

使用SQL语句创建停车场管理系统数据库device_info表，见表4-2-29。

表4-2-29 设备信息表

字 段	类 型	约 束 条 件	备 注
id	int	主键	设备编号
devicename	varchar(20)	不能为空	设备名称
deviceadd	varchar(50)	不能为空	设备存放地点
deviceadministrator	varchar(50)		设备管理员
devicestatus	int	不能为空	设备状态

操作代码如下：

1. create table device_info (
2. id int primary key,
3. devicename varchar(20) not null,
4. deviceadd varchar(50) not null,
5. deviceadministrator varchar(50) ,
6. devicestatus int not null
7.)

（2）查看设备信息表

使用SQL语句查看停车场管理系统数据库device_info表信息，命令如下：

show create table device_info;

6. 创建数据库索引

（1）创建设备信息表全文索引

使用SQL语句创建停车场管理系统数据库device_info表的全文索引，如图4-2-9所示，命令如下：

create FULLTEXT index indexdevice on device_info (devicename(20));

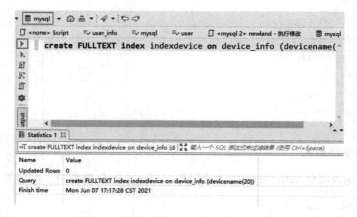

图4-2-9　设置device_info表全文索引

（2）查看索引信息

使用SQL语句查看停车场管理系统数据库device_info表的全文索引信息，命令如下：

show create table device_info;

7. 停车场管理系统数据库操作

（1）添加用户信息表数据

使用SQL语句为停车场管理系统user_info表添加用户信息，命令如下：

insert into user_info values (1,"newland","123456","12-1-2",1388584322);

（2）停车场管理系统用户信息表查询

使用SQL语句查询停车场管理系统user_info表中的用户信息，如图4-2-10所示，命令如下：

select * from user_info;

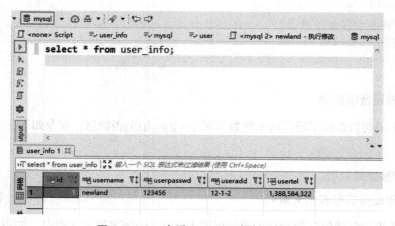

图4-2-10　查看user_info表中的数据

任务小结

　　本任务由浅入深讲解SQL语句的典型应用，以运维人员如何操作SQL语句来部署全新的数据库为出发点，对SQL语句在生产环境中需要应用到的运维技能点开展了深入介绍，介绍了SQL语句对表中数据添加、数据的更新、数据的删除、数据的查询以及数据库索引的创建、查看和删除等具体操作步骤。通过本任务的学习，读者能够掌握物联网应用系统的数据库部署能力。本任务相关知识技能小结思维导图如图4-2-11所示。

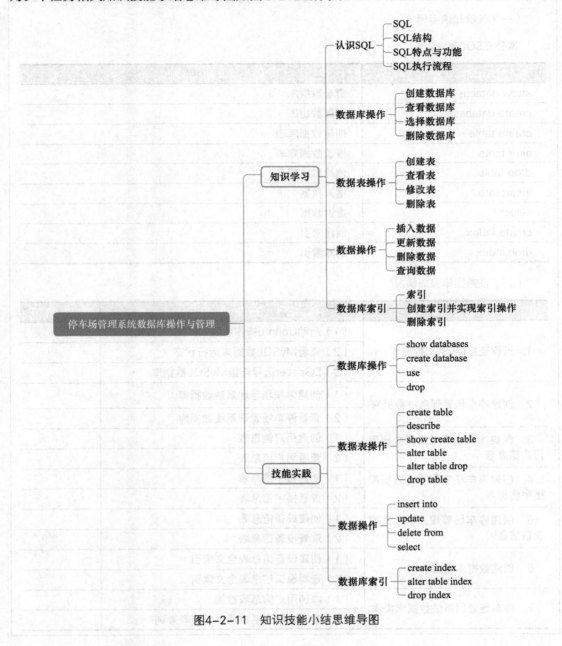

图4-2-11　知识技能小结思维导图

任务工单 ◀

项目4　智慧交通——停车场管理系统部署与运维	任务2　停车场管理系统数据库操作与管理
班级：	小组：
姓名：	学号：
分数：	

（一）关键知识引导

请补充SQL命令。

命　　令	功　　能
show databases	查看数据库
create database	创建数据库
create table	创建数据库表
alter table	修改数据库表
drop table	删除数据库表
insert into	插入数据
select	查询数据
create index	创建索引
drop index	删除索引

（二）任务实施完成情况

任　　务	任　务　内　容	完 成 情 况
1. 远程连接MySQL数据库	（1）启动Ubuntu操作系统和MySQL数据库	
	（2）查看MySQL数据库运行状态	
	（3）DBeaver远程连接MySQL数据库	
2. 创建停车场管理系统数据库	（1）创建停车场管理系统数据库	
	（2）查看停车场管理系统数据库	
3. 创建停车场管理系统数据库用户信息表	（1）创建用户信息表	
	（2）查看用户信息表	
4. 创建停车场管理系统数据库楼宇信息表	（1）创建楼宇信息表	
	（2）查看楼宇信息表	
5. 创建停车场管理系统数据库设备信息表	（1）创建设备信息表	
	（2）查看设备信息表	
6. 创建数据库索引	（1）创建设备信息表全文索引	
	（2）查看设备信息表全文索引	
7. 停车场管理系统数据库操作	（1）添加用户信息表数据	
	（2）停车场管理系统用户信息表查询	

（续）

（三）任务检查与评价

评价项目	评价内容		配分	评价方式		
				自我评价	互相评价	教师评价
方法能力（20分）	能够明确任务要求，掌握关键引导知识		5			
	能够正确清点、整理任务设备或资源		5			
	掌握任务实施步骤，制定实施计划，时间分配合理		5			
	能够正确分析任务实施过程中遇到的问题并进行调试和排除		5			
专业能力（60分）	远程连接MySQL数据库	查看MySQL数据库运行状态是否正常	2			
		使用DBeaver软件能远程连接到MySQL数据库	3			
	创建停车场管理系统数据库	能成功创建停车场管理系统数据库	3			
		能成功查看停车场管理系统数据库	2			
	创建停车场管理系统数据库用户信息表	能成功创建用户信息表	5			
		能成功查看用户信息表	5			
	创建停车场管理系统数据库楼宇信息表	能成功创建楼宇信息表	5			
		能成功查看楼宇信息表	5			
	创建停车场管理系统数据库设备信息表	能成功创建设备信息表	5			
		能成功查看设备信息表	5			
	创建数据库索引	能成功创建设备信息表全文索引	5			
		能成功查看设备信息表全文索引	5			
	停车场管理系统数据库操作	能成功添加用户信息表数据	5			
		能成功查询用户信息表中的数据	5			
素养能力（20分）	安全操作与工作规范	操作过程中严格遵守安全规范，正确使用电子设备，每处不规范操作扣1分	5			
		严格执行6S管理规范，积极主动完成工具设备整理	5			
	学习态度	认真参与教学活动，课堂互动积极	3			
		严格遵守学习纪律，按时出勤	3			
	合作与展示	小组之间交流顺畅，合作成功	2			
		语言表达能力强，能够正确陈述基本情况	2			
合　　计			100			

（四）任务自我总结

过程中的问题	解决方式

任务3 基于Docker的停车场管理系统部署

- 能在Ubuntu操作系统下，正确使用Linux命令，实现安装配置Docker。
- 能在Docker平台下，正确使用Docker命令，实现拉取各类应用服务镜像。
- 能在Docker平台下，正确使用Docker命令，实现Docker搭建Nginx服务。

　　任务描述：完成了Ubuntu系统管理网络服务搭建任务和停车场管理系统数据库操作与管理任务后，需要部署上线停车场管理系统，但公司业务部门每次想要增加一个新的应用时，IT部门就需要去采购一台新的服务器，这种做法导致大部分服务器长期运行在额定负载5%～10%的水平区间之内，对公司资产和资源产生极大浪费。公司决定使用Docker技术解决该问题，在Ubuntu操作系统上搭建Docker平台，以及对Docker中镜像的搜索、镜像的获取和删除镜像操作步骤开展讲解。本任务以停车场管理系统Nginx平台为例对Docker容器使用方法，对容器中部署Nginx平台等进行详细讲解。

　　任务要求：

- 实现在Ubuntu操作系统上安装配置Docker。
- 使用Docker对镜像进行拉取和管理。
- 使用Docker对容器进行管理。

4.3.1 认识Docker

1. Docker介绍

　　Docker是一种运行于Linux和Windows上的应用软件，Docker可以快速地部署、管理各类应用服务。Docker最初是dotCloud公司创始人Solomon Hykes发起的一个公司内部项目，它是基于dotCloud公司多年云服务技术的一次革新，并于2013年3月以Apache 2.0授权协议开源，主要项目代码在GitHub上进行维护。Docker自开源后受到广泛的关注和讨论，在2013年底，dotCloud公司决定改名为Docker，如图 4-3-1所示。

Docker使用Google公司推出的Go语言进行开发，基于 Linux内核的cgroup、namespace，以及OverlayFS类的 Union FS等技术，对进程进行封装隔离，属于操作系统层面的虚拟化技术。由于隔离的进程 独立于宿主和其他隔离的进程，因此也被称为容器。

图4-3-1 Docker logo

Docker在容器的基础上，进行了进一步封装，从文件系统、网络互联到进程隔离等，极 大简化了容器的创建和维护，使得Docker技术比虚拟机技术更为轻便、快捷。

2. 容器与虚拟机

容器是应用程序层的抽象，将代码和依赖项打包在一起。多个容器可以在同一台计算机 上运行，并与其他容器共享OS内核，每个容器在用户空间中作为隔离的进程运行。容器占用 的空间少于常见的虚拟机产品（如VMware、VM VirtualBox等），因此Docker容器可以 处理更多的应用程序。

虚拟机（VM）是将一台服务器转变为多台服务器的物理硬件的抽象。系统管理程序允许 多个VM在单台计算机上运行。每个VM包含操作系统、应用程序、必要的二进制文件和库的 完整副本等。

Docker容器和虚拟机具有相似的资源隔离和分配优势，但功能不同，因为容器虚拟化了 操作系统，而不是硬件，容器更便携、更高效。容器与虚拟机的区别如图4-3-2所示。

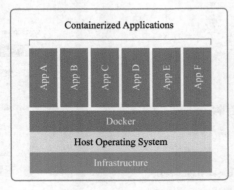
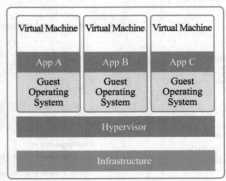

图4-3-2 容器与虚拟机的区别

4.3.2 Docker镜像

1. Docker镜像介绍

Docker镜像是由文件系统叠加而成的存储形式。最底端是一个文件引导系统，即 bootfs，与典型的Linux/UNIX的引导文件系统很相似。当一个容器启动后，它将会被移动 到内存中，而引导文件系统则会被卸载，以留出更多的内存供磁盘镜像使用。Docker容器启 动是需要一些文件的，这些文件就可以称为Docker镜像。Docker把应用程序及其依赖打包 在image文件里面，只有通过这个文件，才能生成Docker容器。image文件可以看作容器的模板，Docker根据image文件生成容器的实例。同一个image文件，可以生成多个同时运行的容器实例。

image是二进制文件。实际开发中，一个image文件往往通过继承另一个image文件，加上一些个性化设置而生成。例如，可以在Ubuntu的image基础上添加Apache服务器，形成image镜像文件。image文件是通用的，一台机器的image文件可以复制到另一台机器使用。为了方便共享，image文件制作完成后可以上传到网上的仓库。

2. 搜索镜像

（1）官方站点搜索镜像

Docker官方提供hub网站搜索镜像，访问https://hub.docker.com/，进入网站后在搜索栏中输入需要查找的镜像信息，如图4-3-3所示。

图4-3-3　搜索镜像

以查找Nginx应用服务镜像为例，输入nginx后进入镜像信息页面，如图4-3-4所示。其中，搜索结果中的"OFFICIAL IMAGE"代表官方提供的镜像文件。

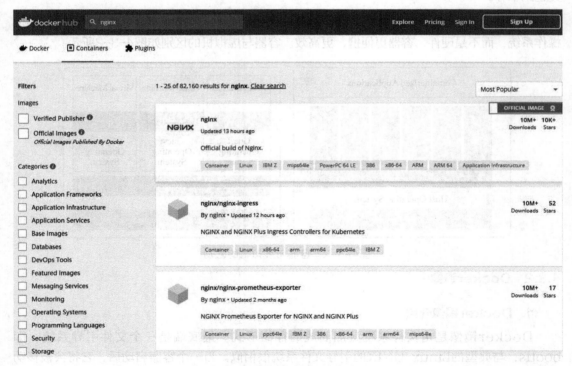

图4-3-4　搜索Nginx镜像

（2）Docker命令搜索

进入Ubuntu系统终端输入docker search命令可以搜索需要查看的镜像信息，以搜索

Nginx应用服务为例，如图4-3-5所示，命令如下：

```
sudo docker search nginx
```

```
nle@nle-VirtualBox:~$ sudo docker search nginx
[sudo] nle 的密码：
NAME                                DESCRIPTION                                     STARS   OFFICIAL   AUTOMATED
nginx                               Official build of Nginx.                        14915   [OK]
jwilder/nginx-proxy                 Automated Nginx reverse proxy for docker con…   2031               [OK]
richarvey/nginx-php-fpm             Container running Nginx + PHP-FPM capable of…   814                [OK]
jc21/nginx-proxy-manager            Docker container for managing Nginx proxy ho…   191
linuxserver/nginx                   An Nginx container, brought to you by LinuxS…   147
tiangolo/nginx-rtmp                 Docker image with Nginx using the nginx-rtmp…   126                [OK]
jlesage/nginx-proxy-manager         Docker container for Nginx Proxy Manager        111                [OK]
alfg/nginx-rtmp                     NGINX, nginx-rtmp-module and FFmpeg from sou…   97                 [OK]
bitnami/nginx                       Bitnami nginx Docker Image                      95                 [OK]
jasonrivers/nginx-rtmp              Docker images to host RTMP streams using NGI…   90                 [OK]
nginxdemos/hello                    NGINX webserver that serves a simple page co…   69                 [OK]
privatebin/nginx-fpm-alpine         PrivateBin running on an Nginx, php-fpm & AL…   53                 [OK]
nginx/nginx-ingress                 NGINX and  NGINX Plus Ingress Controllers fo…   52
nginxinc/nginx-unprivileged         Unprivileged NGINX Dockerfiles                  34
staticfloat/nginx-certbot           Opinionated setup for automatic TLS certs lo…   23                 [OK]
schmunk42/nginx-redirect            A very simple container to redirect HTTP tra…   19                 [OK]
nginx/nginx-prometheus-exporter     NGINX Prometheus Exporter for NGINX and NGIN…   17
centos/nginx-112-centos7            Platform for running nginx 1.12 or building…    15
raulr/nginx-wordpress               Nginx front-end for the official wordpress:f…   13                 [OK]
centos/nginx-18-centos7             Platform for running nginx 1.8 or building n…   13                 [OK]
flashspys/nginx-static              Super Lightweight Nginx Image                   10                 [OK]
mailu/nginx                         Mailu nginx frontend                            8                  [OK]
bitnami/nginx-ingress-controller    Bitnami Docker Image for NGINX Ingress Contr…   8                  [OK]
ansibleplaybookbundle/nginx-apb     An APB to deploy NGINX                           2                  [OK]
wodby/nginx                         Generic nginx                                   1                  [OK]
```

图4-3-5　搜索Nginx应用服务

对于上述命令需要注意：

① 确保Ubuntu能连接到互联网。

② 若登录的用户具有root权限可去掉sudo命令。

③ OFFICIAL代表Docker官方提供镜像文件。

3. 获取镜像

搜索到符合需求的镜像后，可以使用docker pull命令从网络中下载镜像到本地使用，见表4-3-1。

表4-3-1　docker pull

语 法 格 式	说　　明
docker pull [镜像][:标签]	[镜像]：填写镜像信息
	[:标签]：填写镜像版本，不填写默认最新版

4. 查看镜像信息

获取镜像后使用docker images命令查看下载到本地的所有镜像信息，见表4-3-2。

表4-3-2　docker images

语 法 格 式	说　　明
docker images [镜像][:标签]	[镜像]：填写镜像信息，不填写默认查看所有本地镜像
	[:标签]：填写镜像版本，不填写默认最新版

5. 删除镜像

如果想把本地镜像删除，可以使用docker rmi命令，见表4-3-3。

表4-3-3　docker rmi

语 法 格 式	说　明
docker rmi [镜像][:标签]	[镜像]：填写要删除的镜像名称或ID
	[:标签]：填写镜像版本，不填写默认最新版

4.3.3　Docker容器

1. 操作Docker容器

容器是Docker的另一个核心概念。简单来说，容器是镜像的一个运行实例。镜像是静态的只读文件，而容器带有运行时需要的可写文件层，同时容器中的应用进程处于运行状态。

（1）查看容器运行状态

通过docker ps 命令，可以查看一个运行中的容器信息，命令如下：

sudo docker ps –a

对于上述命令需要注意：

① 若登录的用户具有root权限可去掉sudo命令。

② ps –a代表查询所有容器信息。

（2）创建容器

使用docker create命令新建一个容器，见表4-3-4，但create命令不会启动容器。

表4-3-4　docker create

语 法 格 式	说　明
docker create [选项] 容器名	选项：--name 为容器分配一个别名 　　　--rm 退出时自动删除容器 　　　--user 用户名或UID（格式：<名称| uid> [：<组| gid>]） 　　　-v: 绑定挂载卷 　　　-i: 以交互模式运行容器，通常与 –t 同时使用 　　　-p: 指定端口映射，格式为：主机(宿主)端口:容器端口 　　　-t: 为容器重新分配一个伪输入终端，通常与 –i 同时使用

（3）启动容器

使用docker start命令来启动一个已经创建的容器，见表4-3-5。

表4-3-5　docker start

语 法 格 式	说　明
docker start [选项] [镜像]	[选项]：–a: 连接STDOUT / STDERR和转发信号； 　　　　–i: 附加容器的STDIN
	[镜像]：镜像名称或ID

（4）启动并运行容器

通过docker run命令可以创建并启动容器，相当于使用docker create和docker start命令，见表4-3-6。

表4-3-6　docker run

语 法 格 式	说　明
docker run [选项] [镜像] [参数]	[选项]：-d: 后台运行容器，并返回容器ID -i: 以交互模式运行容器，通常与 -t 同时使用 -p: 指定端口映射，格式为：主机(宿主)端口:容器端口 -t: 为容器重新分配一个伪输入终端，通常与 -i 同时使用 -h"mars": 指定容器的hostname -v: 绑定一个卷
	[镜像]：镜像名称或ID
	[参数]：镜像版本或执行镜像内容

（5）复制容器

使用docker cp命令在容器与主机之间复制数据。

表4-3-7　docker cp

语 法 格 式	说　明
docker cp 容器号:src_path dest_path	把容器src_path路径内容复制到主机dest_path路径中
docker cp src_path 容器号:dest_path	把主机src_path路径内容复制到容器dest_path路径中

2. 停止Docker容器

（1）暂停容器

使用docker pause命令来暂停一个运行中的容器所有进程，见表4-3-8。

表4-3-8　docker pause

语 法 格 式	说　明
docker pause 容器号	容器号：容器ID号

（2）停止容器

除了可以暂停容器操作外，还可以用docker stop命令来终止容器，见表4-3-9。

表4-3-9　docker stop

语 法 格 式	说　明
docker stop 容器号	容器号：容器ID号

3. 访问Docker容器

docker run命令是根据镜像创建一个容器并运行一个命令，操作的对象是镜像，若要启动已经创建的容器，可以使用docker start命令。对已经启动的容器可以使用docker exec命令进入容器中，见表4-3-10。

表4-3-10 docker exec

语 法 格 式	说 明
docker exec [参数] 容器号 命令	[参数]：–d: 分离模式: 在后台运行； –i: 以交互模式运行容器，通常与 –t 同时使用； –t: 分配一个伪终端
	容器号：容器ID号
	命令：各类应用命令

4. Docker数据卷

数据卷是一个可供容器使用的特殊目录，它将主机操作系统目录直接映射到容器，类似于Linux中的mount行为。数据卷可以在容器之间共享和重用，容器间传递数据将变得高效与方便。

（1）创建数据卷

Docker提供了volume create命令来创建数据卷，见表4-3-11，创建好的数据卷默认会在/var/lib/docker/volumes路径中新建存储目录。

表4-3-11 docker volume create

语 法 格 式	说 明
docker volume create [参数] 容器号 命令	[参数]：–d: 指定卷驱动程序名称； ––name: 指定卷名； –t: 分配一个伪终端
	容器号：容器ID号
	命令：各类应用命令

（2）查看数据卷

使用docker volume inspect命令查看已创建的数据卷信息。

（3）删除数据卷

数据卷独立于容器，Docker不会在容器被删除后自动删除数据卷，并且也不存在垃圾回收这样的机制来处理没有任何容器引用的数据卷。如果需要在删除容器的同时移除数据卷。可以在删除容器的时候使用docker rm这个命令。

任务实施

任务实施前必须先准备好以下设备和资源。

序　号	设备/资源名称	数　量	是否准备到位（√）	
1	虚拟机软件	1	□是	□否
2	Ubuntu操作系统	1	□是	□否
3	Docker	1	□是	□否
4	计算机（联网）	1	□是	□否

1. 搭建Docker平台

停车场管理系统需要部署在Docker上的Nginx平台中，首先进入Ubuntu操作系统终端。

（1）更新Ubuntu源索引

更新Ubuntu的apt源索引，如图4-3-6所示，命令如下：

sudo apt update

```
nle@nle-VirtualBox:~$ sudo apt update
[sudo] nle 的密码:
命中:1 http://cn.archive.ubuntu.com/ubuntu bionic InRelease
命中:2 http://security.ubuntu.com/ubuntu bionic-security InRelease
命中:3 http://cn.archive.ubuntu.com/ubuntu bionic-updates InRelease
命中:4 http://cn.archive.ubuntu.com/ubuntu bionic-backports InRelease
正在读取软件包列表... 完成
正在分析软件包的依赖关系树
正在读取状态信息... 完成
有 269 个软件包可以升级。请执行 'apt list --upgradable' 来查看它们。
```

图4-3-6　更新Ubuntu源索引

对于上述命令需要注意：

① 确保Ubuntu能连接到互联网。

② 输入密码时系统不会提示，完成输入后按<Enter>键。

（2）安装支撑包

设置apt通过HTTPS使用仓库，如图4-3-7所示，命令如下：

```
1.  sudo apt install \
2.      apt-transport-https \
3.      ca-certificates \
4.      curl \
5.      software-properties-common
```

```
nle@nle-VirtualBox:~$ sudo apt install \
>     apt-transport-https \
>     ca-certificates \
>     curl \
>     software-properties-common
[sudo] nle 的密码:
正在读取软件包列表... 完成
正在分析软件包的依赖关系树
正在读取状态信息... 完成
将会同时安装下列软件:
  libcurl4 python3-software-properties software-properties-gtk
下列【新】软件包将被安装:
  apt-transport-https curl libcurl4
下列软件包将被升级:
  ca-certificates python3-software-properties software-properties-common
  software-properties-gtk
升级了 4 个软件包，新安装了 3 个软件包，要卸载 0 个软件包，有 265 个软件包未被
升级。
需要下载 379 kB/623 kB 的归档。
解压缩后会消耗 1,203 kB 的额外空间。
您希望继续执行吗？ [Y/n]
```

图4-3-7　安装支撑包

对于上述命令需要注意：

① 确保Ubuntu能连接到互联网。

② 安装时系统会提示是否继续安装，按<Y>键即可继续。

③ 输入密码时系统不会提示，完成输入按<Enter>键。

（3）添加key

添加Docker官方GPG key，如图4-3-8所示，命令如下：

curl –fsSL https://download.docker.com/linux/ubuntu/gpg | sudo apt–key add –

```
nle@nle-VirtualBox:~$ curl -fsSL https://download.docker.com/linux/ubuntu/gpg |
 sudo apt-key add -
OK
```

图4-3-8　添加key

对于上述命令需要注意：

① 确保Ubuntu能连接到互联网。

② 完成后系统会提示"OK"信息。

（4）设置Docker仓库

设置Docker稳定版仓库，如图4-3-9所示，命令如下：

```
1.   sudo add–apt–repository \
2.       "deb [arch=amd64] https://download.docker.com/linux/ubuntu \
3.       $(lsb_release –cs) \
4.       stable"
```

```
nle@nle-VirtualBox:~$ sudo add-apt-repository \
>     "deb [arch=amd64] https://download.docker.com/linux/ubuntu \
>     $(lsb_release -cs) \
>     stable"
命中:1 http://security.ubuntu.com/ubuntu bionic-security InRelease
命中:2 http://cn.archive.ubuntu.com/ubuntu bionic InRelease
命中:3 http://cn.archive.ubuntu.com/ubuntu bionic-updates InRelease
命中:4 http://cn.archive.ubuntu.com/ubuntu bionic-backports InRelease
获取:5 https://download.docker.com/linux/ubuntu bionic InRelease [64.4 kB]
获取:6 https://download.docker.com/linux/ubuntu bionic/stable amd64 Packages [1
8.1 kB]
已下载 82.6 kB, 耗时 12秒 (6,969 B/s)
正在读取软件包列表... 完成
```

图4-3-9　设置Docker稳定版仓库命令执行结果

对于上述命令需要注意：

① 确保Ubuntu能连接到互联网。

② 完成后系统会提示"完成"信息。

（5）更新仓库

添加完仓库后需要再次更新apt源，命令如下：

sudo apt update

对于上述命令需要注意：确保Ubuntu能连接到互联网。

（6）安装Docker

安装Docker CE（社区）版本，命令如下：

sudo apt install docker-ce

对于上述命令需要注意：

① 确保Ubuntu能连接到互联网。

② 安装时系统会提示是否继续安装，按<Y>键即可继续。

③ Docker CE版本属于社区免费版本。

（7）查看Docker版本

安装完Docker后要查看Docker版本信息，可以使用docker version命令进行查看，如图4-3-10所示，命令如下：

docker version

```
nle@nle-VirtualBox:~$ docker version
Client: Docker Engine - Community
 Version:           20.10.7
 API version:       1.41
 Go version:        go1.13.15
 Git commit:        f0df350
 Built:             Wed Jun  2 11:56:40 2021
 OS/Arch:           linux/amd64
 Context:           default
 Experimental:      true
Got permission denied while trying to connect to the Docker daemon socket
4/version: dial unix /var/run/docker.sock: connect: permission denied
```

图4-3-10　查看Docker版本

2. 拉取Nginx镜像

（1）删除Nginx早期版本容器

若系统中存在早期的Nginx平台，需要删除Docker中已经存在的Nginx容器，命令如下：

1. sudo docker ps -a
2. sudo docker rm (Nginx ID号)

（2）删除Nginx早期版本镜像

若系统中存在早期的Nginx镜像，使用Docker rmi命令删除镜像，命令如下：

1. sudo docker images
2. sudo docker rmi (Nginx ID号)

（3）拉取Nginx镜像

使用Docker命令拉取Nginx镜像文件来搭建停车场管理系统Web环境，如图4-3-11所示，命令如下：

1. sudo docker images
2. sudo docker pull nginx

```
nle@nle-VirtualBox:~$ sudo docker pull nginx
[sudo] nle 的密码:
Using default tag: latest
latest: Pulling from library/nginx
69692152171a: Pull complete
30afc0b18f67: Pull complete
596b1d696923: Pull complete
febe5bd23e98: Pull complete
8283eee92e2f: Pull complete
351ad75a6cfa: Pull complete
Digest: sha256:6d75c99af15565a301e48297fa2d121e15d80ad526f8369c526324f0f7ccb750
Status: Downloaded newer image for nginx:latest
docker.io/library/nginx:latest
```

图4-3-11　拉取Nginx镜像

3. 运行Nginx

运行Nginx容器并设置映射访问端口号为88，命令如下：

sudo docker run –d –p 88:80 ––name webnewland nginx

对于上述命令需要注意：

① -d代表后台运行。

② -p 88:80代表把Nginx容器的80端口映射到Ubuntu系统的88端口。

③ --name webnewland代表运行的容器命名为webnewland。

4. 测试Nginx

（1）查看Nginx状态

使用Docker命令查询Nginx状态信息，如图4-3-12所示，命令如下：

sudo docker ps

```
nle@nle-VirtualBox:~$ sudo docker ps
CONTAINER ID   IMAGE   COMMAND                 CREATED          STATUS         PORTS                                        NAMES
c15a6f44f2c0   nginx   "/docker-entrypoint…"   17 seconds ago   Up 16 seconds  0.0.0.0:88->80/tcp, :::88->80/tcp            webnewland
```

图4-3-12　查看Nginx状态

（2）浏览器访问Nginx

打开虚拟机中的浏览器输入http://127.0.0.1:88，访问Nginx默认页面，若能正常访问则代表Nginx搭建成功，如图4-3-13所示。

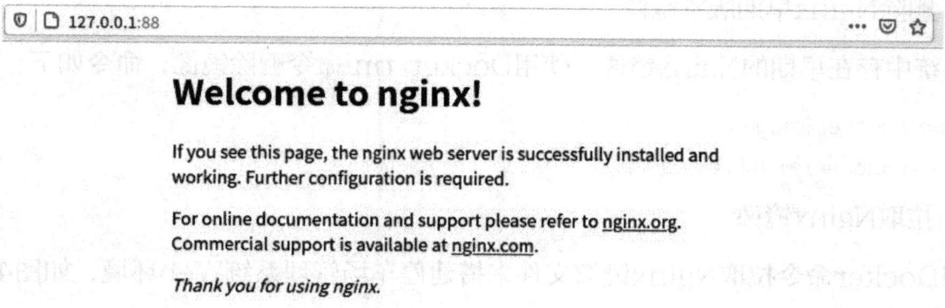

Welcome to nginx!

If you see this page, the nginx web server is successfully installed and
working. Further configuration is required.

For online documentation and support please refer to nginx.org.
Commercial support is available at nginx.com.

Thank you for using nginx.

图4-3-13　浏览器访问Nginx

5. Nginx目录映射

（1）创建目录

运维部门为了方便管理停车场管理系统，需要在Ubuntu系统中创建目录来映射Nginx容器，命令如下：

```
sudo mkdir –p /opt/nginx/html /opt/nginx/conf
```

（2）复制Nginx容器目录

对Docker中的Nginx配置文件进行复制，命令如下：

```
1.  sudo docker ps
2.  sudo docker cp (Nginx ID号):/etc/nginx/nginx.conf /opt/nginx/conf
3.  sudo docker cp (Nginx ID号):/etc/nginx/conf.d/default.conf /opt/nginx/conf/conf.d
4.  sudo docker cp (Nginx ID号):/usr/share/nginx/html/index.html /opt/nginx/html
```

对于上述命令需要注意：

① 第1行表示使用ps命令查看Nginx ID号，注意，每台设备分配的ID不同。

② 第2行表示复制Nginx容器的nginx.conf配置文件到Ubuntu系统opt/nginx/conf中。

③ 第3行表示复制Nginx容器default.conf配置文件到Ubuntu系统opt/nginx/conf.d中。

④ 第4行表示复制Nginx容器index.html默认网站文件到Ubuntu系统opt/nginx/html中。

6. 修改Nginx默认页面

（1）创建网站

创建停车管理系统测试页面，命令如下：

```
1.  sudo touch index.html
2.  sudo chmod 777 index.html
3.  sudo echo hello newland >index.html
4.  sudo cp index.html /opt/nginx/html
```

对于上述命令需要注意：

① 第1行touch index.html代表创建文件。

② 第2行chmod 777代表设置文件权限针对所有用户和组都是读、写、执行权限。

③ 第3行echo hello newland >index.html代表写入字符串重定向到index文件中。

④ 第4行cp代表复制。

（2）挂载新建网站

把Docker中Nginx应用服务网站挂载点指向停车管理系统测试页面，命令如下：

```
1.  sudo docker stop (Nginx ID号)
2.  sudo docker run –d –p 88:80 ––name nle –v /opt/nginx/html:/usr/share/nginx/html nginx
```

对于上述命令需要注意：-v代表挂载目录。

（3）测试网站

打开虚拟机中的浏览器输入http://127.0.0.1:88，访问Nginx页面，如图4-3-14所示。

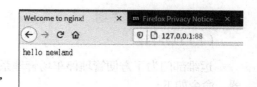

图4-3-14　访问Nginx页面

完成服务器操作系统配置和MySQL数据库搭建后，运维人员最后的工作任务就是搭建Nginx平台，本任务针对目前在实际生产环境中常用的Docker容器技术来部署Nginx服务，让读者能掌握在Ubuntu操作系统上搭建Docker平台以及对Docker中镜像的搜索、获取和删除等操作步骤，提高运维人员快速部署Docker容器的能力。本任务相关知识技能小结思维导图如图4-3-15所示。

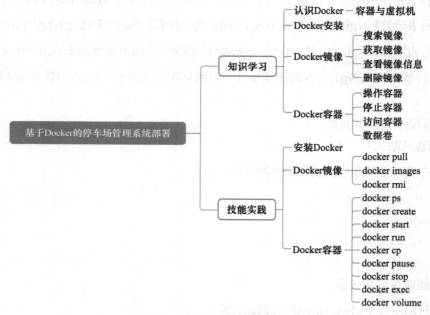

图4-3-15　知识技能小结思维导图

任务工单

项目4　智慧交通——停车场管理系统部署与运维	任务3　基于Docker的停车场管理系统部署
班级：	小组：
姓名：	学号：
分数：	

（续）

（一）关键知识引导

请补充Docker命令。

命　　令	功　　能
docker pull	拉取镜像
docker images	镜像查看
docker rmi	镜像删除
docker ps	状态查看
docker create	容器创建
docker run	容器运行
docker cp	容器复制
docker stop	容器停止
docker volume	数据卷

（二）任务实施完成情况

任　　务	任　务　内　容	完成情况
1. 搭建Docker平台	（1）在Ubuntu操作系统上安装Docker	
	（2）在Ubuntu操作系统上启动Docker	
	（3）在Ubuntu操作系统上查看Docker版本	
2. 拉取Nginx镜像	（1）在Docker中拉取Nginx镜像	
	（2）在Docker中查看Nginx镜像	
3. 运行Nginx	（1）在Docker中运行Nginx应用服务	
	（2）在Docker中查看Nginx运行状况	
4. 测试Nginx	（1）访问Nginx应用服务默认网站	
	（2）使用Docker命令查看Nginx运行状况	
5. Nginx目录映射	（1）创建停车场管理系统网站目录	
	（2）在Docker中复制容器目录	
6. 修改Nginx默认页面	（1）创建停车场管理系统测试网站	
	（2）在Docker中对Nginx挂载新站点并测试	

（三）任务检查与评价

评价项目	评价内容	配分	评价方式		
			自我评价	互相评价	教师评价
方法能力（20分）	能够明确任务要求，掌握关键引导知识	5			
	能够正确清点、整理任务设备或资源	5			
	掌握任务实施步骤，制定实施计划，时间分配合理	5			
	能够正确分析任务实施过程中遇到的问题并进行调试和排除	5			

（续）

（续）

评价项目	评价内容		配分	评 价 方 式		
				自我评价	互相评价	教师评价
专业能力（60分）	搭建Docker平台	能成功在Ubuntu操作系统上安装Docker	5			
		能成功查看Docker版本信息	5			
	拉取Nginx镜像	能成功拉取Nginx镜像	5			
		能成功查看Nginx镜像信息	5			
	运行Nginx	能成功运行Nginx应用服务	5			
		能成功查看Nginx运行端口信息	5			
	测试Nginx	能成功访问Nginx默认页面	5			
		能成功查看Nginx运行状况	5			
	Nginx目录映射	能成功创建停车场管理系统网站目录	5			
		能成功复制容器目录	5			
	修改Nginx默认页面	能成功创建停车场管理系统测试网站	5			
		能成功挂载新站点	5			
素养能力（20分）	安全操作与工作规范	操作过程中严格遵守安全规范，正确使用电子设备，每处不规范操作扣1分	5			
		严格执行6S管理规范，积极主动完成工具设备整理	5			
	学习态度	认真参与教学活动，课堂互动积极	3			
		严格遵守学习纪律，按时出勤	3			
	合作与展示	小组之间交流顺畅，合作成功	2			
		语言表达能力强，能够正确陈述基本情况	2			
合　计			100			

（四）任务自我总结

过程中的问题	解决方式

Project 5

项目⑤

智慧农业——生态农业园监控系统优化与系统监测

项 目引入

随着物联网、大数据、人工智能等技术在我国农业中的应用，农业产业采用了精准化、节约化、工业化的发展方针，逐渐摆脱人力密集、靠天吃饭等传统农业弊端。经过多年的发展，物联网技术通过信息化管理手段，提高了农业产量、降低了人力成本，在当今的农业产业中被广泛应用。

智慧农业——生态农业园监控系统是农业物联网中的典型应用场景，如图5-0-1所示。该系统由农作物生产环境监控模块、野外气象监测站、控制系统模块及管理决策平台等部分组成。通过该系统可以实时、远程监控农业生产环境和流通环节等，以节约劳动力成本，提升农产品产量和品质。

当生态农业园监控系统在服务器上部署后，通过配置服务器Ubuntu操作系统参数来提升操作系统安全等级和系统运行的稳定性。在系统正式上线后，传感器采集到的实时数据会通过网络传入服务器上并使用SQL语句储存在MySQL数据库中。为了降低数据库的资源消耗和系统存储数据的延迟时间，还需要对SQL性能进行优化，让生态农业园监控系统站点以最优状态提供各类服务。当然除了基本的优化操作外，通常在生产环境中还需要一套实时监控平台对整套生态农业园监控系统涉及的软件、硬件进行实时监测。

图5-0-1 智慧农业——生态农业园监控系统结构

<table>
<tr><td>任务1</td><td>Ubuntu系统安全管理</td></tr>
</table>

职业能力目标 ◀

- 能在Ubuntu操作系统下正确使用Linux命令，实现系统安全监测。
- 能在Ubuntu操作系统下正确使用Linux命令，实现防火墙配置。
- 能在Ubuntu操作系统下正确使用Linux命令，实现日志文件管理。

任务描述与要求 ◀

任务描述：目前已完成Ubuntu操作系统搭建工作，为了让智慧农业——生态农业园监控系统部署上线后能安全、稳定地提供服务，需要对Ubuntu操作系统进行安全检测和管理，包括完成Ubuntu系统网络活动监测、系统进程监测任务；使用Fail2Ban软件对操作系统入侵防御配置；运用防火墙技术来管理生态农业园监控系统访问规则，使用Ubuntu操作系统命令查看系统日志文件。

任务要求：

- 实现Ubuntu系统运行状态监测和日志文件查看。
- 使用防火墙技术管理操作系统访问接口。
- 实现网络入侵防御管理。

5.1.1 系统安全管理

1. root用户管理

Ubuntu系统安全中最为关键的环节是用户管理,许多的安全隐患都是由用户管理不善引起的。在Linux系统中root用户属于超级用户,拥有最高权限。因此,root用户成为许多黑客的攻击目标,其身份和权限一旦被获取,就会成为黑客入侵系统的途径。在Ubuntu中,通常不允许使用root用户直接登录系统。但是这并不影响管理员通过root用户的权限来进行系统维护。Ubuntu提供了一个名称为sudo的命令使得普通用户可以完成系统管理任务。在使用sudo命令时,普通用户不需要得知root用户的密码,只需要输入自己的密码即可。Ubuntu官方强烈建议用户使用sudo命令来代替root用户执行日常维护工作。通过sudo命令,管理员可以为不同的用户分别配置不同的权限,从而达到权限控制目的。为了保证root用户安全,管理员可以使用以下命令锁定root用户密码,禁止root用户使用密码登录系统,命令如下:

sudo passwd –l root

对于上述命令需要注意:–l代表停止账号使用。

若读者想要重新开启root账户,可以在终端窗口中输入如下命令,开启root账户。

sudo passwd root

2. 系统网络状态监测

网络状态可显示各系统软件的工作状态、负载等,由此可了解整个系统软件的活动状态,及时发现故障。

当各类应用服务部署上线后,就会面临众多安全隐患。非法用户侵入服务器时,首先进行网络端口扫描,得到正在监听连接的端口;然后确定各个应用程序对应的监听端口,并试图通过服务器漏洞获得访问权限。在Ubuntu系统运维中,要检查服务器上正在侦听的端口可以使用ss命令,查看当前处于活动状态的套接字信息。ss命令可以显示和netstat类似的内容,但ss的优势在于它能够显示更多、更详细的有关TCP和连接状态的信息,ss命令格式见表5-1-1。

表5-1-1 ss命令

语法格式	常用参数	说明
ss [参数]	–a	显示所有套接字
	–l	显示处于监听状态的套接字
	–t	只显示TCP套接字
	–u	只显示UDP套接字
	–p	显示使用套接字的进程
	–n	不解析服务名称,以数字方式显示
	–m	显示套接字的内存使用情况

要显示Ubuntu系统/etc/services文件中服务和端口的对应TCP和UDP端口信息关系，可以使用tulpn，如图5-1-1所示，命令如下：

```
sudo ss –tulpn
```

```
nle@nle-VirtualBox:~$ sudo ss -tulpn
[sudo] nle 的密码:
Netid State    Recv-Q   Send-Q    Local Address:Port      Peer Address:Port
udp   UNCONN   0        0         127.0.0.53%lo:53        0.0.0.0:*    users:(("systemd-resolve",pid=354,fd=12))
udp   UNCONN   0        0         0.0.0.0:68              0.0.0.0:*    users:(("dhclient",pid=624,fd=6))
udp   UNCONN   0        0         0.0.0.0:631             0.0.0.0:*    users:(("cups-browsed",pid=578,fd=7))
udp   UNCONN   0        0         0.0.0.0:35740           0.0.0.0:*    users:(("avahi-daemon",pid=530,fd=14))
udp   UNCONN   0        0         0.0.0.0:5353            0.0.0.0:*    users:(("avahi-daemon",pid=530,fd=12))
udp   UNCONN   0        0         [::]:40931              [::]:*       users:(("avahi-daemon",pid=530,fd=15))
udp   UNCONN   0        0         [::]:5353               [::]:*       users:(("avahi-daemon",pid=530,fd=13))
tcp   LISTEN   0        128       127.0.0.53%lo:53        0.0.0.0:*    users:(("systemd-resolve",pid=354,fd=13))
tcp   LISTEN   0        5         127.0.0.1:631           0.0.0.0:*    users:(("cupsd",pid=533,fd=7))
tcp   LISTEN   0        5         [::1]:631               [::]:*       users:(("cupsd",pid=533,fd=6))
```

图5-1-1　ss命令执行结果

在上述命令执行后需要注意：

① Netid代表网络名称。

② State代表状态。

③ Recv代表接收数据。

④ Send代表发送数据。

⑤ Local Address:Port代表本地地址和端口。

⑥ Peer Address:Port代表映射地址和端口。

3. 系统安装程序查看

系统部署完成后还需要查看系统已安装应用程序，通过重定向命令可以把已经安装在服务器上的所有程序包列表写到另一个文件中，以便运维人员查看。命令如下：

```
1. dpkg --get-selections > installed_packages.txt
```

```
1. ls
2. cat installed_packages.txt
```

4. 入侵防御

Fail2Ban是一款入侵防御软件，可以保护服务器免受暴力攻击。Fail2Ban软件内核使用Python编程语言编写，采用基于扫描auth日志文件工作方式管理系统入侵防御。默认情况下该软件会扫描所有auth日志文件，如/var/log/auth. log、/var/log/apache/access. log等，并禁止带有恶意标志的IP，比如密码失败太多、寻找漏洞等。Fail2Ban为各种服务提供了许多过滤器，如ssh、apache、nginx、squid、named、mysql等。Fail2Ban是服务器防止暴力攻击的安全手段之一，能够降低错误认证尝试的速度，但是不能消除弱认证带来的风险。

（1）查看空规则集

iptabels命令是Linux系统自带的一款基于包过滤的防火墙工具，几乎所有的Linux发行版本都会包含iptables的功能。使用iptables -L命令来查看当前使用的iptables规则，命令如下：

```
sudo iptables –L
```

（2）配置Fail2Ban

Fail2Ban包含一个名为jail.conf的默认配置文件，但在Fail2Ban升级时会把此文件覆盖。因此，如果对此文件进行自定义，将丢失所做的更改。复制Fail2Ban的jail.conf配置文档到jail.local中，使用vi编辑器修改配置文件信息，命令如下：

```
sudo vi /etc/fail2ban/jail.local
```

进入到配置文件后，找到default部分的ignoreip、bantime、findtime和maxretry，如图5-1-2所示。

```
47 # "ignorself" specifies whether the local resp. own IP addresses should be ignored
48 # (default is true). Fail2ban will not ban a host which matches such addresses.
49 #ignorself = true
50
51 # "ignoreip" can be a list of IP addresses, CIDR masks or DNS hosts. Fail2ban
52 # will not ban a host which matches an address in this list. Several addresses
53 # can be defined using space (and/or comma) separator.
54 ignoreip = 127.0.0.1/8 ::1
55
56 # External command that will take an tagged arguments to ignore, e.g. <ip>,
57 # and return true if the IP is to be ignored. False otherwise.
58 #
59 # ignorecommand = /path/to/command <ip>
60 ignorecommand =
61
62 # "bantime" is the number of seconds that a host is banned.
63 bantime  = 10m
64
65 # A host is banned if it has generated "maxretry" during the last "findtime"
66 # seconds.
67 findtime  = 10m
68
69 # "maxretry" is the number of failures before a host get banned.
70 maxretry = 5
```

图5-1-2　Fail2Ban配置文件

jail.local配置文件中包含的4个参数具体功能如下：

ignoreip：代表IP地址白名单。本地主机的IP地址默认情况下为127.0.0.1/8，"/8"为子网掩码255.0.0.0缩写，"::1"为IPv6表示方式。

bantime：代表禁止IP地址的持续时间（"m"代表分钟）。如果输入的值不带"m"或"h"（代表小时），则将其视为秒。值为-1将永久禁止IP地址。

findtime：代表被禁止的IP地址时间。

maxretry：代表最大失败连接数。

5.1.2　防火墙

日常生活中所说的防火墙技术是用于网络安全管理与筛选的软件和硬件设备，该技术能帮助计算机网络在内、外网之间构建一道相对隔绝的保护屏障，以保护用户资料与信息安全性。

防火墙技术的功能主要在于及时发现并处理计算机网络运行时可能存在的安全风险、数据传输等问题，其中处理措施包括隔离与保护，同时可对计算机网络安全中的各项操作实施记录与检测，以确保计算机网络运行的安全性，保障用户资料与信息的完整性，为用户提供更好、更安全的计算机网络使用体验。

1. 启动防火墙

Ubuntu操作系统中的防火墙通常指的是一套管理软件，常用的防火墙配置工具是UFW。UFW提供了一种用户友好的方式来创建基于IPv4或IPv6的基于主机的防火墙，默认情况下

UFW处于"不活动"状态。

启动防火墙使用ufw enable命令，命令如下：

1. sudo ufw enable
2. sudo ufw status

对于上述命令需要注意：执行完命令后系统会提示ufw状态为"激活"。

2．配置防火墙

当启动UFW时，它会使用一组默认规则配置文件。如果要指定防火墙允许某些端口放行，可以使用ufw allow命令，见表5-1-2和表5-1-3。

表5-1-2　ufw　allow命令

语　法　格　式	常　用　参　数	说　　明
sudo ufw allow <port>/<protocol>	<port>	端口号
	protocol	协议（可选项）

表5-1-3　ufw　allow　from命令

语　法　格　式	常　用　参　数	说　　明
sudo ufw allow from <target> to <destination> port <port number>	target	IP地址
	destination	协议
	port number	端口号

5.1.3　查看日志文件

系统日志是记录系统中硬件、软件和系统问题的信息文件，同时还可以监视系统中实时发生的事件。用户可以通过系统日志来检查错误发生的原因，或者寻找受到攻击时攻击者留下的痕迹。系统日志文件包括系统日志、应用程序日志和安全日志。

Ubuntu操作系统中所有服务的登录文件或错误信息文件都在/var/log下，前面学习的MySQL数据库系统日志文件则在/var/lib下。比如，Ubuntu系统授权信息日志存放在auth.log文件中，包括了用户登录和使用的权限机制等；Ubuntu软件包日志存放在dpkg.log中，包括了已安装软件信息。常见日志文件见表5-1-4。

表5-1-4　常见日志文件

语　法　格　式	常　用　参　数
/var/log/alternatives.log	更新信息
/var/log/apt/	安装卸载软件信息
/var/log/auth.log	登录认证信息
/var/log/btmp	失败启动信息
/var/log/cpus	打印信息
/var/log/dpkg.log	软件包信息
/var/log/faillog	用户登录失败信息

一般日志文件数据量比较大，可以采用tail命令查看日志文件。tail命令用于显示文件尾部的内容，默认在屏幕上显示指定文件的末尾10行，tail命令见表5-1-5。

表5-1-5 tail命令

语 法 格 式	常 用 参 数	说　明
tail [参数]	−f	显示文件最新追加的内容
	−n	输出文件的尾部N（数字）行内容

任务实施前必须先准备好以下设备和资源。

序　号	设备/资源名称	数　量	是否准备到位（√）
1	虚拟机软件	1	□是　□否
2	Ubuntu操作系统	1	□是　□否
3	计算机（联网）	1	□是　□否
4	powershell	1	□是　□否

1. 配置防火墙

本任务需要先安装完成Ubuntu操作系统（具体Ubuntu安装步骤参考项目2），在安装好的Ubuntu系统下配置防火墙，以达到提升操作系统安全等级和系统运行的稳定性。

（1）查看ufw状态

进入Ubuntu操作系统终端，输入命令检查Ubuntu操作系统ufw运行状态，如图5-1-3所示，命令如下：

```
nle@nle-VirtualBox:~$ sudo ufw status
[sudo] nle 的密码：
状态: 不活动
```

sudo ufw status

图5-1-3 查看ufw状态

（2）安装ufw

如果服务器Ubuntu操作系统上还未安装ufw，可以使用apt install命令安装ufw。若已经安装ufw则可跳过此步骤。命令如下：

sudo apt install ufw

（3）设置SSH服务端口

目前计划把智慧农业—— 生态农业园监控系统部署在公司的内网中192.168.0.0/24。需要开放SSH服务的22端口作为运维人员远程访问Ubuntu操作系统的接口，通过添加ufw规则放行SSH服务，命令如下：

sudo ufw allow from 192.168.0.0/24 to any port 22

对于上述命令需要注意：

① 192.168.0.0/24代表C类的私有地址，其中/24表示子网掩码为255.255.255.0。

② any代表任何协议。

（4）设置Nginx服务端口

添加SSH服务端口后，为保证普通用户能正常访问生态农业园监控系统，还需要为生态农业园监控系统的Nginx应用服务开通80端口，使用ufw allow命令开启80和443（https）端口，如图5-1-4所示，命令如下：

1. sudo ufw allow 80

2. sudo ufw allow 443

```
nle@nle-VirtualBox:~$ sudo ufw allow from 192.168.0.0/24 to any port 22
防火墙规则已更新
nle@nle-VirtualBox:~$ sudo ufw allow 80
防火墙规则已更新
规则已更新(v6)
nle@nle-VirtualBox:~$ sudo ufw allow 443
防火墙规则已更新
规则已更新(v6)
```

图5-1-4　防火墙命令执行结果

（5）开启ufw服务

完成端口配置后，就可以开启ufw服务，命令如下：

sudo ufw enable

对于上述命令需要注意：该命令默认会将ufw设置为开机启动，也可以使用sudo systemctl enable ufw命令手动设置ufw服务开机自动启动。

（6）查看ufw规则

使用iptables命令查看ufw已有规则信息，如图5-1-5所示，命令如下：

sudo iptables -L

```
Chain ufw-user-input (1 references)
target     prot opt source               destination
ACCEPT     tcp  --  192.168.0.0/24       anywhere             tcp dpt:ssh
ACCEPT     udp  --  192.168.0.0/24       anywhere             udp dpt:22
ACCEPT     tcp  --  anywhere             anywhere             tcp dpt:http
ACCEPT     udp  --  anywhere             anywhere             udp dpt:80
ACCEPT     tcp  --  anywhere             anywhere             tcp dpt:https
ACCEPT     udp  --  anywhere             anywhere             udp dpt:443
```

图5-1-5　防火墙规则查看

从图5-1-5中可以看到，Ubuntu系统防火墙已经开启SSH服务端口和Nginx服务端口，其中，SSH服务只能使用192.168.0.0网络中的设备进行访问，Nginx服务则允许任意地址用户访问。

2. Ubuntu系统安全设置

（1）监听Ubuntu系统端口

完成防火墙配置后，还需要对Ubuntu系统端口运行状态进行监听，以防止恶意程序访问系统，如图5-1-6所示，命令如下：

```
nle@nle-VirtualBox:~$ sudo ss -tulpn
Netid    State     Recv-Q   Send-Q           Local Address:Port       Peer Address:Port
udp      UNCONN    0        0                0.0.0.0:631              0.0.0.0:*
 users:(("cups-browsed",pid=576,fd=7))
udp      UNCONN    0        0                0.0.0.0:58557            0.0.0.0:*
 users:(("avahi-daemon",pid=541,fd=14))
udp      UNCONN    0        0                0.0.0.0:5353             0.0.0.0:*
 users:(("avahi-daemon",pid=541,fd=12))
udp      UNCONN    0        0                127.0.0.53%lo:53         0.0.0.0:*
 users:(("systemd-resolve",pid=354,fd=12))
udp      UNCONN    0        0                0.0.0.0:68               0.0.0.0:*
 users:(("dhclient",pid=617,fd=6))
udp      UNCONN    0        0                [::]:50025               [::]:*
 users:(("avahi-daemon",pid=541,fd=15))
udp      UNCONN    0        0                [::]:5353                [::]:*
 users:(("avahi-daemon",pid=541,fd=13))
tcp      LISTEN    0        5                127.0.0.1:631            0.0.0.0:*
 users:(("cupsd",pid=498,fd=7))
tcp      LISTEN    0        511              0.0.0.0:80               0.0.0.0:*
 users:(("nginx",pid=16551,fd=6),("nginx",pid=16550,fd=6))
tcp      LISTEN    0        128              127.0.0.53%lo:53         0.0.0.0:*
 users:(("systemd-resolve",pid=354,fd=13))
tcp      LISTEN    0        128              0.0.0.0:22               0.0.0.0:*
 users:(("sshd",pid=17261,fd=3))
tcp      LISTEN    0        5                [::1]:631                [::]:*
 users:(("cupsd",pid=498,fd=6))
tcp      LISTEN    0        80               *:3306                   *:*
 users:(("mysqld",pid=10352,fd=19))
tcp      LISTEN    0        511              [::]:80                  [::]:*
 users:(("nginx",pid=16551,fd=7),("nginx",pid=16550,fd=7))
tcp      LISTEN    0        128              [::]:22                  [::]:*
 users:(("sshd",pid=17261,fd=4))
```

图5-1-6　监听Ubuntu系统端口

sudo ss –tulpn

对于上述命令需要注意：

① 参数t代表TCP，TCP指传输控制协议（Transmission Control Protocol），是一种面向连接的、可靠的、基于字节流的传输层通信协议。

② 参数u代表UDP，UDP指用户数据报协议（User Datagram Protocol），是Internet协议集支持一个无连接的传输协议。

③ 参数l代表listening指处于监听状态的套接字。

④ 参数p代表processes指使用套接字的进程。

⑤ 参数n代表不解析服务名称，用数字方式显示。

⑥ 当返回值地址为0.0.0.0时代表运行任何网络监听。

（2）导出系统软件包信息

除了监测系统端口外，对Ubuntu操作系统运维时还需查看系统软件包信息，防止服务器中安装了恶意软件。首先新建nle_pack.txt文件，再使用重定向命令来导出系统dpkg软件包信息到nle_pack文件中，如图5-1-7所示，命令如下：

```
1. touch nle_pack.txt
2. dpkg ‒‒get-selections > nle_pack.txt
3. cat nle_pack.txt
```

对于上述命令需要注意：

① 第1行的touch命令代表创建文件。

② 第2行的dpkg命令是Ubuntu系统用来安装、创建和管理软件包的实用工具。

③ 第2行的>代表重定向。

④ 第3行的cat代表显示文件内容。

```
nle@nle-VirtualBox:~$ dpkg --get-selections > nle_pack.txt
nle@nle-VirtualBox:~$ cat nle_pack.txt
accountsservice                        install
acl                                    install
acpi-support                           install
acpid                                  install
adduser                                install
adium-theme-ubuntu                     install
adwaita-icon-theme                     install
aisleriot                              install
alsa-base                              install
alsa-utils                             install
amd64-microcode                        install
anacron                                install
apache2                                install
apache2-bin                            install
apache2-data                           install
```

图5-1-7　导出系统软件包信息

（3）配置入侵防御

在生态农业园监控系统部署上线后，为了防止非法用户攻击Ubuntu端口，还需要安装入侵防御程序。在Ubuntu系统中可以通过apt install命令来安装Fail2Ban，命令如下：

sudo apt install fail2ban

复制fail2ban的jail.conf配置文档到jail.local中，命令如下：

sudo cp /etc/fail2ban/jail.conf /etc/fail2ban/jail.local

对于上述命令需要注意：把jail.conf文件复制到jail.local的文件中目的是后续升级过程中可以保持配置不变。

运维人员日常维护中，需要使用SSH服务来维护服务器且只允许公司内部网络192.168.0.0/24访问，命令如下：

sudo vi /etc/fail2ban/jail.local

Fail2Ban开启SSH服务入侵防御，在jail.local文件中找到[sshd]标签，添加enabled=true和maxretry=3。其中maxretry默认设置为5，但希望在使用SSH连接时更加谨慎，可以设置为3，然后保存并关闭文件，如图5-1-8所示。

```
238 [sshd]
239
240 # To use more aggressive sshd modes set filter parameter "mode" in jail.local:
241 # normal (default), ddos, extra or aggressive (combines all).
242 # See "tests/files/logs/sshd" or "filter.d/sshd.conf" for usage example and details.
243 #mode    = normal
244 port    = ssh
245 logpath = %(sshd_log)s
246 backend = %(sshd_backend)s
247 maxretry=3
248 enable = true
```

图5-1-8　Fail2Ban配置SSH

打开Fail2Ban服务并设置系统启动自动开启，命令如下：

1. sudo systemctl start fail2ban

2. sudo systemctl enable fail2ban

查看Fail2Ban运行状态，命令如下：

```
sudo systemctl status fail2ban
```

正常启动Fail2Ban后,可以使用fail2ban-client status命令来监测入侵防御状态,比如查看SSH服务,命令如下:

```
sudo fail2ban-client status sshd
```

图5-1-9中列出了访问失败的次数和被禁止的IP地址,图中目前所有统计信息均为零。当有用户尝试访问次数超过上限时,可以通过该命令显示阻止信息。

```
nle@nle-VirtualBox:~$ sudo fail2ban-client status sshd
Status for the jail: sshd
|- Filter
|  |- Currently failed: 0
|  |- Total failed:      0
|  '- File list:         /var/log/auth.log
'- Actions
   |- Currently banned: 0
   |- Total banned:     0
   '- Banned IP list:
```

图5-1-9 fail2ban sshd命令执行结果

接下来测试Fail2Ban是否能阻止非法用户登录。在另一台已安装Win10系统的计算机上(该计算机的IP地址为192.168.0.252/24),在powershell命令行输入ssh Ubuntu用户名@Ubuntu地址,向Ubuntu系统发出SSH连接请求,尝试输错密码。而maxretry值会在三次连接尝试失败后触发,每次连接都有三次尝试输入密码的机会。因此,必须三次输入错误的密码才能连接失败,然后再次尝试连接,再输入错误的密码三次。第三个连接请求的第一次错误密码尝试才能触发Fail2Ban。

在最后一次输错密码提示连接超时后,再次尝试进行连接,此时没有提示输入主机密码,而是直接提示连接超时,如图5-1-10所示,命令如下:

```
ssh nle@192.168.0.29
```

对于上述命令需要注意:

① 192.168.0.29代表本机Ubuntu系统的IP地址。

② 在Win10任务栏中的搜索框输入powershell即可打开powershell。

③ nle指Ubuntu系统用户名。

```
PS C:\Users\94670> ssh nle@192.168.0.29
nle@192.168.0.29's password:
Permission denied, please try again.
nle@192.168.0.29's password:
Permission denied, please try again.
nle@192.168.0.29's password:
nle@192.168.0.29: Permission denied (publickey,password).
PS C:\Users\94670> ssh nle@192.168.0.29
nle@192.168.0.29's password:
Permission denied, please try again.
nle@192.168.0.29's password:
Permission denied, please try again.
nle@192.168.0.29's password:
nle@192.168.0.29: Permission denied (publickey,password).
PS C:\Users\94670> ssh nle@192.168.0.29
nle@192.168.0.29's password:
Permission denied, please try again.
nle@192.168.0.29's password:
ssh_dispatch_run_fatal: Connection to 192.168.0.29 port 22: Connection timed out
PS C:\Users\94670> ssh nle@192.168.0.29
ssh: connect to host 192.168.0.29 port 22: Connection timed out
```

图5-1-10 powershell命令执行结果

再次回到Ubuntu系统终端,输入fail2ban-client命令查看刚才阻止的设备信息,命令如下:

```
sudo fail2ban-client status sshd
```

从图5-1-11中可以看到Fail2Ban监测访问SSH服务的测试机信息，有一个IP地址192.168.0.252被禁止，说明入侵防御配置成功。

```
nle@nle-VirtualBox:~$ sudo fail2ban-client status sshd
Status for the jail: sshd
|- Filter
|  |- Currently failed: 1
|  |- Total failed:     6
|  `- File list:        /var/log/auth.log
`- Actions
   |- Currently banned: 1
   |- Total banned:     1
   `- Banned IP list:   192.168.0.252
```

图5-1-11   fail2ban sshd命令执行结果

（4）锁定root账户

锁定root账户密码，如图5-1-12所示，命令如下：

```
nle@nle-VirtualBox:~$ sudo passwd -l root
passwd: 密码过期信息已更改。
```

图5-1-12   锁定root账户

sudo passwd –l root

3. Ubuntu系统日志查看

完成防火墙和入侵防御设置后，接下来可以查看系统的常见日志文件。Ubuntu将大量事件记录到磁盘上，它们大部分以纯文本形式存储在/var/log目录中。

（1）系统事件日志

查询Ubuntu系统事件记录监控日志，命令如下：

```
1.  cd /var/log
2.  tail –f syslog
```

对于上述命令需要注意：

① cd代表进入var/log目录中。

② –f代表循环读取。

③ 若要停止查看日志，按<Ctrl+Z>组合键结束tail命令。

（2）系统授权用户日志

查询Ubuntu系统授权信息日志，命令如下：

```
1.  cd /var/log
2.  tail auth.log
```

任务小结

本任务紧贴生态农业园监控系统的真实生产环境，以提升运维人员高效、安全地管理操作系统为出发点，针对生产环境中常见的Ubuntu系统网络活动监测、系统进程监测、防火墙技术、入侵防御技术等职业能力展开实践训练，使运维人员能灵活运用各类安全技术手段管理Ubuntu操作系统。本任务相关知识技能小结思维导图如图5-1-13所示。

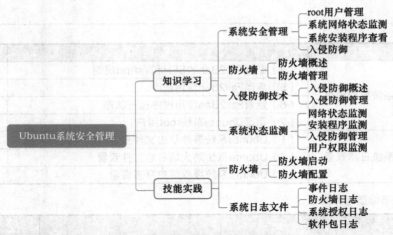

图5-1-13　知识技能小结思维导图

任务工单

项目5　智慧农业——生态农业园监控系统优化与系统监测	任务1　Ubuntu系统安全管理
班级：	小组：
姓名：	学号：
分数：	

（一）关键知识引导

请补充Docker命令。

命　　令	功　　能
passwd	密码管理
ss	端口监测
>	重定向
apt install	软件安装
ufw status	防护墙状态查看
systemctl enable fail2ban	启动Fail2Ban
ail auth.log	系统授权日志查看

（二）任务实施完成情况

任　　务	任务内容	完成情况
1. 配置防火墙	（1）使用命令查看Ubuntu防火墙状态	
	（2）安装Ubuntu防火墙	
	（3）配置Ubuntu防火墙SSH端口规则	
	（4）配置Ubuntu防火墙Nginx端口规则	
	（5）启动Ubuntu防火墙	
	（6）查看Ubuntu防火墙运行状态	
2. Ubuntu系统安全设置	（1）监听Ubuntu系统端口数据	
	（2）导出Ubuntu系统软件包信息	
	（3）安装Fail2Ban应用程序	

任　务	任　务　内　容	完　成　情　况
2．Ubuntu系统安全设置	（4）配置Fail2Ban的SSH和Vsftpd规则	
	（5）启动Fail2Ban应用程序	
	（6）查看Fail2Ban应用程序运行状态	
	（7）锁定Ubuntu系统root用户	
3．Ubuntu系统日志查看	（1）Ubuntu系统事件日志文件查看	
	（2）Ubuntu系统防火墙日志文件查看	
	（3）Ubuntu系统授权用户日志查看	

（三）任务检查与评价

评价项目	评价内容		配分	评　价　方　式		
				自我评价	互相评价	教师评价
方法能力（20分）	能够明确任务要求，掌握关键引导知识		5			
	能够正确清点、整理任务设备或资源		5			
	掌握任务实施步骤，制定实施计划，时间分配合理		5			
	能够正确分析任务实施过程中遇到的问题并进行调试和排除		5			
专业能力（60分）	配置防火墙	成功使用命令查看Ubuntu防火墙状态	2			
		成功安装Ubuntu防火墙	3			
		成功配置Ubuntu防火墙SSH端口规则	5			
		成功配置Ubuntu防火墙Nginx端口规则	5			
		成功启动Ubuntu防火墙	2			
		成功查看Ubuntu防火墙运行状态	3			
	Ubuntu系统安全设置	成功监听Ubuntu系统端口数据	2			
		成功导出Ubuntu系统软件包信息	3			
		成功安装Fail2Ban应用程序	5			
		成功配置Fail2Ban的SSH和Vsftpd规则	10			
		成功启动Fail2Ban应用程序	2			
		成功查看Fail2Ban应用程序运行状态	3			
		成功锁定Ubuntu系统root用户	5			
	Ubuntu系统日志查看	成功查看Ubuntu系统事件日志文件	2			
		成功查看Ubuntu系统防火墙日志文件	5			
		成功查看Ubuntu系统授权用户日志	3			
素养能力（20分）	安全操作与工作规范	操作过程中严格遵守安全规范，正确使用电子设备，每处不规范操作扣1分	5			
		严格执行6S管理规范，积极主动完成工具设备整理	5			
	学习态度	认真参与教学活动，课堂互动积极	3			
		严格遵守学习纪律，按时出勤	3			
	合作与展示	小组之间交流顺畅，合作成功	2			
		语言表达能力强，能够正确陈述基本情况	2			
合　　计			100			

（续）

（四）任务自我总结

过 程 中 的 问 题	解 决 方 式

任务2　生态农业园监控系统数据库优化

职业能力目标

- 能在MySQL下正确使用SQL语句，实现MySQL查询语句分析。

- 能在MySQL下正确使用SQL语句，实现MySQL查询语句优化。

- 能在MySQL下正确使用SQL语句，实现MySQL日志文件管理。

任务描述与要求

任务描述：目前运维人员已完成MySQL数据库前期部署工作，为了让生态农业园监控系统上线后能安全、稳定地存储数据，现需对MySQL数据库开展性能监测和优化任务，包括使用SQL语句来管理MySQL数据库日志文件，优化生态农业园监控系统的SQL语句性能。

任务要求：

- 使用SQL语句实现生态农业园监控系统的MySQL日志文件管理。

- 使用SQL语句实现生态农业园监控系统的查询性能分析。

- 使用SQL语句实现生态农业园监控系统的SQL语句优化。

知识储备

5.2.1　存储引擎

存储引擎的概念是MySQL的特色，MySQL数据库及其分支版本主要的存储引擎有InnoDB、MyISAM、Memory等。从MySQL 5.5版本开始，InnoDB是默认的表存储引擎，InnoDB由Innobase Oy公司所开发，与传统的ISAM与MyISAM相比，InnoDB支持事务、数据行锁、多版本并发MVCC、外键。

1. InnoDB

InnoDB是为处理生产环境中所产生的巨大数据量而设计的一种存储引擎。InnoDB存储引擎的体系结构包括内存池、后台线程和底层的数据文件。InnoDB存储引擎包含各种缓冲池，这些缓冲块组成了一个大的InnoDB存储引擎内存池，主要负责维护所有进程或线程需要访问的多个内部数据结构；缓存磁盘上的数据，方便快速读取，同时在对磁盘文件修改之前进行缓存；重做日志缓存等。后台线程的主要任务有：刷新内存池数据，保证缓冲池中的内存缓存的是最新数据；将已修改数据文件刷新到磁盘文件；保证数据库发生异常时InnoDB能恢复到正常运行的状态。

进入MySQL中，可以通过show engines命令来查看MySQL存储引擎参数，如图5-2-1所示，命令如下：

show engines;

```
mysql> show engines;
+--------------------+---------+----------------------------------------------------------------+--------------+------+------------+
| Engine             | Support | Comment                                                        | Transactions | XA   | Savepoints |
+--------------------+---------+----------------------------------------------------------------+--------------+------+------------+
| InnoDB             | DEFAULT | Supports transactions, row-level locking, and foreign keys     | YES          | YES  | YES        |
| MRG_MYISAM         | YES     | Collection of identical MyISAM tables                          | NO           | NO   | NO         |
| MEMORY             | YES     | Hash based, stored in memory, useful for temporary tables      | NO           | NO   | NO         |
| BLACKHOLE          | YES     | /dev/null storage engine (anything you write to it disappears) | NO           | NO   | NO         |
| MyISAM             | YES     | MyISAM storage engine                                          | NO           | NO   | NO         |
| CSV                | YES     | CSV storage engine                                             | NO           | NO   | NO         |
| ARCHIVE            | YES     | Archive storage engine                                         | NO           | NO   | NO         |
| PERFORMANCE_SCHEMA | YES     | Performance Schema                                             | NO           | NO   | NO         |
| FEDERATED          | NO      | Federated MySQL storage engine                                 | NULL         | NULL | NULL       |
+--------------------+---------+----------------------------------------------------------------+--------------+------+------------+
```

图5-2-1 show engines命令执行结果

对于上述命令运行结果需要注意：

① Engine代表引擎名称。

② Support代表是否安装及是否为默认状态。

③ Comment代表解析方式。

④ Transactions、XA、Savepoints代表事务支持。

2. 缓冲池

在计算机中，CPU处理数据的速度远大于磁盘读取数据的速度。InnoDB存储引擎是基于磁盘存储技术，为了解决两者之间的性能差距，InnoDB引擎采用缓冲池技术来提高数据库的整体性能。

（1）读取页操作

在数据库中进行读取操作时，数据都是以页的形式存储在表空间里。在数据库中读取页时，首先将从磁盘读取的页存放在缓冲池中。下一次再读取数据页时，需要判断该数据页是否在缓冲池中，如果在缓冲池中，会直接读取该数据页，否则读取磁盘上的页。

（2）修改页操作

对数据库中页的修改操作，会首先修改在缓冲池中的页，然后再以一定的频率刷新到磁盘上。需要注意的是，页从缓冲池刷新到磁盘的操作并不是在每次页发生更新时触发的，而是通过Checkpoint机制刷新到磁盘，从而提高数据库的整体性能。缓冲池刷新数据到磁盘的Checkpoint机制结构，如图5-2-2所示。

图5-2-2　Checkpoint机制结构

缓冲池的大小直接影响了数据库的整体性能。随着内存技术的成熟，内存成本也在不断下降，因此建议在数据库专用服务器上，将尽可能多的物理内存分配给缓冲池。

（3）缓冲池组件

在每一个缓冲池实例中，实际都有一个Buffer Pool模块，InnoDB Buffer Pool是InnoDB性能提升的核心，能完成数据的更新变化、减少随机I/O的操作、提高写入性能，缓冲池中页的大小默认为16KB。在实际中，尽可能增大innodb_buffer_pool_size的大小，把频繁访问的数据都放到内存中，尽可能减少InnoDB对于磁盘I/O的访问，把InnoDB最大化为一个内存型引擎。进入MySQL后使用show variables like命令可以查看本地innodb_buffer_pool_size的大小，命令如下：

```
show variables like 'innodb_buffer_pool_size%';
```

当数据库服务器内存增加后，运维人员可以调整innodb_buffer_pool_size的值来增加缓存大小，命令如下：

```
set global innodb_buffer_pool_size=调整的值;
```

5.2.2　MySQL查询性能优化

在项目上线初期，由于业务数据量相对较少，数据库中的SQL语句执行效率对程序运行效率的影响不太明显，而开发和运维人员也无法判断SQL对程序的运行效率的影响有多大，所以很少针对SQL进行专门的优化，而随着时间的积累，业务数据量的增多，SQL的执行效率对程序的运行效率的影响逐渐增大，此时对SQL的优化就很有必要。

使用SQL语句查询MySQL数据库内容时，MySQL执行SQL语句的过程大致上分成四个步骤：

1）把接收到的SQL语句传入MySQL查询缓存器中。

2）对比查询缓存器的数据是否匹配，如果存在匹配数据则返回查询结果，若无法匹配则进入SQL解析器。

3）SQL解析器把SQL转换成一个执行计划，MySQL再根据相应的执行计划完成整个查询。

4）把查询结果返回客户端。

1. explain语句

在MySQL中，使用explain语句可以分析查询语句性能参数，评估表结构的性能是否存在瓶颈。在使用explain时只需要在select关键字之前增加explain关键字即可，MySQL会在

select语句上设置一个标记，当执行查询时返回关于在执行计划中步骤信息。

例如使用explain分析查询SQL语句性能，SQL语句查询在默认MySQL库中的user表本地用户信息，如图5-2-3所示，命令如下：

```
explain select * from user where Host='localhost';
```

```
mysql> explain select * from user where Host='localhost';
+----+-------------+-------+------------+------+---------------+---------+---------+-------+------+----------+-------+
| id | select_type | table | partitions | type | possible_keys | key     | key_len | ref   | rows | filtered | Extra |
+----+-------------+-------+------------+------+---------------+---------+---------+-------+------+----------+-------+
|  1 | SIMPLE      | user  | NULL       | ref  | PRIMARY       | PRIMARY | 180     | const |    2 |   100.00 | NULL  |
+----+-------------+-------+------------+------+---------------+---------+---------+-------+------+----------+-------+
1 row in set, 1 warning (0.00 sec)
```

图5-2-3　explain分析SQL语句执行结果

对于上述命令执行结果需要注意：

① id代表读取顺序或查询中执行select子句的顺序。

② select_type代表select的类型，主要用于区别普通查询（simple）、子查询（primary）等。

③ table代表所访问数据库中的表名称。

④ type代表访问类型，常见的访问类型有ALL（遍历全表匹配）、index（遍历索引树匹配）、range（索引范围扫描）、ref（非唯一性索引扫描）、eq_ref（索引是唯一索引）、const、system（转换常量）、NULL（不要访问表或索引）。访问类型ALL代表性能最差，NULL代表性能最优。

⑤ possible_keys代表MySQL能使用哪个索引在该表中找到行，查询涉及的字段上若存在索引，则该索引将被列出。

⑥ key代表MySQL实际决定使用的索引。如果没有选择索引，则显示是NULL。

⑦ key_len代表索引中使用的字节数。

⑧ ref代表上述表的连接匹配条件，即哪些列或常量被用于查找索引列上的值。

⑨ rows代表MySQL根据表统计信息以及索引选用的情况，估算找到所需的记录要读取的行数。

⑩ Extra代表包含MySQL解决查询的说明和描述。其中，Using where表示不用读取表中所有信息，仅通过索引就可以获取所需数据；Using temporar表示MySQL需要使用临时表来存储结果集；Using filesort表示包含order by操作而且无法利用索引完成的排序操作；Using join buffer表示使用了连接缓存；Using index表示只使用索引树中的信息；Using Index Condition表示进行了ICP优化。

2. Show Profile语句

Show Profile也是分析SQL语句的一种手段，通过它可以分析出一条SQL语句的性能瓶颈在什么地方。它可以定位出一条SQL语句执行的各种资源消耗情况，比如CPU、I/O、SQL执行所耗费的时间等。在MySQL中Show Profile默认是关闭的，使用前需要开启，如

图5-2-4所示，命令如下：

1. set profiling = on;
2. show variables like 'profiling';

对于上述命令需要注意：

```
mysql> show variables like 'profiling';
+---------------+-------+
| Variable_name | Value |
+---------------+-------+
| profiling     | ON    |
+---------------+-------+
1 row in set (0.00 sec)
```

图5-2-4　开启Show Profile

① set profiling = on代表开启Show Profile。

② show variables like 'profiling'代表查看Show Profile状态。

使用show profiles还能查询各语句执行时间，如图5-2-5所示，命令如下：

show profiles;

```
mysql> show profiles;
+----------+------------+-------------------------------------------------------------------------------------------------------------+
| Query_ID | Duration   | Query                                                                                                       |
+----------+------------+-------------------------------------------------------------------------------------------------------------+
|       15 | 0.02448325 | alter table tt1 add primary key(id),add key idx_rank(rank),add key idx_log_time(log_time)                   |
|       16 | 0.00870900 | explain select * from tt1 where date(log_time) = '2010-02-11'                                               |
|       17 | 0.00022500 | explain select * from tt1 where log_time = '2010-02-11'                                                      |
|       18 | 0.00017050 | explain select * from user_info where administrator='yes'                                                   |
|       19 | 0.00995925 | explain select id,name,administrator from user_info where administrator='yes'                               |
|       20 | 0.00033625 | explain select id,name,tel from user_info where id=1                                                        |
|       21 | 0.00031225 | explain select id,name,tel from user_info where id='1'                                                      |
|       22 | 0.00016750 | explain select id,name,administrator from user_info where administrator<='5'                                |
|       23 | 0.00017650 | explain select id,name,administrator from user_info where administrator<='5' and administrator>='0'         |
|       24 | 0.01281475 | alter table user_info add key index_administrator(administrator)                                            |
|       25 | 0.00019450 | explain select id,name,administrator from user_info where administrator<='5' and administrator>='0'         |
|       26 | 0.00019800 | explain select id,name,administrator from user_info where administrator<='5' and administrator>='0'         |
|       27 | 0.00122950 | show variables like 'profiling'                                                                             |
|       28 | 0.00007275 | set profiling = on                                                                                          |
|       29 | 0.00078175 | show variables like 'profiling'                                                                             |
+----------+------------+-------------------------------------------------------------------------------------------------------------+
15 rows in set, 1 warning (0.00 sec)
```

图5-2-5　show profiles命令执行结果

对于上述命令执行结果需要注意：

① Query_ID代表ID编号。

② Duration代表运行时间。

③ Query代表命令。

使用show profile for query ID命令可以查询到具体SQL连接、服务、引擎、存储结构等信息。例如查询图5-2-5中Query_ID为1的SQL信息，如图5-2-6所示，命令如下：

show profile for query 1;

对于上述命令执行结果需要注意：

① 1代表ID编号，请读者自行选择本机Query_ID值。

② Status代表状态信息。

③ starting代表启动时间。

④ checking permissions代表权限时间。

⑤ opening tables代表打开表时间。

⑥ init代表初始化时间。

```
mysql> show profile for query 1;
+----------------------+----------+
| Status               | Duration |
+----------------------+----------+
| starting             | 0.001222 |
| checking permissions | 0.000436 |
| Opening tables       | 0.001094 |
| init                 | 0.000757 |
| System lock          | 0.000006 |
| optimizing           | 0.000005 |
| optimizing           | 0.000003 |
| statistics           | 0.000328 |
| preparing            | 0.000010 |
| statistics           | 0.000008 |
| preparing            | 0.000004 |
| executing            | 0.000004 |
| Sending data         | 0.000004 |
| executing            | 0.000001 |
| Sending data         | 0.006074 |
| end                  | 0.000016 |
| query end            | 0.000007 |
| closing tables       | 0.000003 |
| removing tmp table   | 0.000006 |
| closing tables       | 0.000006 |
| freeing items        | 0.003656 |
| cleaning up          | 0.000581 |
+----------------------+----------+
22 rows in set, 1 warning (0.00 sec)
```

图5-2-6　show profile for query ID命令执行结果

⑦ system lock代表系统锁定时间。

⑧ optimizing代表优化时间。

⑨ statistics代表数据统计时间。

⑩ preparing代表准备时间。

⑪ end代表结束时间。

⑫ freeing items代表释放时间。

⑬ cleaning up代表清理时间。

show profile for query ID命令除了可以查询执行时间外，还可以查看各种资源消耗情况，比如CPU、I/O等，如图5-2-7所示，命令如下：

show profile cpu,block io for query 19;

```
mysql> show profile cpu,block io for query 19;
+----------------------+----------+----------+------------+-----------+------------+
| Status               | Duration | CPU_user | CPU_system | Block_ops_in | Block_ops_out |
+----------------------+----------+----------+------------+-----------+------------+
| starting             | 0.009831 | 0.000000 |   0.000191 |       128 |          0 |
| checking permissions | 0.000010 | 0.000000 |   0.000010 |         0 |          0 |
| Opening tables       | 0.000013 | 0.000000 |   0.000013 |         0 |          0 |
| init                 | 0.000016 | 0.000000 |   0.000016 |         0 |          0 |
| System lock          | 0.000005 | 0.000000 |   0.000005 |         0 |          0 |
| optimizing           | 0.000007 | 0.000000 |   0.000007 |         0 |          0 |
| statistics           | 0.000012 | 0.000000 |   0.000012 |         0 |          0 |
| preparing            | 0.000014 | 0.000000 |   0.000013 |         0 |          0 |
| explaining           | 0.000020 | 0.000000 |   0.000020 |         0 |          0 |
| end                  | 0.000002 | 0.000000 |   0.000002 |         0 |          0 |
| query end            | 0.000004 | 0.000000 |   0.000004 |         0 |          0 |
| closing tables       | 0.000004 | 0.000000 |   0.000004 |         0 |          0 |
| freeing items        | 0.000013 | 0.000000 |   0.000012 |         0 |          0 |
| cleaning up          | 0.000010 | 0.000000 |   0.000010 |         0 |          0 |
+----------------------+----------+----------+------------+-----------+------------+
14 rows in set, 1 warning (0.00 sec)
```

图5-2-7　使用show profile查看资源

对于上述命令执行结果需要注意：

① CPU_user代表CPU用户。

② CPU_system代表CPU系统。

③ Block_ops_in代表输入块的个数。

④ Block_ops_out代表输出块的个数。

3. 优化SQL语句

（1）优化查询语句

若使用explain查询出SQL语句的type类型列为ALL关键字，则代表遍历全表匹配。当后期系统访问流量增加时，使用遍历全表匹配会导致MySQL性能下降。通过查询默认MySQL库中的user表获取本地用户信息，可以把SQL语句中的"*"命令，替换为表中对应列名，来提高SQL语句查询性能，如图5-2-8所示，命令如下：

explain select Host,User from user where Host='localhost';

```
mysql> explain select Host,User from user where Host='localhost';
+----+-------------+-------+------------+------+---------------+---------+---------+-------+------+----------+-------------+
| id | select_type | table | partitions | type | possible_keys | key     | key_len | ref   | rows | filtered | Extra       |
+----+-------------+-------+------------+------+---------------+---------+---------+-------+------+----------+-------------+
|  1 | SIMPLE      | user  | NULL       | ref  | PRIMARY       | PRIMARY | 180     | const |    2 |   100.00 | Using index |
+----+-------------+-------+------------+------+---------------+---------+---------+-------+------+----------+-------------+
1 row in set, 1 warning (0.00 sec)
```

图5-2-8　优化SQL语句

对于上述命令执行结果需要注意：在少量数据前并不能看出明显优势，当后期流量增大时优化前后差别显著增加。

（2）索引优化

Index Condition Pushdown（ICP）是MySQL使用索引从表中检索行数据的一种优化方式。ICP的目标是减少从基表中读取操作的数量，从而降低I/O操作。

禁用ICP时，存储引擎会通过遍历索引定位基表中的行，返回给Server层，再为这些数据行进行WHERE后的条件过滤。

开启ICP时，SQL语句中使用了WHERE条件可以使用索引中的字段来进行匹配，存储引擎通过索引过滤，把满足的行从表中读取出来。ICP能减少引擎层访问表的次数和访问存储引擎的次数。ICP的加速效果取决于在存储引擎内通过ICP筛选掉的数据的比例，如果引擎层能够过滤掉大量的数据，就能减少I/O次数、提高查询语句性能。为了测试开启和关闭ICP时的MySQL性能差距，需要打开profiling来记录分析SQL语句，命令如下：

1. set profiling =1;
2. set query_cache_type =0;
3. set global query_cache_size =0;

对于上述命令需要注意：

① 第1行set profiling=1代表启动profiling。

② 第2行set query_cache_type=0代表关闭query_cache缓存。

③ 第3行set global query_cache_size=0代表设置缓存空间值。

使用explain来分析ICP默认状态下SQL语句性能，命令如下：

1. select * from user_info where name='1' and administrator like '%';
2. explain select * from user_info where name='1' and administrator like '%';

对于上述命令执行结果需要注意：开启ICP和禁用ICP的执行计划可以看到区别在于Extra列，开启ICP时，Extra列用的是Using index condition。

再使用set optimizer_switch命令来关闭ICP，然后使用explain再次分析SQL语句性能，命令如下：

1. set optimizer_switch = 'index_condition_pushdown=off';
2. explain select * from user_info where name='1' and administrator like '%';

对于上述命令执行结果需要注意：关闭ICP后，Extra列显示的结果为Using where。

5.2.3 MySQL日志文件

日志文件用来记录MySQL实例对某种条件做出响应时写入的文件，如错误日志文件、二进制日志文件、慢查询日志文件、查询日志文件等。MySQL中主要有5种日志文件：

1）错误日志（error log）：记录MySQL服务启停时正确和错误的信息，还记录启动、停止、运行过程中的错误信息。

2）一般查询日志（general log）：记录建立的客户端连接和执行的语句，分为一般查询日志和慢查询日志。MySQL判断一般查询还是慢查询的方法是判断查询变量long_query_time是否超出指定时间的值。MySQL官方考虑到一般查询日志的重要性比较低，因此默认情况下一般查询日志是关闭状态。

3）二进制日志（bin log）：记录所有更改数据的语句，包含了引起或可能引起数据库改变的事件信息，一般为DDL和DML语句，例如包含有insert、update、create等关键字语句。二进制日志文件记录MySQL中数据的增量信息，可用来做数据增量恢复，也可实现主从复制功能。

在默认配置下，MySQL中没有启动二进制日志文件，若要开启二进制日志文件，需要修改MySQL配置文件来开启。

4）慢查询日志（slow log）：记录执行时间超过long_query_time的所有查询或不使用索引的查询。

5）中继日志（relay log）：主从复制时使用的日志。

任务实施前必须先准备好以下设备和资源。

序　号	设备/资源名称	数　量	是否准备到位（√）
1	虚拟机软件	1	□是　　□否
2	Ubuntu操作系统	1	□是　　□否
3	MySQL 5.7.3数据库	1	□是　　□否
4	计算机（联网）	1	□是　　□否
5	DBeaver软件	1	□是　　□否

1．进入MySQL数据库

生态农业园监控系统已开发完成，公司运维部门需要在服务器上配置MySQL数据库性能和监测SQL语句性能。

（1）进入Ubuntu系统终端

首先启动Ubuntu虚拟机，进入Ubuntu系统终端，如图5-2-9所示。

图5-2-9　Ubuntu系统终端

（2）登录MySQL数据库

在Ubuntu系统终端中，输入MySQL命令登录到MySQL数据库中，如图5-2-10所示，命令如下：

```
mysql –u root –p
```

```
nle@nle-VirtualBox:~$ mysql -u root -p
Enter password:
Welcome to the MySQL monitor.  Commands end with ; or \g.
Your MySQL connection id is 2
Server version: 5.7.34-0ubuntu0.18.04.1-log (Ubuntu)

Copyright (c) 2000, 2021, Oracle and/or its affiliates.

Oracle is a registered trademark of Oracle Corporation and/or its
affiliates. Other names may be trademarks of their respective
owners.

Type 'help;' or '\h' for help. Type '\c' to clear the current input statement.

mysql>
```

图5-2-10　登录MySQL数据库

2. 创建生态农业园监控系统数据库

完成MySQL数据库登录后，需要对生态农业园监控系统数据库和数据库中的表进行创建，以及在表中添加部分测试数据工作。

（1）创建数据库

进入MySQL数据库，使用create语句来创建生态农业园监控系统数据库，如图5-2-11所示，命令如下：

1. create database Agriculture_Nle;
2. show databases;
3. use Agriculture_Nle;

对于上述命令需要注意：

① 第1行create database代表创建Agriculture_Nle数据库。

② 第2行show databases代表查询本机中所有数据库。

③ 第3行use代表切换到Agriculture_Nle数据库。

```
mysql> drop database Agriculture_Nle;
Query OK, 0 rows affected (0.02 sec)

mysql> create database Agriculture_Nle;
Query OK, 1 row affected (0.02 sec)

mysql> show databases;
+--------------------+
| Database           |
+--------------------+
| information_schema |
| Agriculture_Nle    |
| Agriculture_Park   |
| mysql              |
| performance_schema |
| sys                |
+--------------------+
6 rows in set (0.02 sec)

mysql> use Agriculture_Nle;
Database changed
```

图5-2-11　创建数据库

（2）创建数据表

生态农业园监控系统在设计中需要使用三张表，分别是用户表（user_info）、设备表

（devicemanager）、区域表（area_info）。

用户表（user_info）中包含id、name、password、administrator、tel字段，见表5-2-1。

表5-2-1 user_info表

字　　段	类　　型	约 束 条 件	备　　注
id	int	主键	员工编号
name	varchar(20)	不能为空	员工名称
password	varchar(20)	不能为空	员工密码
administrator	varchar(5)		员工权限
tel	int		员工电话

进入MySQL数据库，使用create table命令来创建用户表（user_info），命令如下：

create table user_info(id int primary key,name varchar(20) not null,password varchar(20) not null,administrator varchar(5),tel int);

对于上述命令需要注意：

① 命令中的primary key代表设置主键。

② 命令中的varchar（20）代表可变字符类型，长度为20。

③ 第1行命令中的not null代表不允许为空。

④ 第1行命令中的int代表整数型。

再使用create table命令来创建设备表（devicemanager），见表5-2-2。设备表包含id、devicename、devicetype、devicesize、devicefunction、devicevalue字段，命令如下：

create table devicemanager(id int primary key, devicename varchar(20) not null, devicetype varchar(20), devicesize varchar(5), devicefunction varchar(20) not null, devicevalue varchar(20));

表5-2-2 devicemanager表

字　　段	类　　型	约 束 条 件	备　　注
id	int	主键	设备编号
devicename	varchar(20)	不能为空	设备名称
devicetype	varchar(20)		设备型号
devicesize	varchar(5)		设备尺寸
devicefunction	varchar(20)	不能为空	设备功能
devicevalue	varchar(20)		设备数据值

最后使用create table命令来创建区域表（area_info），见表5-2-3。区域表（area_info）包含id、areaname、areatype、areadevice、areafunction字段，命令如下：

create table area_info(id int primary key, area varchar(20) not null, areatype varchar(20), areadevice varchar(5), areafunction varchar(20) not null);

表5-2-3　area_info表

字　　段	类　　型	约束条件	备　　注
id	int	主键	区域编号
areaname	varchar(20)	不能为空	区域名称
areatype	varchar(20)		区域型号
areadevice	varchar(5)		区域设备
areafunction	varchar(20)	不能为空	区域功能

SQL语句正确执行完后会提示Query OK信息，如图5-2-12所示，代表三张表创建成功。

```
mysql> create table user_info(id int primary key,name varchar(20) not null,password varchar(20) not null,administrator varchar(5),tel int);
Query OK, 0 rows affected (0.02 sec)

mysql> create table devicemanager(id int primary key, devicename varchar(20) not null, devicetype varchar(20), devicesize varchar(5), devicefunction varchar(
20) not null, devicevalue varchar(20));
Query OK, 0 rows affected (0.03 sec)

mysql> create table area_info(id int primary key, area varchar(20) not null, areatype varchar(20), areadevice varchar(5), areafunction varchar(20) not null);

Query OK, 0 rows affected (0.03 sec)
```

图5-2-12　创建数据库表

（3）添加数据

完成数据库表创建后，需要在数据库表中添加测试数据，使用insert into命令在数据库表中添加测试数据，如图5-2-13所示，命令如下：

1. insert into user_info (id,name,password,administrator,tel) values (1,'nle_test','123456','1',135843354);

2. select * from user_info;

3. insert into devicemanager (id, devicename, devicetype, devicesize, devicefunction, devicevalue) values (1,'nle_devicetest','co2','20', 'carbon dioxide','0');

4. select * from devicemanager;

5. insert into area_info (id, area, areatype, areadevice, areafunction) values (1,'nle_ areatest','plant','co2 ',' plant environment ');

6. select * from area_info;

```
mysql> insert into user_info (id,name,password,administrator,tel) values (1,'nle_test','123456','1',135843354);
Query OK, 1 row affected (0.00 sec)

mysql> select * from user_info;
+----+----------+----------+---------------+-----------+
| id | name     | password | administrator | tel       |
+----+----------+----------+---------------+-----------+
| 1  | nle_test | 123456   | 1             | 135843354 |
+----+----------+----------+---------------+-----------+
1 row in set (0.00 sec)

mysql> insert into devicemanager (id, devicename, devicetype, devicesize, devicefunction, devicevalue) values (1,'nle_devicetest','co2','20', 'carbon dioxide','0');
Query OK, 1 row affected (0.01 sec)

mysql> select * from devicemanager;
+----+----------------+------------+------------+----------------+-------------+
| id | devicename     | devicetype | devicesize | devicefunction | devicevalue |
+----+----------------+------------+------------+----------------+-------------+
| 1  | nle_devicetest | co2        | 20         | carbon dioxide | 0           |
+----+----------------+------------+------------+----------------+-------------+
1 row in set (0.00 sec)

mysql> insert into area_info (id, area, areatype, areadevice, areafunction) values (1,'nle_ areatest',' plant ',' co2 ',' plant environment ');
Query OK, 1 row affected (0.02 sec)

mysql> select * from area_info;
+----+--------------+----------+-----------+-------------------+
| id | area         | areatype | areadevice | areafunction     |
+----+--------------+----------+-----------+-------------------+
| 1  | nle_ areatest | plant   | co2       | plant environment |
+----+--------------+----------+-----------+-------------------+
1 row in set (0.00 sec)
```

图5-2-13　添加数据

3. 开启MySQL数据库普通日志

普通日志又称为一般查询日志，作用是记录客户端连接信息，以及记录执行SQL语句信息息。刚使用SQL语句完成生态农业园监控系统测试数据插入后，开启MySQL的一般查询日志并记录日志存储位置方便后续管理日志文件。

（1）查看MySQL一般查询日志状态

在MySQL中输入show variables命令查看一般查询日志的状态信息，如图5-2-14所示，命令如下：

```
show variables like 'general_log%';
```

对于上述命令执行结果需要注意：

① general_log 中value值为OFF代表没开启一般查询日志。

② general_log_file中value值代表一般查询日志存放路径。

（2）开启MySQL一般查询日志

使用set global命令来开启一般查询日志，如图5-2-15所示，命令如下：

```
1.  set global general_log = on;
2.  show variables like 'general_log%';
```

```
mysql> show variables like 'general_log%';
+------------------+--------------------------------+
| Variable_name    | Value                          |
+------------------+--------------------------------+
| general_log      | OFF                            |
| general_log_file | /var/lib/mysql/nle-VirtualBox.log |
+------------------+--------------------------------+
2 rows in set (0.00 sec)
```

图5-2-14　一般查询日志状态命令执行结果

```
mysql> set global general_log = on;
Query OK, 0 rows affected (0.01 sec)

mysql> show variables like 'general_log%';
+------------------+--------------------------------+
| Variable_name    | Value                          |
+------------------+--------------------------------+
| general_log      | ON                             |
| general_log_file | /var/lib/mysql/nle-VirtualBox.log |
+------------------+--------------------------------+
2 rows in set (0.00 sec)
```

图5-2-15　开启一般查询日志

4. MySQL数据库字符集配置

使用MySQL时为了避免出现中文乱码，需要库的字符集与MySQL数据库实例的字符集一致。

（1）查看MySQL字符集

通过show variables命令查看当前实例的字符集，如图5-2-16所示，命令如下：

```
1.  show variables like 'character_set_database%';
2.  show variables like 'collation_database%';
```

对于上述命令执行结果需要注意：value值为latin1代表采用二进制方式安装MySQL，若要支持中文则需要设置UTF8字符集的库。

```
mysql> show variables like 'character_set_database%';
+------------------------+---------+
| Variable_name          | Value   |
+------------------------+---------+
| character_set_database | latin1  |
+------------------------+---------+
1 row in set (0.00 sec)

mysql> show variables like 'collation_database%';
+--------------------+-------------------+
| Variable_name      | Value             |
+--------------------+-------------------+
| collation_database | latin1_swedish_ci |
+--------------------+-------------------+
1 row in set (0.00 sec)
```

图5-2-16　查询MySQL字符集执行命令结果

（2）修改MySQL字符集

进入my.cnf配置文件，添加character-set-server=utf8命令将服务器字符集调整为支持中文的uft8字符集。

```
mysql> exit;
Bye
nle@nle-VirtualBox:~$ locate my.cnf
/etc/alternatives/my.cnf
/etc/mysql/my.cnf
/etc/mysql/my.cnf.fallback
/var/lib/dpkg/alternatives/my.cnf
```
图5-2-17　查询配置文件执行命令结果

输入exit命令退出MySQL，再使用locate命令查看my.cnf文件存放位置，如图5-2-17所示，命令如下：

1. exit;
2. locate my.cnf

对于上述命令需要注意：locate命令代表快速查找文件或目录。

使用cat命令查看配置文件信息，如图5-2-18所示，命令如下：

cat /etc/mysql/my.cnf

```
nle@nle-VirtualBox:~$ cat /etc/mysql/my.cnf
#
# The MySQL database server configuration file.
#
# You can copy this to one of:
# - "/etc/mysql/my.cnf" to set global options,
# - "~/.my.cnf" to set user-specific options.
#
# One can use all long options that the program supports.
# Run program with --help to get a list of available options and with
# --print-defaults to see which it would actually understand and use.
#
# For explanations see
# http://dev.mysql.com/doc/mysql/en/server-system-variables.html

#
# * IMPORTANT: Additional settings that can override those from this file!
#   The files must end with '.cnf', otherwise they'll be ignored.
#

!includedir /etc/mysql/conf.d/
!includedir /etc/mysql/mysql.conf.d/
```
图5-2-18　查询配置文件信息

使用cd命令进入/etc/mysql/mysql.conf.d目录中，再用vi编辑器打开配置文件，如图5-2-19所示，命令如下：

```
nle@nle-VirtualBox:/etc/mysql/conf.d$ cd /etc/mysql/mysql.conf.d/
nle@nle-VirtualBox:/etc/mysql/mysql.conf.d$ ls
mysqld.cnf  mysqld_safe_syslog.cnf
nle@nle-VirtualBox:/etc/mysql/mysql.conf.d$ sudo vi mysqld.cnf
```
图5-2-19　编辑配置文件

1. cd /etc/mysql/mysql.conf.d
2. ls
3. sudo vi mysqld.cnf

对于上述命令需要注意：

①第1行中的cd命令代表快速查找文件或目录。

②第2行中的ls命令代表显示目录内容。

进入MySQL的mysqld.cnf配置文件后，在"[mysqld]"后的任意位置添加character_set_server=utf8，如图5-2-20所示。

```
[mysqld_safe]
socket              = /var/run/mysqld/mysqld.sock
nice                = 0

[mysqld]
#
# * Basic Settinos
character_set_server=utf8
#
user                = mysql
pid-file            = /var/run/mysqld/mysqld.pid
socket              = /var/run/mysqld/mysqld.sock
port                = 3306
basedir             = /usr
datadir             = /var/lib/mysql
tmpdir              = /tmp
lc-messages-dir     = /usr/share/mysql
skip-external-locking
#
# Instead of skip-networking the default is now to listen only on
# localhost which is more compatible and is not less secure.
```

图5-2-20　修改配置文件

（3）重启MySQL并查询数据库字符集

退出vi编辑器后，使用systemctl restart命令重启MySQL数据库。再进入MySQL中使用show variables命令查看数据库字符集是否修改成功，如图5-2-21所示，命令如下：

1. systemctl restart mysql
2. mysql –u root –p
3. show variables like 'character_set_database%';
4. show variables like 'collation_database%';

```
nle@nle-VirtualBox:/etc/mysql/mysql.conf.d$ sudo systemctl restart mysql
nle@nle-VirtualBox:/etc/mysql/mysql.conf.d$ mysql -u root -p
Enter password:
Welcome to the MySQL monitor.  Commands end with ; or \g.
Your MySQL connection id is 2
Server version: 5.7.34-0ubuntu0.18.04.1-log (Ubuntu)

Copyright (c) 2000, 2021, Oracle and/or its affiliates.

Oracle is a registered trademark of Oracle Corporation and/or its
affiliates. Other names may be trademarks of their respective
owners.

Type 'help;' or '\h' for help. Type '\c' to clear the current input statement.

mysql> show variables like 'character_set_database%';
+------------------------+-------+
| Variable_name          | Value |
+------------------------+-------+
| character_set_database | utf8  |
+------------------------+-------+
1 row in set (0.00 sec)

mysql> show variables like 'collation_database%';
+--------------------+-----------------+
| Variable_name      | Value           |
+--------------------+-----------------+
| collation_database | utf8_general_ci |
+--------------------+-----------------+
1 row in set (0.00 sec)
```

图5-2-21　查看字符集配置命令执行结果

5. 数据库优化

InnoDB缓冲池不仅会缓存索引，还会缓存实际的数据。InnoDB存储引擎可以扩大缓冲池容量来提高数据库处理数据的能力。

（1）调整缓冲池容量

在InnoDB存储引擎中，缓冲池页的默认大小为16KB。innodb_buffer_pool_size参数是用来设置InnoDB的缓冲池的大小，一般可以把缓冲池设置为50%～80%的内存大小。进入MySQL数据库，查看缓冲池容量大小，再根据服务器内存大小设置缓冲池容量值，命令如下：

```
1.  show variables like 'innodb_buffer_pool_size%';
2.  set global innodb_buffer_pool_size=1073741824;
```

对于上述命令需要注意：任务中服务器内存大小为2GB，缓冲池的值按照内存的50%来计算。

在调整innodb_buffer_pool_size期间，用户的请求将会阻塞，直到调整完毕，所以请勿在业务高峰期调整。

（2）分析SQL语句性能

为了减少后期站点业务数据量增多，SQL语句导致对程序运行效率影响逐渐增大的情况产生，运维人员需要对生态农业园监控系统所执行的SQL语句进行性能分析，命令如下：

```
1.  set profiling=1;
2.  set query_cache_type=0;
3.  set global query_cache_size=0;
4.  set optimizer_switch='index_condition_pushdown=on';
5.  use Agriculture_NLe;
6.  explain select * from user_info where id='1' and name Like 'nle%';
7.  explain select id,name,password, administrator,tel from user_info where id='1' and name='nle%';
8.  show profiles;
```

对于上述命令需要注意：

① 第1行代表启动profiling。

② 第2行代表关闭query cache缓存。

③ 第3行代表设置缓冲大小。

④ 第4行代表开启ICP。

⑤ 第5行代表使用Agriculture_NLe库。

⑥ 第6行explain命令用于分析查询语句，查询语句为：从user_info表中查询所有字段，查询条件为：id值为1、name值以nle开头。

⑦ 第7行explain命令用于分析查询语句，查询语句为：从user_info表中查询id、name、passwd字段，查询条件为：id值为1、name值以nle开头。

⑧ 第8行代表查看SQL语句查询性能。

查询完SQL语句性能后，再禁用ICP进行同样查询，观察消耗时间，就能发现SQL语句执行效率，命令如下：

```
1.  set optimizer_switch='index_condition_pushdown=off';
2.  use Agriculture_NLe;
3.  explain select * from user_info where id='1' and name Like 'nle%';
4.  explain select id,name,password, administrator,tel from user_info where id='1' and name='nle%';
5.  show profiles;
```

任务小结

本任务由浅入深讲解了MySQL数据库的典型优化内容，针对在生产环境中产生的海量数据流，分析SQL语句执行的状态和数据库日志文件，优化SQL语句结构，并对InnoDB引擎、SQL查询性能优化、日志文件管理等运维技能点开展了深入介绍。通过本任务的学习，读者能够掌握MySQL数据库运维的基础知识，具备物联网应用系统的数据库优化能力。本任务相关知识技能小结思维导图如图5-2-22所示。

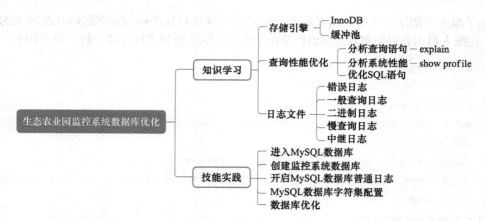

图5-2-22　知识技能小结思维导图

任务工单

项目5　智慧农业——生态农业园监控系统优化与系统监测	任务2　生态农业园监控系统数据库优化
班级：	小组：
姓名：	学号：
分数：	

（一）关键知识引导

请补充SQL命令。

命　　令	功　　能
show engines	查看MySQL存储引擎
show variables like 'innodb_buffer_pool_size%'	查看本地innodb_buffer_pool_size的大小
explain	分析查询
show profile	分析资源消耗情况
show variables like 'log_error'	查看错误日志
show variables like 'general_log%'	查看一般日志
show variables like 'log_bin'	查看二进制日志

（续）

（二）任务实施完成情况

任　务	任　务　内　容	完 成 情 况
1.进入MySQL数据库	（1）启动Ubuntu操作系统和MySQL数据库	
	（2）查看MySQL数据库运行状态	
	（3）DBeaver远程连接MySQL数据库	
2.创建生态农业园监控系统数据库	（1）创建生态农业园监控系统数据库	
	（2）查看生态农业园监控系统数据表	
	（3）添加生态农业园监控系统数据	
3.开启MySQL数据库普通日志	（1）查看一般查询日志状态	
	（2）开启一般查询日志	
4.MySQL数据库字符集配置	（1）查看MySQL字符集	
	（2）修改MySQL字符集	
	（3）重启MySQL并查询数据库字符集	
5.数据库优化	（1）调整缓冲池容量	
	（2）分析SQL语句性能	

（三）任务检查与评价

评价项目	评价内容		配分	评 价 方 式		
				自我评价	互相评价	教师评价
方法能力（20分）	能够明确任务要求，掌握关键引导知识		5			
	能够正确清点、整理任务设备或资源		5			
	掌握任务实施步骤，制定实施计划，时间分配合理		5			
	能够正确分析任务实施过程中遇到的问题并进行调试和排除		5			
专业能力（60分）	进入MySQL数据库	能正常启动Ubuntu操作系统和MySQL数据库	2			
		成功查看MySQL数据库运行状态	3			
		能使用DBeaver软件远程连接到MySQL数据库	5			
专业能力（60分）	创建生态农业园监控系统数据库	成功创建生态农业园监控系统数据库	5			
		能成功查看生态农业园监控系统数据表	5			
		能成功添加生态农业园监控系统数据	5			
	开启MySQL数据库普通日志	成功查看一般查询日志状态	5			
		能成功开启一般查询日志	5			
	MySQL数据库字符集配置	成功查看MySQL字符集	5			
		成功修改MySQL字符集	5			
		能重启MySQL并查询数据库字符集	5			
	数据库优化	能成功调整缓冲池容量	5			
		能成功分析SQL语句性能	5			

（续）

（续）

评价项目	评价内容		配分	评价方式		
				自我评价	互相评价	教师评价
素养能力（20分）	安全操作与工作规范	操作过程中严格遵守安全规范，正确使用电子设备，每处不规范操作扣1分	5			
		严格执行6S管理规范，积极主动完成工具设备整理	5			
	学习态度	认真参与教学活动，课堂互动积极	3			
		严格遵守学习纪律，按时出勤	3			
	合作与展示	小组之间交流顺畅，合作成功	2			
		语言表达能力强，能够正确陈述基本情况	2			
合　　计			100			

（四）任务自我总结

过程中的问题	解决方式

任务3 生态农业园监控系统服务器性能监测

职业能力目标

- 能在Ubuntu操作系统下正确安装Zabbix，实现服务器监控。
- 能在Zabbix平台下正确添加主机与组，实现设备管理。
- 能在Zabbix平台下正确添加模板与监控项，实现设备实时监控。

任务描述与要求

任务描述：在生态农业园监控系统上线后，为了确保系统能长期、稳定正常运行，需要采用实时的监测平台来监测服务器性能，当设备出现异常情况时，运维人员能通过监控系统快速、高效地处理问题事件。运维工程师需要完成在Ubuntu操作系统上部署Zabbix监控系统，实现服务器监控管理。

任务要求：

● 在Ubuntu系统上实现Zabbix监控系统安装。

● 实现Zabbix主机组管理。

● 实现Zabbix模块管理。

● 实现Zabbix监控项管理。

5.3.1 认识监控系统

物联网监控系统是安防系统中应用最多的系统之一。在物联网领域可以将监控系统分为5种监控类型：应用性能监控、业务交易监控、网络性能监控、操作系统监控、设备站点监控。通常所说的监控模糊地包含了以上5个细分领域的内容。在任何一个物联网业务环境中，都会存在各种各样的硬件设备、软件应用等。按照逻辑层次划分，可以将其划分为应用层、平台层和设备层，如图5-3-1所示。应用层包括能提供各类应用服务的平台：MySQL、SQLServer、Nginx、PHP、Apache等。系统层包括各类操作系统：Windows、Ubuntu、CentOS等。设备层包括各类硬件设备：传感器、网络设备、服务器等。

应用层

系统层

设备层

图5-3-1 监控系统逻辑层次划分

日常生产环境中，为了降低企业在监控软件上的开销，常见的开源解决方案有：

1）流量监控包括MRTG、Cacti、SmokePing等开源平台。

2）性能告警监控包括Nagios、Zabbix、ZenossCore、Ganglia、Netdata等开源平台。

3）数据监控包括Graphite、OpenTSDB、InfluxDB、Prometheus、OpenFalcon等开源平台。

1. Zabbix介绍

Zabbix是一款能够监控众多网络参数和服务器状态的免费开源软件，如图5-3-2所示。Zabbix使用灵活的通知机制，允许用户为任何事件配置基于实时发送邮件的警报方法，可以快速响应服务器问题。Zabbix基于存储的数据提供出色的报告和数据可视化功能，这些功能使得Zabbix成为运维管理的理想选择。

图5-3-2 Zabbix Logo

Zabbix还支持轮询和被动捕获功能，所有的Zabbix报告、统计信息和配置参数都可以通过基于Web的前端页面进行访问，如图5-3-3所示。基于Web的前端页面可以通过网页形式从任何地方进行服务器评估，从而确保服务器所在的网络状态和服务器健康状况。经过适当的配置，Zabbix可以在监控IT基础设施方面发挥重要作用，无论是对于拥有少量服务器的小型组织，还是拥有大量服务器的大型公司，Zabbix都能很好地胜任监控工作。

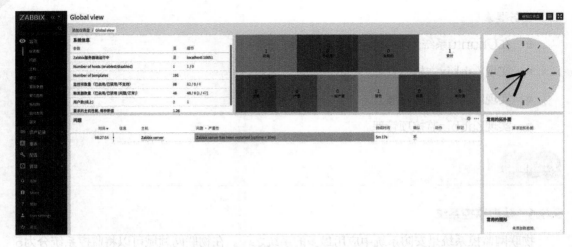

图5-3-3　Zabbix基于Web的管理页面

2. Zabbix功能

Zabbix是一种企业级的分布式开源监控解决方案，也是一种高度集成的网络监控解决方案，在单一的软件包中提供了多种功能。

（1）数据采集

Zabbix数据采集包括：可用性和性能采集、支持SNMP（包括主动轮询和被动捕获）、IPMI、JMX、VMware监控、自定义检查、按照自定义的时间间隔采集需要的数据、通过Server/Proxy和Agents执行数据采集。

（2）高度可配置化的报警

在Zabbix中可以定义非常灵活的报警触发器，触发器能从后端数据库获得参考值，也可以根据递增计划、接收者、媒介类型自定义发送报警通知，还能使用宏变量和自动动作包含远程命令。

（3）丰富的可视化选项

使用Zabbix内置图形功能将监控项绘制成图形，可以追踪模拟鼠标在Web网站上的单击操作，检查Web网站的功能和响应时间。还可以创建能够将多个监控项组合到单个视图中的自定义图形，并以仪表盘样式展示自定义聚合图形和幻灯片演示。

（4）配置简单

在Zabbix中主机一旦添加到数据库中，就会采集主机数据用于监控，并把数据存储在数据库中，通过数据库的数据来读取历史数据记录。还可以使用Zabbix模板来分组检查或关联其他模板。运行中Zabbix能自动发现网络设备、文件系统、网络接口和SNMP OIDs值，Zabbix Agent会对发现的设备进行自动注册。

（5）快捷的Web界面

Zabbix采用基于PHP的Web前端，通过网络管理员可以从任何地方访问Zabbix管理界面，也可以定制自己的操作方式和审计日志。

3. Zabbix架构

Zabbix架构主要功能组件包括：server、数据库、Web界面、proxy、agent和数据流。

Zabbix server是存储所有配置信息、统计信息和操作信息的核心存储库，主要包括Zabbix agent向其报告可用性、系统完整性信息和统计信息的核心组件。

Zabbix Web界面是方便管理员能从任何地方和任何平台轻松访问Zabbix。

Zabbix数据库主要用于把所有配置信息以及Zabbix收集到的数据都存储在数据库中。Zabbix常使用的数据库包括MySQL、PostgreSQL等。

Zabbix proxy可以为Zabbix server收集性能和可用性数据。Zabbix proxy是Zabbix环境部署的可选部分，Zabbix proxy对于单个Zabbix server负载的分担是非常有益的。

Zabbix agent是部署在被监控目标上，用于主动监控本地资源和应用程序，并将收集的数据发送给Zabbix server。

Zabbix的数据流是采集和传输数据的一种形式，通过设置Zabbix触发器来创建监控动作，这一系列步骤就构成了一个完整的数据流。

4. Zabbix版本

Zabbix目前最新版本为5.4版本，如图5-3-4所示，其中5.0LTS（Long Term Support）代表长期支持版本，维护更新周期一般为3~5年，建议在生产环境中使用标有LTS标记的版本。

Zabbix 5.4提供了与iTOP、VictorOps、Rocket.Chat、Express.ms和其他解决方案的开箱即用集成方案。除了现有的模板，Zabbix 5.4新增监控APC UPS硬件、Hikvision摄像头、etcd、Hadoop、Zookeeper、Kafka、AMQ、HashiCorp Vault、MS Sharepoint、MS Exchange、smartclt、Gitlab、Jenkins、Apache Ignite以及更多应用程序和服务的模板。Zabbix 5.4提供全新的用户角色功能定义和快速生成PDF报表功能，Zabbix触发器表达式支持新语法，可以为问题检测设置高度复杂的条件。此外，还引入了一组新的运算符、统计函数、数学函数和字符串函数，使其功能更加强大。

选择您Zabbix服务器的平台

ZABBIX版本	OS分布	OS版本	数据库	WEB SERVER
5.4	Red Hat Enterprise Linux	20.04 (Focal)	MySQL	Apache
5.2	CentOS	18.04 (Bionic)	PostgreSQL	NGINX
5.0 LTS	Oracle Linux	16.04 (Xenial)		
4.0 LTS	Ubuntu	14.04 (Trusty)		
	Debian			
	SUSE Linux Enterprise Server			
	Raspberry Pi OS			
	Ubuntu (arm64)			

图5-3-4 Zabbix版本信息

0

5.3.2 部署Zabbix

1. 安装环境介绍

（1）软件环境

由于Zabbix核心组件是用C语言编写的，所以理论上其可以支持Linux、UNIX、Windows等常见的操作系统，但是由于Zabbix底层的实现依赖Linux系统的一些特性，导致Zabbix server和Zabbix porxy均不支持Windows系统，所以目前Zabbix不能部署在Windows系统上。

生态农业园监控系统项目采用Ubuntu操作系统和MySQL数据库作为软件运行的支撑平台，所以任务中Zabbix server服务的环境也基于Ubuntu操作系统和MySQL数据库，Zabbix server的Web平台使用Apache的PHP平台，如图5-3-5所示。

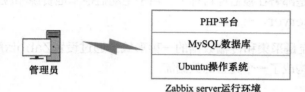

管理员　　Zabbix server运行环境

图5-3-5　Zabbix server软件环境

Zabbix是基于Apache Web服务器、领先的数据库引擎和PHP脚本语言构建的。Zabbix官方支持的数据库管理系统见表5-3-1。

表5-3-1　数据库平台选择参考

数 据 库	版 本	备 注
MySQL/ MariaDB	5.0.3～8.0.x	使用MySQL作为Zabbix后端数据库，需要InnoDB引擎，MariaDB 同样支持
Oracle	10g及以上版本	使用Oracle作为Zabbix后端数据库
PostgreSQL	8.1及以上版本	使用PostgreSQL作为Zabbix后端数据库，建议使用PostgreSQL 8.3以上的版本，以提供更好的VACUUM性能
IBM DB2	9.7及以上版本	使用DB2作为Zabbix后端数据库
SQLite	3.3.5及以上版本	只有Zabbix proxy支持SQLite，可以使用SQLite作为Zabbix proxy数据库

（2）硬件环境

Zabbix运行需要物理内存和磁盘空间。Zabbix所需的内存和磁盘空间显然取决于被监控的主机数量和配置参数。如果计划调整参数以保留较长的历史数据，那么应该考虑至少有几GB磁盘空间，以便有足够的磁盘空间将历史数据存储在数据库中。Zabbix数据库需要大量CPU资源，具体取决于被监控参数的数量和所选的数据库引擎。对于最小化的安装环境，官方推荐的硬件配置见表5-3-2。

表5-3-2　硬件配置

生产环境	平　台	CPU/内存	数　据　库	硬　盘	监控主机数量
小型	Linux	2CPU/1GB	MySQL	HDD	100
中型	Linux	2CPU/2GB	MySQL	HDD	500
大型	Linux	4CPU/8GB	RAID10 MySQL InnoDB 或 PostgreSQL	SSD	大于1000
超大型	Linux	8CPU/16GB	Fast RAID10 MySQL InnoDB 或 PostgreSQL	SSD	大于10000

上述最小化安装环境中推荐的硬件配置，在实际生产环境中并不能很好地满足需求，需要适当提高硬件配置，具体的服务器硬件配置要求与监控的主机数量和数据量等紧密关联。

2. Zabbix数据库

Zabbix server运行时要长时间存储数据，故在Zabbix server服务器上需要安装数据库。常见的数据库包括MySQL、MariaDB、PostgreSQL、Oracle等。在创建Zabbix数据库时，UTF-8是Zabbix支持的唯一编码。任务采用MySQL数据库来搭建Zabbix server，在MySQL中创建zabbix数据库，并设置表中UTF-8字符格式，命令如下：

```
create database zabbix character set utf8 collate utf8_bin;
```

3. Zabbix agent

Zabbix监控采用服务器端/客户端架构，其客户端的采集方式分为agent、SNMP等。安装Zabbix agent方式比较多，常见可以使用apt install命令进行安装，命令如下：

```
sudo apt install zabbix-agent
```

5.3.3　Zabbix常见配置内容

Zabbix的各项监控功能可以通过浏览器访问Zabbix Web管理界面进行操作配置，地址为http://ServerIP/zabbix，默认的用户名为Admin，密码是zabbix。在Zabbix Web管理界中可对Zabbix监控项进行设置，包括添加主机组、添加监控模板、添加监控主机、添加监控项目等。

1. 添加主机组

分组的目的是将同一属性的主机、模板进行分类。在Zabbix的软件设计规则中，已规定主机、模板必须属于一个分组。对同一属性的主机或者模板应归类到相同组，相关原则包括：以地理位置纬度进行划分、以业务为单位划分组、以机器用途进行划分、以系统版本进行划分、以应用程序来划分组。添加主机组步骤是先打开Zabbix Web管理页面，然后单击主机群组菜单，再填写创建主机群组名称信息即可添加主机组。

2. 添加监控模板

Zabbix模板是可以方便地应用于多个主机的一组实体。由于现实生活中的许多主机是相同或类似的监控项目，按照原始的办法为一个主机创建一组实体监控项后，其余相同监控项目的主机都需要完成同类操作步骤。如果使用Zabbix模板对其他主机配置监控数据，则只需要为相应的主机添加对应的模板，就能快速把同类型监控项目复制到每个新的主机上。添加Zabbix模板步骤是先打开Zabbix Web管理页面，然后单击模板菜单，再填写模板名称和所属的组信息即可完成模板添加。

3. 添加监控主机

主机是指Zabbix监控的对象，例如服务器、工作站、交换机等，创建主机是使用Zabbix监控的首要任务之一。添加Zabbix主机步骤是先打开Zabbix Web管理页面，然后单击主机菜单，再填写新建主机名称、DNS、IP地址、端口等信息。

4. 添加监控项

监控项是Zabbix中获得数据的基础，没有监控项就没有数据。监控项是监控指标获取数据的方式、数据类型、更新数据的时间间隔、历史数据保留时间、趋势数据保留时间、监控项的分组等指标。添加Zabbix监控项步骤是先打开Zabbix Web管理页面，然后单击主机页面查找到新建的主机，再创建监控项信息，见表5-3-3。

表5-3-3 部分监控项参数

参 数	描 述	返 回 值	备 注
agent.hostname	客户端主机名	String	
agent.ping	客户端可用性检查	Nothing	
agent.version	Zabbix 客户端的版本	字符串	
log	日志文件监控		
net.if.total	网卡的进出流量统计信息的总和	整型	
net.tcp.listen	检查此TCP端口是否处于监听状态	0 – 未监听 1 – 处于监听状态	port – TCP端口
net.udp.listen	检测UDP端口是否处于监听状态	0 – 未监听 1 – 处在监听状态	port – UDP端口
proc.cpu.util	进程CPU利用率百分比	浮点型	
proc.mem	用户进程使用的内存	整型	
proc.num	进程数量	整型	
system.cpu.load	CPU负载	浮点型	type – 可能的值
system.cpu.util	CPU利用率	浮点型	cpu – <CPU数量> 或者 all (默认值)
system.users.num	已登录用户数	整型	
vfs.dev.read	磁盘读取统计信息	整型	
vfs.fs.size	磁盘空间，以字节为单位，用百分比表示	整型	
vm.memory.size	内存大小，以字节为单位，以百分比表示	整型	
web.page.perf	加载完整网页的时间（以秒为单位）	浮点型	失败时返回一个空字符串

任务实施前必须先准备好以下设备和资源。

序　　号	设备/资源名称	数　　量	是否准备到位（√）	
1	虚拟机软件	1	□是	□否
2	Ubuntu操作系统	1	□是	□否
3	MySQL数据库	1	□是	□否
4	计算机（联网）	1	□是	□否
5	Zabbix软件	1	□是	□否

1. 搭建Zabbix平台

（1）安装Zabbix存储库

生态农业园监控系统使用Zabbix监控平台，首先确保Ubuntu操作系统能连接互联网，再进入Ubuntu操作系统终端，输入wget命令下载Zabbix5.0LTS库文件，如图5-3-6所示，命令如下：

1. wget https://repo.zabbix.com/zabbix/5.0/ubuntu/pool/main/z/zabbix-release/zabbix-release_5.0-1+bionic_all.deb

2. sudo dpkg -i zabbix-release_5.0-1+bionic_all.deb

3. sudo apt update

对于上述命令需要注意：

① 第1行中的wget代表从指定的URL下载文件。

② 第2行中的dpkg是Ubuntu系统用来安装软件包的实用工具。

③ 第3行中的apt update代表更新apt资源列表。

```
nle@nle-VirtualBox:~$ wget https://repo.zabbix.com/zabbix/5.0/ubuntu/pool/main/z/zabbix-release/zabbix-release_5.0-1+bionic_all.deb
--2021-06-20 16:59:42--  https://repo.zabbix.com/zabbix/5.0/ubuntu/pool/main/z/zabbix-release/zabbix-release_5.0-1+bionic_all.deb
正在解析主机 repo.zabbix.com (repo.zabbix.com)... 178.128.6.101, 2604:a880:2:d0::2062:d001
正在连接 repo.zabbix.com (repo.zabbix.com)|178.128.6.101|:443... 已连接。
已发出 HTTP 请求，正在等待回应... 200 OK
长度： 4240 (4.1K) [application/octet-stream]
正在保存至： "zabbix-release_5.0-1+bionic_all.deb.1"

zabbix-release_5.0-1+bionic_all.de 100%[===================================================================>]   4.14K  --.-KB/s    用时

2021-06-20 16:59:43 (1.92 GB/s) - 已保存 "zabbix-release_5.0-1+bionic_all.deb.1" [4240/4240])

nle@nle-VirtualBox:~$ sudo dpkg -i zabbix-release_5.0-1+bionic_all.deb
[sudo] nle 的密码：
正在选中未选择的软件包 zabbix-release。
(正在读取数据库 ... 系统当前共安装有 165439 个文件和目录。)
正准备解包 zabbix-release_5.0-1+bionic_all.deb ...
正在解包 zabbix-release (1:5.0-1+bionic) ...
正在设置 zabbix-release (1:5.0-1+bionic) ...
nle@nle-VirtualBox:~$ sudo apt update
正在读取软件包列表... 完成
```

图5-3-6　安装Zabbix存储库

（2）安装Zabbix server服务

任务中Zabbix server服务使用MySQL数据库作为数据存储平台，Web前端使用PHP平台。为了能让Zabbix正常使用MySQL数据库和PHP平台，需要安装zabbix-server-mysql、zabbix-frontend-php和zabbix-apache-conf服务。由于生态农业园监控系统服务器与客户端为同一台PC，还需要在本机上安装监控客户端（zabbix-agent），如图5-3-7所示，命令如下：

sudo apt install zabbix–server–mysql zabbix–frontend–php zabbix–apache–conf zabbix–agent

```
nle@nle-VirtualBox:~$ sudo apt install zabbix-server-mysql zabbix-frontend-php zabbix-apache-conf zabbix-agent
[sudo] nle 的密码：
正在读取软件包列表... 完成
正在分析软件包的依赖关系树
正在读取状态信息... 完成
将会同时安装下列软件：
  apache2 apache2-bin apache2-data apache2-utils fonts-dejavu fonts-dejavu-extra fping libaio1 libapache2-mod-php libapache2-mod-php7.2
  libapr1 libaprutil1 libaprutil1-dbd-sqlite3 libaprutil1-ldap libcurl4 liblua5.2-0 libmysqlclient20 libodbc1 libopenipmi0 mysql-client
  mysql-client-5.7 mysql-client-core-5.7 mysql-common php-bcmath php-common php-gd php-ldap php-mbstring php-mysql php-xml php7.2-bcmath
  php7.2-cli php7.2-common php7.2-gd php7.2-json php7.2-ldap php7.2-mbstring php7.2-mysql php7.2-opcache php7.2-readline php7.2-xml
  snmpd
建议安装：
  apache2-doc apache2-suexec-pristine | apache2-suexec-custom php-pear libmyodbc odbc-postgresql tdsodbc unixodbc-bin snmptrapd
  zabbix-nginx-conf virtual-mysql-server
下列【新】软件包将被安装：
  apache2 apache2-bin apache2-data apache2-utils fonts-dejavu fonts-dejavu-extra fping libaio1 libapache2-mod-php libapache2-mod-php7.2
  libapr1 libaprutil1 libaprutil1-dbd-sqlite3 libaprutil1-ldap libcurl4 liblua5.2-0 libmysqlclient20 libodbc1 libopenipmi0 mysql-client
  mysql-client-5.7 mysql-client-core-5.7 mysql-common php-bcmath php-common php-gd php-ldap php-mbstring php-mysql php-xml php7.2-bcmath
  php7.2-cli php7.2-common php7.2-gd php7.2-json php7.2-ldap php7.2-mbstring php7.2-mysql php7.2-opcache php7.2-readline php7.2-xml
  snmpd zabbix-agent zabbix-apache-conf zabbix-frontend-php zabbix-server-mysql
升级了 0 个软件包，新安装了 46 个软件包，要卸载 0 个软件包，有 88 个软件包未被升级。
需要下载 23.9 MB 的归档。
解压缩后会消耗 129 MB 的额外空间。
您希望继续执行吗？ [Y/n] y
```

图5-3-7 安装Zabbix server

2. 配置MySQL数据库

（1）进入MySQL

进入Ubuntu操作系统终端，输入mysql命令：

mysql –u root –p

如果提示无法找到该命令，则说明服务器还未安装MySQL数据库，具体MySQL安装步骤请参考项目3的任务2，命令如下：

1. sudo apt install mysql–server
2. mysql –V
3. sudo cat /etc/mysql/debian.cnf
4. mysql –u 查询到的用户名 –p
5. use mysql;
6. update user set authentication_string=PASSWORD("123456") where user='root';
7. update user set plugin="mysql_native_password";
8. update user set host="%" where user="root";
9. flush privileges;
10. exit;

对于上述命令执行后需要注意：

① 第1行代表在Ubuntu 18.x上安装最新版本的MySQL。

② 第2行代表查看已安装的MySQL版本。

③ 第3行代表查看/etc/mysql/debian.cnf文档中的初始数据库登录用户信息，特别留意user和password。

④ 第4行代表mysql –u 后面填写在debian.cnf文档中user后面的名称信息。

⑤ 读者在密码输入时，系统不会提示输入信息，输入debian.cnf文档中password默认密码后按<Enter>键。

⑥ 第6行PASSWORD("123456")代表数据库root用户的密码为123456。

⑦ 第7行代表设置密码方式。

⑧ 第8行代表更新user表，使得用户名为root的用户可以从任何一台主机访问。

⑨ 第9行代表刷新数据库。

（2）创建Zabbix数据库

再次登录到MySQL数据库，用户名为root，密码为123456。使用create database命令创建Zabbix数据库并设置支持的字符类型为utf8，如图5-3-8所示，命令如下：

1. mysql –u root –p

2. use mysql;

3. create database zabbix character set utf8 collate utf8_bin;

```
mysql> create database zabbix character set utf8 collate utf8_bin;
Query OK, 1 row affected (0.00 sec)
```

图5-3-8　创建Zabbix数据库

（3）创建数据库账户

Zabbix使用Web站点来管理和配置各项监控功能，运维人员需配置数据库信息，方便后期登录管理Zabbix，命令如下：

1. create user zabbix@localhost identified by 'password';

2. grant all privileges on zabbix.* to zabbix@localhost;

3. exit;

对于上述命令执行后需要注意：第1行zabbix@localhost中的zabbix代表用户名称；'password'代表zabbix用户密码，读者可自行修改。

3. 配置Zabbix文件

（1）导入数据

导入Zabbix数据库数据，如图5-3-9所示，命令如下：

zcat /usr/share/doc/zabbix–server–mysql*/create.sql.gz | mysql –uzabbix –p zabbix

对于上述命令执行后需要注意：

① zcat命令用于查看压缩文件的内容，而无需对其进行解压缩。

② 系统将提示输入MySQL中的Zabbix用户密码，密码为password。

```
nle@nle-VirtualBox:~$ zcat /usr/share/doc/zabbix-server-mysql*/create.sql.gz | mysql -uzabbix -p zabbix
Enter password:
```

图5-3-9　导入数据

（2）配置Zabbix server数据库文件

编辑配置zabbix_server.conf文件，把刚创建的Zabbix数据库账户密码填写到DBPassword参数中，如图5-3-10所示，命令如下：

```
sudo vi /etc/zabbix/zabbix_server.conf
```

找到zabbix_server.conf文件中的DBPassword，添加参数DBPassword=password并去掉这行左边的#号，其中password是创建数据库账户中的密码。

（3）配置Zabbix Web站点

Zabbix Web站点采用PHP平台，编辑apache.conf配置文件，为Zabbix前端配置PHP服务，命令如下：

```
sudo vi /etc/zabbix/apache.conf
```

进入apache.conf配置文件后，找到# php_value date.timezone Europe/Riga行，把Europe/Riga改为Asia/Shanghai并去掉#号，如图5-3-11所示。

```
DBUser=zabbix

### Option: DBPassword
#       Database password.
#       Comment this line if no password is used.
#
# Mandatory: no
# Default:
  DBPassword=password

### Option: DBSocket
#       Path to MySQL socket.
#
# Mandatory: no
# Default:
# DBSocket=
```

```
<IfModule mod_php5.c>
    php_value max_execution_time 300
    php_value memory_limit 128M
    php_value post_max_size 16M
    php_value upload_max_filesize 2M
    php_value max_input_time 300
    php_value max_input_vars 10000
    php_value always_populate_raw_post_data -1
    php_value date.timezone Asia/Shanghai
</IfModule>
<IfModule mod_php7.c>
    php_value max_execution_time 300
    php_value memory_limit 128M
    php_value post_max_size 16M
    php_value upload_max_filesize 2M
    php_value max_input_time 300
    php_value max_input_vars 10000
    php_value always_populate_raw_post_data -1
    php_value date.timezone Asia/Shanghai
</IfModule>
```

图5-3-10 配置zabbix_server.conf文件　　　图5-3-11 配置apache.conf文件

4. 启动Zabbix服务

（1）启动Zabbix server

完成前续配置任务后就可以启动Zabbix server和PHP平台，使用systemctl enable命令设置这两项服务开机自动启动，命令如下：

```
1. sudo systemctl restart zabbix-server
2. sudo systemctl restart apache2
3. sudo systemctl enable zabbix-server
4. sudo systemctl enable apache2
```

（2）启动agent进程

生态农业园监控系统需要监控本地服务器性能，在Ubuntu服务器上启动Zabbix agent进程来开启agent性能监控，命令如下：

```
1. sudo systemctl restart zabbix-agent
2. sudo systemctl enable zabbix-agent
```

5. 配置Zabbix Web安装向导

（1）进入Zabbix配置页面

打开Ubuntu操作系统浏览器，在浏览器中的地址栏输入http://127.0.0.1/zabbix地址，访问Zabbix Web配置页面，如图5-3-12所示，进入配置向导后单击"Next step"按钮。

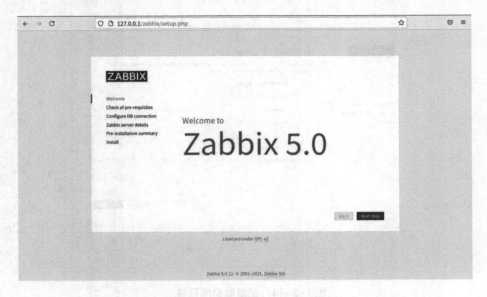

图5-3-12　进入Zabbix Web配置页面

（2）检查Zabbix安装条件

查看Zabbix安装条件是否满足要求，如图5-3-13所示，若无错误信息提示，则单击"Next step"按钮即可进入下一步。

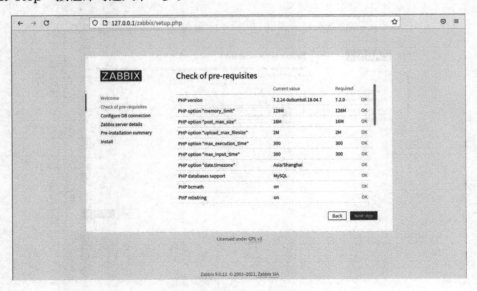

图5-3-13　检查Zabbix安装条件

（3）配置数据库连接

输入刚配置的数据库Zabbix账户密码，任务中默认的Zabbix账户密码为password，完成后单击"Next step"按钮，如图5-3-14所示。

图5-3-14　配置数据库连接

（4）设置Zabbix server信息

为Zabbix设置名称和端口号信息，如图5-3-15所示，默认Zabbix端口号为10051。

图5-3-15　设置Zabbix server信息

（5）预安装信息查看

本页面显示Zabbix配置信息，若信息无误则单击"Next step"按钮进入下一步，如图5-3-16所示。

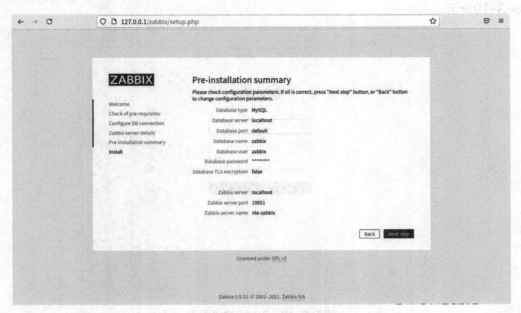

图5-3-16　Zabbix预安装信息查看

（6）完成Zabbix安装

出现图5-3-17所示页面代表Zabbix安装成功，单击"Finish"按钮进入Zabbix登录界面。

图5-3-17　Zabbix安装成功页面

（7）登录Zabbix

进入Zabbix登录界面后，用户名默认为Admin，密码默认为zabbix，输入用户登录信息后单击"Sign in"按钮，如图5-3-18所示。登录成功后，进入Zabbix页面，如图5-3-19所示。

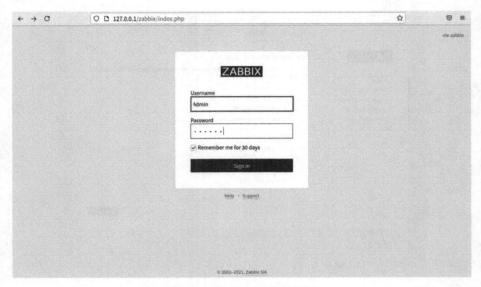

图5-3-18　Zabbix登录页面

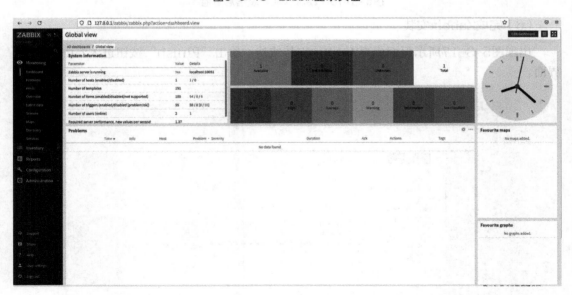

图5-3-19　Zabbix主页

6. 配置Zabbix显示语言

（1）配置Zabbix中文字体

单击Zabbix左侧菜单栏中的"User settings"选项，在弹出的用户配置选项中选择

"Language"下拉菜单中"Chinese(zh_CN)"选项，然后单击"Update"按钮，如图5-3-20所示。

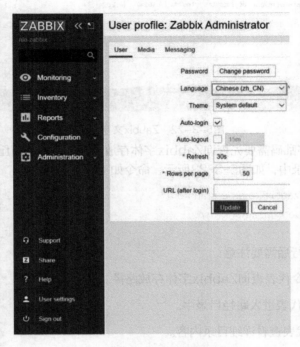

图5-3-20　Zabbix显示语言设置

（2）解决Zabbix乱码问题

配置完Zabbix中文字体后，Zabbix界面的文字绝大部分由英文变成中文字体，但还有小部分字体因默认无对应中文字体样式会出现乱码情况。例如单击左边菜单栏"监测"中的"主机"选项，在弹出的界面中单击"图形"文字，如图5-3-21所示。

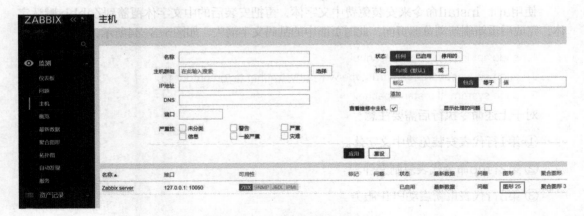

图5-3-21　进入Zabbix图形界面

进入图形界面中，细心的读者会发现有小部分文字以乱码形式存在，如图5-3-22所示。

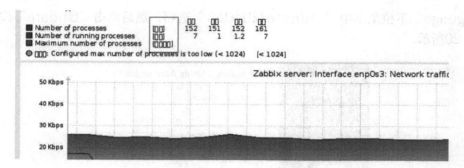

图5-3-22　Zabbix文字乱码

解决Zabbix文字乱码需要先查询Zabbix字体存放路径，可以使用find命令来查找，然后进入查找后的字体目录中，如图5-3-23所示，命令如下：

1. find /usr/share/zabbix/ –name graphfont*
2. cd /usr/share/zabbix/assets/fonts/
3. ll

对于上述命令执行后需要注意：

① 第1行find命令代表查询Zabbix字体存放路径。

② 第2行cd命令代表进入路径目录中。

③ 第3行ll命令代表查看详细目录内容。

```
nle@nle-VirtualBox:~$ find /usr/share/zabbix/ -name graphfont*
/usr/share/zabbix/assets/fonts/graphfont.ttf
nle@nle-VirtualBox:~$ cd /usr/share/zabbix/assets/fonts/
nle@nle-VirtualBox:/usr/share/zabbix/assets/fonts$ ll
总用量 8
drwxr-xr-x 2 root root 4096 6月  21 16:52 ./
drwxr-xr-x 5 root root 4096 6月  21 16:52 ../
lrwxrwxrwx 1 root root   38 6月  21 16:52 graphfont.ttf -> /etc/alternatives/zabbix-frontend-font
```

图5-3-23　查看Zabbix字体文件命令执行结果

使用apt install命令来安装免费中文字体，再把安装后的中文字体覆盖到Zabbix默认字体，完成后重新刷新浏览器页面，此时页面中的乱码文字消失，如图5-3-24所示，命令如下：

1. sudo apt install ttf–wqy–zenhei
2. sudo cp /usr/share/fonts/truetype/wqy/wqy–zenhei.ttc graphfont.ttf
3. sudo systemctl restart apache2

对于上述命令执行后需要注意：

① 第1行代表安装免费中文字体。

② 第2行cp命令代表复制文件。

③ 第3行代表重新启动PHP服务。

7. 服务器性能监控

（1）创建服务器主机组

进入Zabbix Web主页后，单击左侧菜单栏中的"配置"选项，再单击"主机群组"，然后在主机群组中单击右上角的"创建主机群组"按钮，如图5-3-25所示。

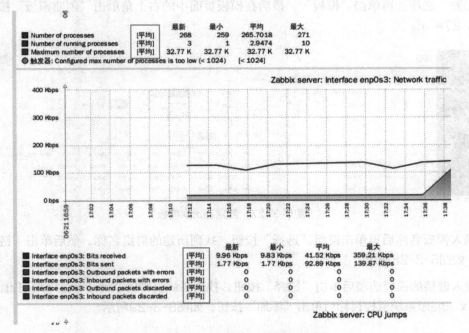

图5-3-24　Zabbix文字乱码解决成功

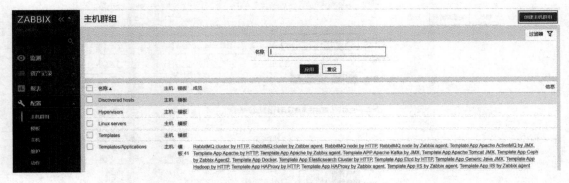

图5-3-25　Zabbix创建主机群组

完成组名输入后，再单击"添加"按钮，如图5-3-26所示。

图5-3-26　Zabbix设置主机群组名称

（2）添加Zabbix模板

使用Zabbix技术对生态农业园监控系统所在的服务器进行性能监测，主要围绕服务器硬件性能来监测，如CPU、内存、网络等。进入Zabbix Web界面中，单击左边菜单栏中的"配置"选项，再单击"模板"，最后在模板页面中的右上角单击"创建模板"按钮，如图5-3-27所示。

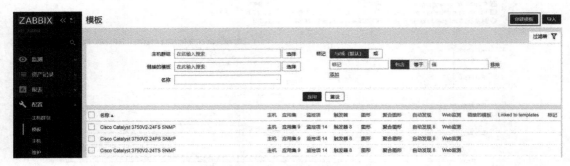

图5-3-27 创建Zabbix模板

输入模板名称后再单击群组"选择"按钮，找到新建的群组名称，然后单击"链接的模板"，如图5-3-28所示。

进入链接的模板选项后单击"选择"按钮，找到系统自带的Template OS Linux by Zabbix agent系统监控目标后单击"添加"按钮，如图5-3-29所示。

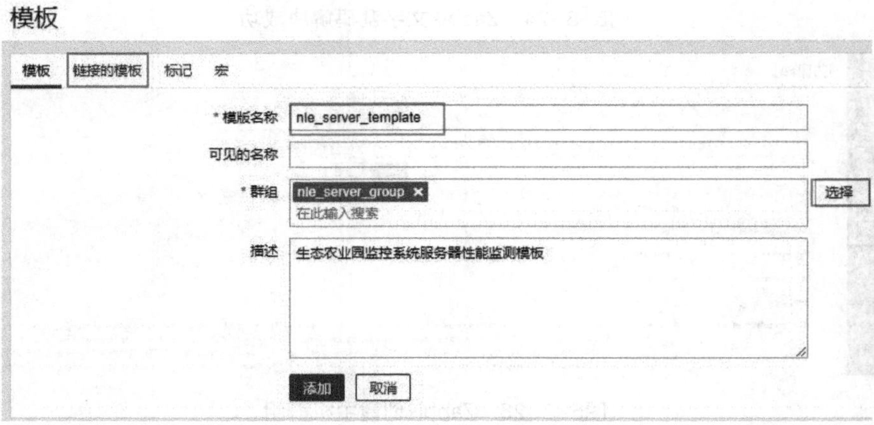

模板

| 模板 | 链接的模板 | 标记 | 宏 |

* 模版名称 nle_server_template

可见的名称

* 群组 nle_server_group ✕
在此输入搜索

描述 生态农业园监控系统服务器性能监测模板

[添加] [取消]

图5-3-28 添加Zabbix模板信息

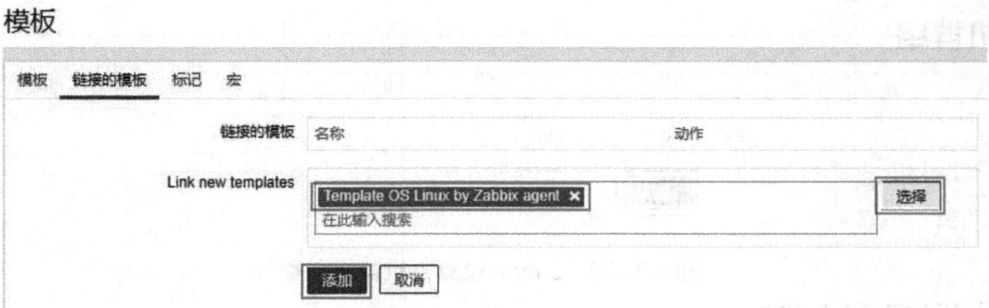

模板

| 模板 | 链接的模板 | 标记 | 宏 |

链接的模板 名称　　　　　　　　　　　　　　　动作

Link new templates Template OS Linux by Zabbix agent ✕ [选择]
在此输入搜索

[添加] [取消]

图5-3-29 添加链接模板

（3）添加监控主机

回到Zabbix Web中，单击左边菜单栏中的"配置"选项，再单击"主机"，在主机页面的右上角单击"创建主机"按钮，如图5-3-30所示。

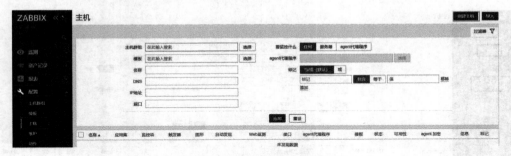

图5-3-30　添加Zabbix主机

填写主机名称，再单击群组的"选择"按钮，选择刚刚创建的群组名称，在Interfaces中填写服务器IP地址和端口号信息，其中127.0.0.1代表本机。若读者还需要添加其他监控设备，则可以单击Interfaces中的"添加"选项。最后单击"模板"选项，如图5-3-31所示。

进入主机模板页面，单击Link new templates的"选择"按钮，把之前新建的模板添加进来，然后单击"添加"按钮结束主机创建，如图5-3-32所示。

图5-3-31　新增Zabbix主机

主机

图5-3-32　新增Zabbix主机模板

（4）查看监控数据

完成配置后单击Zabbix Web左侧菜单栏的"监测"选项，再选择"主机"，此时会显示创建的主机信息，然后单击"图形"选项，如图5-3-33所示。

图5-3-33　Zabbix主机监测信息

在图形界面中会显示Zabbix监测到的服务器性能参数，如图5-3-34所示，监测内容包含服务器的CPU状态、系统负载、内存状态等数据。

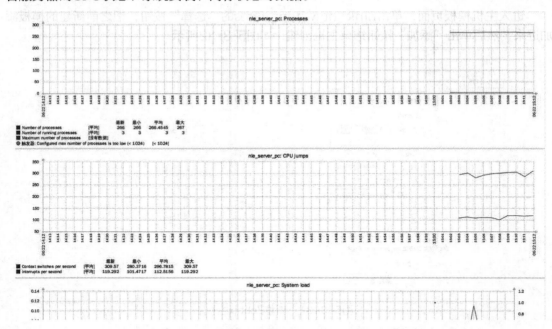

图5-3-34　生态农业园监控系统服务器性能参数监控

本任务围绕着生产环境中企业服务器性能监控平台部署的技能点，从Ubuntu服务器安装监控平台到数据库部署，从监控平台配置到服务器整体性能监控，由浅入深地对监控系统部署的整个流程进行讲解。通过本任务的学习，读者能够掌握物联网应用系统的服务器监控平台部署能力。本任务相关知识技能小结思维导图如图5-3-35所示。

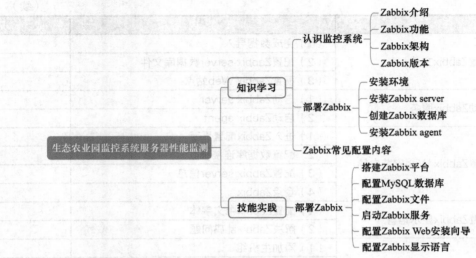

图5-3-35 知识技能小结思维导图

任务工单

项目5 智慧农业——生态农业园监控系统优化与系统监测	任务3 生态农业园监控系统服务器性能监测
班级：	小组：
姓名：	学号：
分数：	

（一）关键知识引导

请补充操作命令。

命　令	功　能
sudo apt update	更新源
dpkg	软件包管理
apt install zabbix-server- mysql	安装Zabbix的MySQL服务
apt install zabbix-frontend-php	安装Zabbix的PHP服务
apt install zabbix-agent	安装Zabbix的agent服务
zcat	查看压缩文件
systemctl enable	开机启动服务
systemctl restart	重启服务

（二）任务实施完成情况

任　务	任　务　内　容	完成情况
1. 搭建Zabbix平台	（1）完成Zabbix存储库安装	
	（2）完成Zabbix server服务安装	
2. 配置MySQL数据库	（1）配置并进入MySQL数据	
	（2）完成Zabbix数据库创建	
	（3）完成创建数据库账户	

（续）

（续）

任　　务	任 务 内 容	完 成 情 况
3. 配置Zabbix文件	（1）完成数据导入	
	（2）配置Zabbix server数据库文件	
	（3）配置Zabbix Web站点	
4. 启动Zabbix服务	（1）启动Zabbix server	
	（2）启动Zabbix agent	
5. 配置Zabbix Web安装向导	（1）进入Zabbix配置页面	
	（2）配置数据库连接参数	
	（3）配置Zabbix server信息	
	（4）登录Zabbix	
6. 配置Zabbix显示语言	（1）配置Zabbix中文字体	
	（2）解决Zabbix乱码问题	
7. 服务器性能监控	（1）添加主机组	
	（2）添加模板	
	（3）添加监控主机	
	（4）查看监控数据	

（三）任务检查与评价

评价项目	评价内容		配分	评 价 方 式		
				自我评价	互相评价	教师评价
方法能力（20分）	能够明确任务要求，掌握关键引导知识		5			
	能够正确清点、整理任务设备或资源		5			
	掌握任务实施步骤，制定实施计划，时间分配合理		5			
	能够正确分析任务实施过程中遇到的问题并进行调试和排除		5			
专业能力（60分）	搭建Zabbix平台	能正确完成Zabbix存储库安装	2			
		能正确完成Zabbix server服务安装	3			
	配置MySQL数据库	能正确配置并进入MySQL数据	1			
		能正确完成Zabbix数据库创建	3			
		能正确创建数据库账户	1			
	配置Zabbix文件	能正确完成数据导入	2			
		能正确配置Zabbix server数据库文件	3			
		能正确配置Zabbix Web站点	5			
	启动Zabbix服务	能正确启动Zabbix server	2			
		能正确启动Zabbix agent	3			
	配置Zabbix Web安装向导	能成功进入Zabbix配置页面	5			
		能正确配置数据库连接参数	5			
		能正确配置Zabbix server信息	3			
		能成功登录Zabbix	2			

（续）

（续）

评价项目		评 价 内 容	配分	评 价 方 式		
				自我评价	互相评价	教师评价
专业能力（60分）	配置Zabbix显示语言	能正确配置Zabbix中文字体	5			
		能解决Zabbix乱码问题	5			
	服务器性能监控	能正确添加主机组	2			
		能正确添加模板	3			
		能正确添加监控主机	2			
		能成功查看监控数据	3			
素养能力（20分）	安全操作与工作规范	操作过程中严格遵守安全规范，正确使用电子设备，每处不规范操作扣1分	5			
		严格执行6S管理规范，积极主动完成工具设备整理	5			
	学习态度	认真参与教学活动，课堂互动积极	3			
		严格遵守学习纪律，按时出勤	3			
	合作与展示	小组之间交流顺畅，合作成功	2			
		语言表达能力强，能够正确陈述基本情况	2			
合　　计			100			

（四）任务自我总结

过程中的问题	解 决 方 式

项目⑥

物联网系统部署与运维挑战

项 **目引入**

随着信息技术的高速发展，企业信息系统在运行中会逐渐面临服务器数据量增大、数据安全等压力，系统的运维成为企业一大负担。运维工程师不仅应为企业提供单一的系统部署和设备维修服务，还应当为企业提供智能、高效和安全的信息系统维护与优化服务。

本项目在前面项目的基础上，借助自动化技术手段，对MySQL和Docker技术进行挑战学习，包括MySQL数据库的主从同步配置，实现数据库自动备份；借助Docker Compose技术快速、智能化部署应用服务。

任务1　MySQL主从数据库同步挑战

- 能在MySQL下正确使用SQL语句，实现数据库主从配置。
- 能在MySQL下正确使用SQL语句，实现数据库数据同步。

任务描述与要求

任务描述：在前面项目掌握MySQL典型的运维技能的基础上，本任务将对已搭建的MySQL数据库进行数据同步挑战。运用自动化运维中的主、从复制技术操作多个数据库，实现数据库中数据的实时同步。

任务要求：

- 实现MySQL主服务器环境搭建。
- 实现MySQL从服务器环境搭建。
- 完成数据库数据同步测试。

知识储备

6.1.1　认识数据备份

随着办公自动化和电子商务的飞速发展，企业对信息系统的依赖性越来越高，数据库担当着信息系统的核心角色。尤其在一些对数据可靠性要求很高的行业如银行、证券、电信等，如果发生意外停机或数据丢失，损失会十分惨重，因此数据的保存备份显得越发重要。

1. 数据备份

数据是企业信息中最重要的组成部分，所以数据的备份显得尤为重要。数据备份是在容灾的基础上，为防止系统出现操作失误或系统故障导致数据丢失，而将全部或部分数据集合从应用主机的硬盘或阵列复制到其他存储介质的过程。传统的数据备份主要是采用内置或外置的磁带机进行冷备份。但是这种方式只能防止操作失误等人为故障，而且恢复时间也很长。随着技术的不断发展、数据的海量增加，不少企业开始采用自动化方式备份数据。

2. 备份方式

数据备份必须要考虑到数据恢复的问题，可以采用多种灾难预防措施，包括双机热备、磁盘镜像、备份磁带异地存放、关键部件冗余等。常见的数据备份方式包括：磁带备份、数据库备份、远程镜像备份等。

（1）磁带备份

在计算机中，磁带备份指的是磁带周期性地从存储设备中复制指定数量的数据到盒式磁带设备的过程。磁带备份能有效避免硬盘瘫痪时数据丢失情况的发生。磁带备份可以手动完成，或者通过软件自动完成。

（2）数据库备份

数据库备份是数据库管理员针对具体的业务要求制定详细的数据库备份与恢复的一种策略，是通过将主数据库新增的数据复制到其他数据库的过程。

（3）远程镜像备份

通过高速光纤通道线路和磁盘控制技术将镜像磁盘数据发送到网络其他设备上，实现镜像磁盘数据与主磁盘数据完全一致，从而达到同步或异步备份。

在生产环境中，数据遇到的威胁通常比较难于防范，这些威胁一旦变为现实，不仅会毁坏数据，还会毁坏访问数据的系统。所以数据的备份是一个长期的过程，建立可靠的数据备份机制，保护关键应用的数据安全是运维过程中的重要任务。

6.1.2　数据库主从复制技术

数据库服务器为网络中用户提供应用服务时，服务器中会滋生出各类安全隐患，如人为因素导致的误删数据、数据库系统漏洞导致的数据丢失或者非法用户恶意窃取数据等。为了预防安全事件导致的经济损失，数据库管理员需要定期备份来尽可能降低数据损失，如果使用纯手动的方式来备份数据，不但配置烦琐，而且容易出现操作错误等情况。因此需要一种自动化的运维方式对数据库进行自动备份和还原的操作。

1. MySQL主从复制模式

主从复制（同步）使得数据可以从一个数据库服务器复制到其他服务器上。MySQL数据库支持单向、双向、链式级联、环状等不同业务场景的主从模式，如图6-1-1所示。

中小型企业中常用单向主从模式或级联主从模式来备份数据，通过修改服务器上MySQL的配置文件指定需要复制的整个数据库或某个数据库，甚至是某个数据库上的某个表。在复制过程中，一台服务器作为主数据库（Master），用于接收来自用户的内容的更新操作，另外一台或多台服务器作为从服务器（Slave），接收来自主数据库（Master）的二进制日志文件，然后将该日志内容解析出的SQL语句重新应用到其他从服务器（Slave）中，使得主、从服务器数据一致。

本任务将以图6-1-1中的单向主从模式的配置方法展开讲解，通过修改主、从服务器配置文件，实现主、从服务器MySQL数据的实时同步。

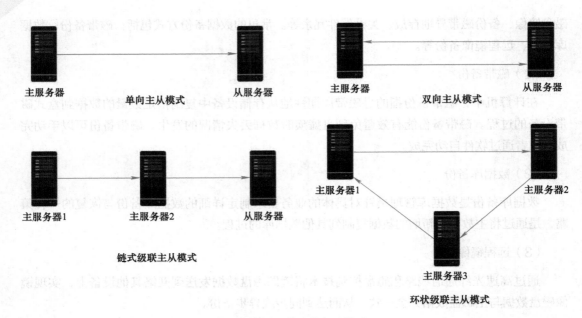

图6-1-1 常见的主从模式

2. MySQL主从复制原理

MySQL主从复制是一个异步的复制过程，主要是基于主服务器中的二进制日志文件，从服务器通过读取这个二进制日志来更新自己的数据库，从而达到主从服务器数据库的复制功能。在使用二进制日志时，主服务器的所有操作都会被记录到二进制日志文件中，然后从服务器接收到该日志的一个副本文件，再解析出其中的SQL语句内容。主从复制的具体配置步骤如下：

1）主服务器和从服务器都必须配置一个唯一且各不相同的server-id号，用于区分不同的数据库设备。

2）每一台从服务器需要通过CHANGE MASTER TO语句配置需要连接的主服务器的IP地址、日志文件名称和日志文件的路径等信息。

3）主服务器发送更新事件到从服务器，从服务器读取更新记录，并执行更新记录，使从服务器的内容与主服务器保持一致。

4）从服务器使用start slave语句启动服务，系统便开始自动创建一个I/O线程，该线程连接到主服务器并请求主服务器发送的二进制日志文件信息，从服务器I/O线程读取主服务器的二进制日志文件，解析文件后更新并复制数据到从服务器本地文件中。

任务实施前必须先准备好以下设备和资源。

序　号	设备/资源名称	数　量	是否准备到位（√）	
1	虚拟机软件	1	□是	□否
2	Ubuntu操作系统	2	□是	□否
3	MySQL 5.7.34数据库	2	□是	□否
4	计算机（联网）	1	□是	□否
5	Xshell软件	1	□是	□否
6	DBeaver软件	1	□是	□否

1. 主、从服务器基础平台搭建

MySQL数据库的主从复制需要在两台服务器（主/从服务器）上运行，首先在本地虚拟机中安装两台Ubuntu操作系统，如图6-1-2所示；然后完成MySQL数据库的部署。Ubuntu操作系统安装与MySQL数据库安装请参考项目3。

图6-1-2　搭建主、从服务器

（1）修改主、从服务器网络连接方式

完成主、从服务器的Ubuntu和MySQL安装后，单击虚拟机"设置"选项，将"网络"窗口中的连接方式改为"桥接网卡"模式，在"高级"选项中的混杂模式选择"全部允许"并勾选"接入网线"状态，如图6-1-3所示。

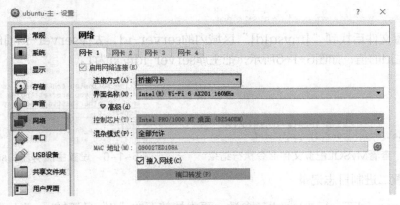

图6-1-3　修改虚拟机网络桥接模式

（2）查看主、从服务器网络地址

启动主、从服务器，进入Ubuntu操作系统的终端，使用ip addr命令查询这两台服务器网络地址并记录，如图6-1-4所示，主服务器的IP地址为192.168.0.31/24，从服务器的IP

地址为192.168.0.32/24。

图6-1-4　主、从服务器网络地址查询

2. MySQL主服务器配置

MySQL的主、从模式配置文件是mysqld.cnf，需要开启二进制日志记录，并建立唯一的服务器ID。

（1）查找MySQL配置文件

在实际工作中可能会忘记mysqld.cnf配置文件具体路径，可以通过locate命令快速查找文件或目录的位置。进入主服务器的Ubuntu终端，输入locate /mysqld.cnf命令查看配置文件路径，如图6-1-5所示，命令如下：

```
locate /mysqld.cnf
```

对于上述命令需要注意：使用locate命令后可以看到，mysqld.cnf配置文件在/etc/mysql/mysql.conf.d目录中。

（2）配置MySQL主库server_id

当MySQL服务器的server_id值为0，表示拒绝来自主、从的任何连接。使用vi编辑器打开mysqld.cnf配置文件并重新设置server_id的值，设置完成后必须重新启动MySQL服务器才可生效，命令如下：

```
sudo vi /etc/mysql/mysql.conf.d/mysqld.cnf
```

进入配置文件后找到"[mysqld]"区域内的server-id，去掉server-id前的"#"号，自定义设置主id的值，如图6-1-6所示，把主库server_id设置为1。

图6-1-5　查看MySQL配置文件命令执行结果

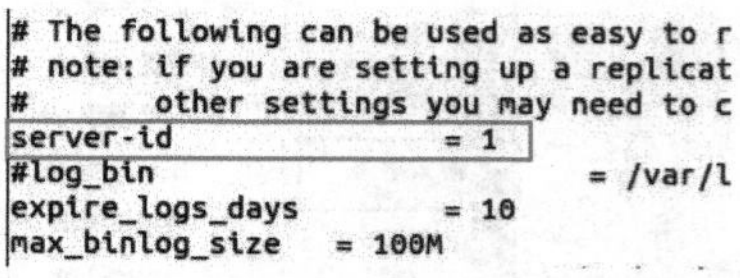

图6-1-6　设置主服务器的server-id值

（3）设置二进制日志记录

找到server-id下一行的log_bin参数，再去掉前面的"#"号添加log-bin=mysql-bin数据，开启主服务器上的二进制日志记录，如图6-1-7所示。

在log_bin参数下方添加binlog_format=ROW参数，用于设置二进制文件记录内容的方式为每行记录，如图6-1-8所示，编辑完成后保存退回到Ubuntu终端。

```
# The following can be used as easy to r
# note: if you are setting up a replicat
#       other settings you may need to c
server-id                = 1
log_bin                  =mysql-bin
expire_logs_days         = 10
max_binlog_size   = 100M
```

图6-1-7　开启主服务器二进制日志

```
# The following can be used as easy to r
# note: if you are setting up a replicat
#       other settings you may need to c
server-id              = 1
log bin                =mysql-bin
binlog_format=ROW
expire_logs_days       = 10
max_binlog_size    = 100M
```

图6-1-8　设置主服务器二进制记录方式

（4）设置同步数据库

在Ubuntu终端中，输入mysql -u root -p命令进入MySQL数据库中，再使用create database命令创建nle_test库。nle_test库包含nle_table表，其中id、name为nle_table表的字段。然后在该库中创建一张用于测试数据同步复制的表和测试数据，命令如下：

```
1. create database nle_test;
2. use nle_test;
3. create table nle_table(id varchar(10) primary key,name varchar(20) not null);
4. insert into nle_table(id,name) values('1','nle');
```

对于上述命令需要注意：

① 第1行代表创建一个nle_test库。

② 第2行代表使用nle_test库。

③ 第3行代表创建nle_table表。

④ 第4行代表插入数据到nle_table表中。

在Ubuntu终端使用vi编辑器进入mysqld. cnf配置文件中，命令如下：

```
sudo vi /etc/mysql/mysql.conf.d/mysqld.cnf
```

找到“[mysqld]”区域内的binlog_do_db，去掉前面的“#”号添加binlog_do_db=nle_test，指定主服务器同步复制到从服务器的nle_test数据库名称，如图6-1-9所示。完成配置后，使用vi编辑器的wq！命令保存配置文件。

```
# The following can be used as easy to r
# note: if you are setting up a replicat
#       other settings you may need to cl
server-id              = 1
log_bin                =mysql-bin
binlog_format=ROW
expire_logs_days       = 10
max binlog size    = 100M
binlog_do_db           = nle_test
#binlog_ignore_db      = include_databa
#
```

图6-1-9　设置主服务器需要复制的数据库名

（5）重启MySQL数据库

退回到Ubuntu终端，使用systemctl restart mysql命令重启数据库，命令如下：

```
sudo systemctl restart mysql
```

（6）查看主服务器MySQL状态

进入MySQL数据库中，使用show master status \G命令来查看刚刚配置的主库状态，如图6-1-10所示，命令如下：

```
mysql> show master status\G
*************************** 1. row ***************************
             File: mysql-bin.000001
         Position: 154
     Binlog_Do_DB: nle_test
 Binlog_Ignore_DB:
Executed_Gtid_Set:
1 row in set (0.00 sec)
```

图6-1-10　查看主服务器MySQL状态

```
1. mysql -u root -p
2. show master status\G
```

对于上述命令需要注意：需要记住服务器生成的File名称和Position编号信息，该信息将用于从服务器的配置。

3. MySQL从服务器配置

MySQL的从服务器配置也是在mysql.cnf文件中进行，配置的内容与主服务器配置大同小异。

（1）配置从服务器mysqld.cnf文件

进入从服务器的Ubuntu操作系统终端，使用vi编辑器打开从服务器的mysqld.cnf配置文件，修改"[mysqld]"区域内的server-id、log-bin、binlog_format和replicate-do-db参数值，若未找到上述参数可自行在"[mysqld]"区域内添加，如图6-1-11所示，命令如下：

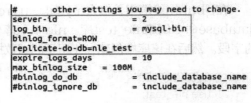

图6-1-11　配置从服务器mysqld.cnf文件

```
sudo vi /etc/mysql/mysql.conf.d/mysqld.cnf
```

对于上述配置文件需要注意：

① server-id代表服务的唯一编号，该编号不能与主服务器相同。

② log_bin代表开启二进制日志功能。

③ binlog_format代表二进制日志记录内容格式为行。

④ replicate-do-db代表需要从主服务器中复制的数据库名称。

配置完成后保存并退出vi编辑器，然后重启MySQL数据库，命令如下：

```
sudo systemctl restart mysql
```

（2）创建同步命令

使用mysql -u root -p命令进入从服务器的MySQL数据库，使用change master to命令设置连接主服务器同步参数，命令如下：

```
change master to master_host='192.168.0.31',master_user='root',master_password='123456',master_log_file='mysql-bin.000001',master_log_pos=154;
```

对于上述命令需要注意：

① master_host代表主服务器的IP地址。

② master_user代表主服务器MySQL数据库登录用户。

③ master_password代表主服务器MySQL数据库登录用户密码。

④ master_log_file代表主服务器使用show master status命令查看的File名称。

⑤ master_log_pos代表主服务器使用show master status命令查看Position编号。

（3）启动从服务器

在MySQL中使用start slave命令启动从服务器，再使用show slave status命令来查看从服务器状态，如图6-1-12所示，命令如下：

1. start slave;
2. show slave status\G

```
mysql> show slave status\G
*************************** 1. row ***************************
               Slave_IO_State: Waiting for master to send event
                  Master_Host: 192.168.0.31
                  Master_User: root
                  Master_Port: 3306
                Connect_Retry: 60
              Master_Log_File: mysql-bin.000003
          Read_Master_Log_Pos: 154
               Relay_Log_File: nle-VirtualBox-relay-bin.000004
                Relay_Log_Pos: 367
        Relay_Master_Log_File: mysql-bin.000003
             Slave_IO_Running: Yes
            Slave_SQL_Running: Yes
              Replicate_Do_DB: nle_test
          Replicate_Ignore_DB:
           Replicate_Do_Table:
       Replicate_Ignore_Table:
      Replicate_Wild_Do_Table:
  Replicate_Wild_Ignore_Table:
```

图6-1-12　从服务器状态查看

对于上述命令需要注意：在状态中看到Slave_IO_Running与Slave_SQL_Running为YES，代表启动成功。

若在show slave status命令中看到"Last_IO_Error: Fatal error: The slave I/O thread stops because master and slave have equal MySQL server UUIDs"，则代表主、从服务器的UUID名字相同。解决方案是使用vi编辑器修改auto.cnf配置文件，令主服务器与从服务器的UUID编号不同，如图6-1-13所示，命令如下：

sudo vi /var/lib/mysql/auto.cnf

```
[auto]
server-uuid=5b26a310-b923-11eb-beb3-08002763fb27
```

图6-1-13　修改UUID编号命令执行结果

上述命令执行后需要注意：

① 修改UUID其中一个数字即可。

② 保存后使用sudo systemctl restart mysql命令重启MySQL。

4. 数据同步测试

进入从服务器的MySQL中，使用create database命令创建和主服务相同的库和表，命令如下：

1. create database nle_test;
2. use nle_test;
3. create table nle_table(id varchar(10) primary key,name varchar(20) not null);

然后重启slave服务，命令如下：

1. stop slave;
2. start slave;

进入主服务器的MySQL中，使用insert into命令再添加测试数据，命令如下：

1. insert into nle_table(id,name) values ('2','nle_test2');
2. insert into nle_table(id,name) values ('3','nle_test3');

回到从服务器MySQL中，使用select命令查看主服务器添加的数据是否复制到从服务器中，命令如下：

select * from nle_table;

对于上述命令需要注意：若不能数据同步，则使用show slave status命令检查从服务器的master_log_file和master_log_pos值是否与主服务器的一致。

任务小结

本任务在项目4的基础上对MySQL数据库的数据备份进一步学习。使用数据库的主、从模式，实现数据从一台MySQL数据库服务器（主）复制到另一台MySQL数据库服务器（从）。通过本任务的学习，运维人员运用自动化方式对MySQL数据库进行自动备份的能力得到较大提升，确保生产环境中关键应用的数据安全。本任务相关知识技能小结思维导图如图6-1-14所示。

图6-1-14　知识技能小结思维导图

任务工单

项目6　物联网系统部署与运维挑战	任务1　MySQL主从数据库同步挑战
班级：	小组：
姓名：	学号：
分数：	

（一）关键知识引导

请补充MySQL操作命令。

任　务	功　能
systemctl restart mysql	重启数据库
show master status\G	查看主MySQL服务器状态信息
log-bin=mysql-bin	配置MySQL二进制日志文件
binlog_do_db=nle_test	设置同步数据库名称
create database	创建数据库
create table	创建数据库表
insert into	插入数据
start slave	启动从服务

（续）

（二）任务实施完成情况

任　务	任 务 内 容	完 成 情 况
1. 主、从服务器基础平台搭建	（1）安装主、从Ubuntu系统并安装MySQL	
	（2）完成虚拟机网卡桥接模式设置	
2. MySQL主服务器配置	（1）找到MySQL配置文件	
	（2）配置主MySQL的server_id	
	（3）启动主MySQL的二进制日志文件	
	（4）设置同步数据库	
	（5）重启MySQL数据库	
	（6）查看主服务器MySQL状态	
3. MySQL从服务器配置	（1）配置从MySQL文件信息	
	（2）创建从MySQL同步命令	
	（3）启动从服务	
4. 数据同步测试	DBeaver与MySQL数据库连接配置	

（三）任务检查与评价

评价项目	评价内容	配分	评价方式		
			自我评价	互相评价	教师评价
方法能力（20分）	能够明确任务要求，掌握关键引导知识	5			
	能够正确清点、整理任务设备或资源	5			
	掌握任务实施步骤，制定实施计划，时间分配合理	5			
	能够正确分析任务实施过程中遇到的问题并进行调试和排除	5			
专业能力（60分）	主、从服务器基础平台搭建　能成功进入主、从Ubuntu系统和MySQL数据库	10			
	成功完成虚拟机网卡桥接模式设置	5			
	MySQL主服务器配置　成功找到MySQL配置文件	5			
	成功配置主MySQL的server_id	5			
	成功启动主MySQL的二进制日志文件	5			
	成功查看主MySQL的启动状态	5			
	MySQL从服务器配置　成功配置从MySQL文件信息	10			
	成功创建从MySQL同步命令	5			
	成功启动从服务	5			
	数据同步测试　成功查看数据是否同步	5			
素养能力（20分）	安全操作与工作规范　操作过程中严格遵守安全规范，正确使用电子设备，每处不规范操作扣1分	5			
	严格执行6S管理规范，积极主动完成工具设备整理	5			
	学习态度　认真参与教学活动，课堂互动积极	3			
	严格遵守学习纪律，按时出勤	3			
	合作与展示　小组之间交流顺畅，合作成功	2			
	语言表达能力强，能够正确陈述基本情况	2			
合　计		100			

（续）

（四）任务自我总结

过程中的问题	解决方式

任务2　基于Docker Compose应用服务部署挑战

职业能力目标

- 能在Ubuntu操作系统上正确使用命令，实现Docker Compose搭建。
- 能在Docker Compose配置文件中正确使用命令，实现多应用服务部署。

任务描述与要求

　　任务描述：本任务在Docker系统部署的基础上，使用Docker Compose技术，通过一个配置文件把多个应用服务组织起来，实现在一台服务器上进行快速部署Nginx、Tomcat和MySQL进行挑战。

　　任务要求：

- 实现Docker Compose环境搭建。
- 正确配置Docker Compose。
- 实现Docker Compose应用服务启动。

知识储备

6.2.1　Docker Compose

　　物联网应用系统一般由多个服务相互协同组成一个完整可用的应用，比如生态农业园监控系统由Web前端、后台管理平台、数据库等服务组成。运维人员部署和管理应用服务的事务烦琐，本任务使用Docker Compose把多个应用服务组织起来，通过修改配置文件实现整个应用服务的部署。

1. Docker Compose介绍

　　Docker Compose是Docker官方的开源项目，用于定义和运行多容器Docker应用程序，负责实现对Docker容器集群的快速编排。Docker Compose中的YAML文件负责配置应用程序的服务，YAML的语法和其他高级语言类似，并且可以简单表达清单、散列表、标量等数据形态。YAML可以使用.yml或.yaml作为文件扩展名。

Docker Compose将所管理的容器分为三层，分别是工程（project）、服务（service）以及容器（container）。Docker Compose运行目录下的所有文件（docker-compose.yml、extends文件或环境变量文件等）组成一个工程，若无特殊指定，生产环境中的工程名即为当前目录名。docker-compose.yml配置文件能对compose的容器服务、网络和卷等进行配置，Docker Compose标准配置文件应该包含version、services、networks三大部分，其中最关键的是services和networks两个部分。

Compose的version部分是定义配置文件格式版本信息，Compose包含了2.x和3.x多个版本，在生产环境中需要确认docker的版本与compose版本是否对应，表6-2-1提供了各种版本Compose和Docker兼容性的快照关系。

表6-2-1　Compose和Docker兼容性对应

Compose版本	Docker版本
3.8	19.03.0+
3.7	18.06.0+
3.6	18.02.0+
3.5	17.12.0+
3.4	17.09.0+
3.3	17.06.0+
3.2	17.04.0+
3.1	1.13.1+
3.0	1.13.0+
2.0	1.10.0+

services（服务）部分定义该服务启动的每个容器的配置，类似于将命令行参数传递给docker run。

networks（网络）部分定义该网络应使用的驱动程序。包含单个主机上的bridge网络、host主机网络堆栈以及创建一个跨多个节点命名的网络overlay群等。

2. Docker-compose.yml文件

Compose配置文件是一个YAML文件，定义了服务、网络和卷。Docker-compose.yml常见的配置属性见表6-2-2。

表6-2-2　Docker-compose.yml常见的配置属性

常见属性	功　能
version	docker-compose.yml文件格式
services	多个容器集合
container_name	Compose的容器名称
image	指定服务的镜像名称或镜像ID
build	指定服务Dockerfile
depends_on	项目容器启动的顺序
ports	映射端口
volumes	挂载一个目录或者一个已存在的数据卷容器
networks	设置网络模式
environment	环境变量配置

3. Docker-compose命令

Docker-compose命令格式为docker-compose ［参数］ ［命令］，常用的Docker-compose命令见表6-2-3。

表6-2-3　Docker-compose常用命令

命　令	功　能
docker-compose up	运行服务容器
docker-compose ps	列出项目中所有的容器
docker-compose stop	停止正在运行的容器
docker-compose down	停止和删除容器、网络、卷、镜像
docker-compose logs	查看服务容器的输出
docker-compose bulid	构建（重新构建）项目中的服务容器
docker-compose pull	拉取服务依赖的镜像
docker-compose restart	重启服务
docker-compose rm	删除所有（停止状态的）服务容器
docker-compose start	启动已经存在的服务容器
docker-compose pause	暂停一个服务容器
docker-compose config	验证并查看Compose文件配置
docker-compose port	显示某个容器端口所映射的公共端口

6.2.2　Tomcat应用服务

1. 认识Tomcat

Tomcat是Apache软件基金会（Apache Software Foundation）Jakarta项目中的一个核心项目，由Apache、Sun和其他一些公司及个人共同开发而成，Tomcat网站Logo如图6-2-1所示。Tomcat支持最新的Servlet和JSP规范。Tomcat服务器是一个免费的开放源代码的Web应用服务器，属于轻量级应用服务器，在中小型系统和并发访问用户不多的场合下被普遍使用，也是开发和调试JSP程序的首选。

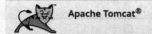 

图6-2-1　Tomcat网站Logo

2. Tomcat原理

Tomcat主要组件包括服务器Server、服务Service、连接器Connector和容器Container。连接器Connector和容器Container是Tomcat的核心。

Container容器和一个或多个Connector组合在一起，加上其他一些支持的组件共同组成一个Service服务，如图6-2-2所示。

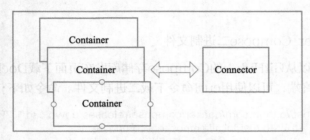

图6-2-2　Tomcat Service服务

Service服务的运行需要Server组件支持，Server组件为Service服务的正常使用提供了生存环境，Server组件可以同时管理一个或多个Service服务。

Connector将在某个指定的端口上侦听客户请求，接收浏览器发送过来的TCP连接请求，创建一个Request和Response对象分别用于与请求端交换数据，然后产生线程处理请求，把产生的Request（获取请求数据）和Response（获取响应数据）对象传给处理Engine（全局引擎容器），最后从Engine处获得响应并返回客户。

Tomcat中有两个经典的Connector，一个直接侦听来自Browser的HTTP请求，另外一个侦听来自其他WebServer的请求。其中，HTTP在端口8080处侦听来自客户Browser的HTTP请求，AJP Connector在端口8009处侦听其他Web Server的Servlet/JSP请求。

Container是容器的父接口，由四个子容器组件构成，分别是Engine、Host、Context、Wrapper。其中，Host容器表示虚拟主机，根据URL地址中的主机部分抽象而来，Host容器可以包含若干个Context容器。Context容器对应一个Web应用程序，但Web项目的组成比较复杂，它包含很多组件，对于Web容器，需要将Web应用程序包含的组件转换成容器的组件。Wrapper属于Tomcat中4个级别容器中最小级别的容器，通常一个Servlet class对应一个Wrapper，如果有多个Servlet（服务端连接器）则定义多个Wrapper。

 任务实施

任务实施前必须先准备好以下设备和资源。

序　号	设备/资源名称	数　量	是否准备到位（√）	
1	虚拟机软件	1	□是	□否
2	Ubuntu操作系统	1	□是	□否
3	MySQL数据库	1	□是	□否
4	计算机（联网）	1	□是	□否
5	Xshell软件	1	□是	□否
6	DBeaver软件	1	□是	□否

1. 安装Docker Compose

本任务需要在已搭建的Docker平台基础上进行挑战学习，若还未安装Docker请读者参考项目4。

（1）下载Docker Compose二进制文件

在Linux上，可以从GitHub上的Compose存储库发布页面下载Docker Compose二进制文件。在Ubuntu终端，可以使用curl命令下载二进制文件。命令如下：

```
sudo curl -L "https://github.com/docker/compose/releases/download/1.29.2/docker-compose-$(uname -s)-$(uname -m)" -o /usr/local/bin/docker-compose
```

对于上述命令需要注意：

① 如果要安装其他版本的Compose，把上述命令中的"1.29.2"替换为要安装的相应版本号。

② 二进制文件下载时需确保Ubuntu能连接互联网。

（2）对二进制文件添加权限

下载后的二进制文件存放在/usr/local/bin目录中，使用chmod命令对此目录添加执行权限，命令如下：

```
sudo chmod +x /usr/local/bin/docker-compose
```

（3）安装结果测试

完成安装后，可以使用docker-compose的version命令来查看本机已安装的版本信息，如图6-2-3所示，如果显示出docker-compose版本信息，则说明本机已正确安装docker-compose，命令如下：

```
docker-compose --version
```

```
nle@nle-VirtualBox:~$ sudo curl -L "https://github.com/docker/compose/releases/downloa
d/1.29.2/docker-compose-$(uname -s)-$(uname -m)" -o /usr/local/bin/docker-compose
[sudo] nle 的密码：
  % Total    % Received % Xferd  Average Speed   Time    Time     Time  Current
                                 Dload  Upload   Total   Spent    Left  Speed
100   633  100   633    0     0    906      0 --:--:-- --:--:-- --:--:--   905
100 12.1M  100 12.1M    0     0  24340      0  0:08:43  0:08:43 --:--:-- 36516
nle@nle-VirtualBox:~$ sudo chmod +x /usr/local/bin/docker-compose
nle@nle-VirtualBox:~$ docker-compose --version
docker-compose version 1.29.2, build 5becea4c
```

图6-2-3　docker-compose命令执行结果

2. 创建配置文件

docker-compose的配置信息存储在yml文件中，需要创建一个目录来存放配置文件。使用mkdir命令来新建nle_compose目录，命令如下：

（1）新建目录

```
1. mkdir nle_compose
2. cd nle_compose
```

对于上述命令需要注意：第2行代表进入刚新建的nle_compose目录中。

（2）创建docker-compose. yml文件

在nle_compose目录中，使用touch命令来创建yml配置文件，命令如下：

```
1. touch docker-compose.yml
2. ls
```

对于上述命令需要注意：

① 第1行代表创建docker-compose. yml文件。

② 第2行代表查看目录中的文件信息。

3. 配置Tomcat

在nle_compose目录中使用vi docker-compose. yml命令添加Tomcat配置文件，映射端口80，命令如下：

```
1. version: "3.8"
2. services:
3.     tomcatweb:
4.         image: tomcat:8.5.32
5.         container_name: tomcat
6.         ports:
7.             – "80:8080"
```

对于上述命令需要注意：

① yml采用类似Python的缩进格式语法，读者需要注意上下缩进关系，配置项与值中间有空格，如version:与"3.8"之间有空格。

② 第1行代表指定docker-compose. yml文件的配置格式版本。

③ 第2行代表多个容器集合。

④ 第3行代表自定义服务名称。

⑤ 第4行代表加载Tomcat的8.5. 32版本镜像。

⑥ 第5行代表自定义镜像名称。

⑦ 第6行代表端口映射标签。

⑧ 第7行代表把Tomcat镜像的8080端口映射到本机80端口上，–符号与"80:8080"

中间有空格。

4. 配置Nginx

在docker-compose.yml文件中完成添加Tomcat服务后，还需要继续添加Nginx服务。使用vi docker-compose.yml命令在Tomcat配置文件后添加Nginx配置文件信息，命令如下：

```
1.  version: "3.8"
2.  services:
3.    tomcatweb:
4.      image: tomcat:8.5.32
5.      container_name: tomcat
6.      ports:
7.        – "80:8080"
8.    nginxweb:
9.      image: nginx
10.     container_name: nginx
11.     ports:
12.       – "8080:8080"
```

对于上述命令需要注意：

① 为方便读者阅读，命令1～7行为上一步骤内容。

② 第8行代表自定义服务名称。

③ 第9行代表下载Nginx最新版本镜像。

④ 第10行代表自定义镜像名称。

⑤ 第12行代表Nginx镜像的8080端口映射到本机8080端口上，–符号与"8080:8080"中间有空格。

5. 配置MySQL

完成Tomcat和Nginx配置后，在其后添加MySQL配置参数，如图6-2-4所示，命令如下：

```
1.  version: "3.8"
2.  services:
3.    tomcatweb:
4.      image: tomcat:8.5.32
5.      container_name: tomcat
6.      ports:
7.        – "80:8080"
8.    nginxweb:
9.      image: nginx
10.     container_name: nginx
11.     ports:
```

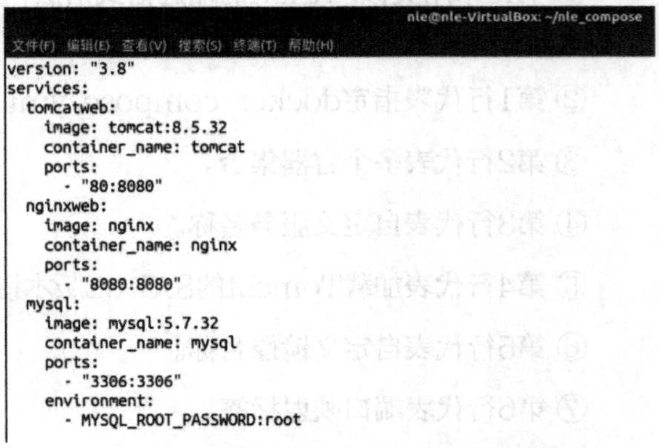

图6-2-4 Docker Compose配置文件

```
12.        – "8080:8080"
13.    mysql:
14.      image: mysql:5.7.32
15.      container_name: mysql
16.      ports:
17.        – "3306:3306"
18.      environment:
19.        – MYSQL_ROOT_PASSWORD:root
```

对于上述命令需要注意：

① 为方便读者阅读，命令1～12行为上一步骤内容。

② 第13行代表自定义服务名称。

③ 第14行代表加载MySQL的5.7.32版本镜像。

④ 第15行代表自定义镜像名称。

⑤ 第17行代表映射容器3306端口到本机3306端口上，–符号与"3306:3306"中间有空格。

⑥ 第18行代表添加容器环境变量。

⑦ 第19行代表设置MySQL数据库root用户登录密码为root。

6. 启动Docker Compose服务

完成配置后保存退出vi编辑器，使用docker-compose up命令来启动Compose，命令如下：

```
sudo docker–compose up
```

对于上述命令需要注意：

① 启动时系统会自动从网络中下载配置文件中的镜像数据，请确保Ubuntu能连接到互联网。

② docker-compose up命令应在yml文件所在路径执行。

7. 测试Docker Compose服务

Docker Compose启动完成后，Tomcat和Nginx服务可以在Ubuntu的浏览器中进行测试，MySQL服务可以使用DBeaver软件进行远程连接测试。

（1）测试Tomcat服务

打开Ubuntu的浏览器，在地址栏输入http://Ubuntu系统IP地址（具体IP地址查询方法请参考项目2）。若能打开图6-2-5所示网站，则说明Tomcat服务启动成功。

（2）测试Nginx服务

打开Ubuntu的浏览器，在地址栏输入http://Ubuntu系统IP地址:8080。若能打开图6-2-6所示网站，说明Nginx服务启动成功。

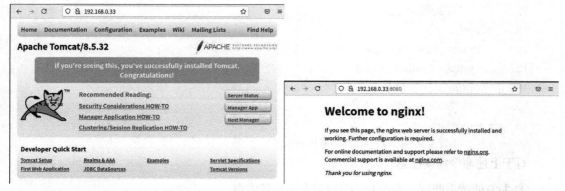

图6-2-5　测试Tomcat服务运行状态　　　图6-2-6　测试Nginx服务运行状态

（3）测试MySQL服务

打开DBeaver软件，单击"新建连接"→"MySQL"选项，再输入Ubuntu系统IP地址和3306端口号（具体DBeaver配置方法请参考项目4）。若DBeaver软件能连接到MySQL数据库中，如图6-2-7所示，则说明MySQL服务启动成功。

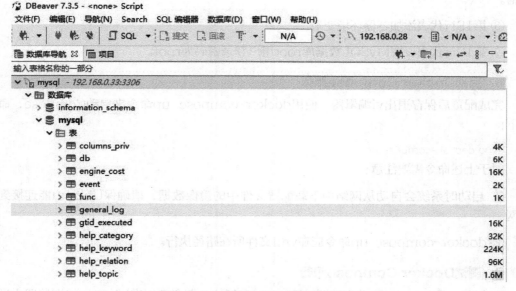

图6-2-7　测试MySQL服务运行状态

　　本任务针对运维人员在生产场景中快速部署多台服务器的方法开展挑战。以Docker容器技术为基础，运用多容器Docker Compose应用程序工具，针对不同生产环境配置Compose的YML文件，实现服务器快速拉取各类Docker服务镜像、容器启动以及端口映射等部署操作，通过本任务的学习，运维人员能高效、便捷地实现多个容器服务快速部署。本任务相关知识技能小结思维导图如图6-2-8所示。

图6-2-8　知识技能小结思维导图

任务工单 ◄

项目6　物联网系统部署与运维挑战	任务2　基于Docker Compose应用服务部署挑战
班级：	小组：
姓名：	学号：
分数：	

（一）关键知识引导

请补充任务中的命令。

任　　务	功　　能
curl	传输数据
docker-compose --version	查看Compose版本信息
mkdir	创建目录
cd	切换目录
touch	创建文件
vi docker-compose.yml	编辑docker-compose.yml文件
docker-compose up	启动Docker Compose服务
docker-compose down	关闭Docker Compose服务
docker-compose restart	重启Docker Compose服务

（二）任务实施完成情况

任　　务	任　务　内　容	完成情况
1. 安装Docker Compose服务	（1）完成Docker Compose二进制文件下载	
	（2）完成Docker Compose目录权限设置	
	（3）完成Docker Compose版本查看	
2. 创建配置文件	（1）完成配置文件所在目录创建	
	（2）完成配置文件创建	
3. 配置Tomcat	（1）完成Tomcat配置文件设置	
4. 配置Nginx	（1）完成Nginx配置文件设置	
5. 配置MySQL	（1）完成MySQL配置文件设置	
6. 启动Docker Compose服务	（1）完成Docker Compose服务启动	
7. 测试Docker Compose服务	（1）完成Tomcat服务测试	
	（2）完成Nginx服务测试	
	（3）完成MySQL服务测试	

（续）

（三）任务检查与评价

评价项目	评价内容		配分	评价方式		
				自我评价	互相评价	教师评价
方法能力（20分）	能够明确任务要求，掌握关键引导知识		5			
	能够正确清点、整理任务设备或资源		5			
	掌握任务实施步骤，制定实施计划，时间分配合理		5			
	能够正确分析任务实施过程中遇到的问题并进行调试和排除		5			
专业能力（60分）	安装Docker Compose服务	能成功完成Docker Compose二进制文件下载	5			
		能成功完成Docker Compose目录权限设置	5			
		能成功查看Docker Compose版本信息	5			
	创建配置文件	能成功创建nle_test目录	5			
		能成功完成配置文件创建	5			
	配置Tomcat	能成功配置Tomcat文件	5			
	配置Nginx	能成功配置Nginx文件	5			
	配置MySQL	能成功配置MySQL文件	5			
	启动Docker Compose服务	能成功启动Docker Compose服务	5			
	测试Docker Compose服务	能成功访问Tomcat默认站点	5			
		能成功访问Nginx默认站点	5			
		能使用DBeaver连接MySQL服务	5			
素养能力（20分）	安全操作与工作规范	操作过程中严格遵守安全规范，正确使用电子设备，每处不规范操作扣1分	5			
		严格执行6S管理规范，积极主动完成工具设备整理	5			
	学习态度	认真参与教学活动，课堂互动积极	3			
		严格遵守学习纪律，按时出勤	3			
	合作与展示	小组之间交流顺畅，合作成功	2			
		语言表达能力强，能够正确陈述基本情况	2			
合 计			100			

（四）任务自我总结

过程中的问题	解决方式

参 考 文 献

[1] 李志杰，许彦佳．Linux系统配置及运维项目化教程：工作手册式 [M]．北京：电子工业出版社，2021．

[2] 李鹏．IT运维之道 [M]．2版．北京：人民邮电出版社，2019．

[3] 丁明一．Linux运维之道 [M]．2版．北京：电子工业出版社，2016．

[4] 戴有炜．Windows Server 2019系统与网站配置指南 [M]．北京：清华大学出版社，2021．

[5] 王英英．MySQL 8从入门到精通 [M]．北京：清华大学出版社，2019．

[6] 翟振兴，张恒岩，崔春华，等．深入浅出MySQL数据库开发、优化与管理维护 [M]．3版．北京：人民邮电出版社．2019．

[7] 张金石．Ubuntu Linux操作系统 [M]．2版．北京：人民邮电出版社，2020．

[8] 苗泽．Nginx高性能Web服务器详解 [M]．北京：电子工业出版社，2013．

[9] AIVALIOTIS DIMITRI．精通Nginx [M]．2版．李红军，译．北京：人民邮电出版社，2017．

[10] 杨保华，戴王剑，曹亚仑．Docker技术入门与实战 [M]．3版．北京：机械工业出版社，2018．

[11] 胡杨男爵．Zabbix监控系统入门与实战 [M]．北京：清华大学出版社，2020．